海南省高等学校教育教学改革研究项目重点项目
（项目编号：Hnjg2022ZD-4220）

21世纪经济管理新形态教材·管理科学与工程系列

大数据技术及应用

主　编 ◎ 江荣旺　李明杰　焦萍萍
副主编 ◎ 张　晶　罗　通　夏王霞
　　　　张云涛　王　会

清华大学出版社
北京

内 容 简 介

本书是一本面向大学生的数据基础教材，旨在帮助读者全面了解数据技术及应用，包括数据技术的基本概念、常用工具技术、数据获取技术、数据分析技术、数据可视化技术等内容，涉及网络爬虫、数据隐私与安全、数据预处理、Python数据可视化等内容。本书全面系统地介绍了数据技术，覆盖从数据获取到可视化的全过程，提供核心知识和应用技能。本书强调数据获取的重要性，介绍数据分析方法和技巧，突出数据可视化技术，引导读者使用Python实践。

本书适合大学生和对数据技术感兴趣的读者，尤其适合计算机科学、数据科学等相关专业学生和从业人员。

本书封面贴有清华大学出版社防伪标签，无标签者不得销售。
版权所有，侵权必究。举报：010-62782989，beiqinquan@tup.tsinghua.edu.cn。

图书在版编目（CIP）数据

大数据技术及应用 / 江荣旺，李明杰，焦萍萍主编.
北京：清华大学出版社，2025.4.
（21世纪经济管理新形态教材）.
ISBN 978-7-302-68842-6

Ⅰ.TP274

中国国家版本馆CIP数据核字第2025BG9057号

责任编辑：徐永杰
封面设计：汉风唐韵
责任校对：王荣静
责任印制：沈　露

出版发行：清华大学出版社
网　　址：https://www.tup.com.cn，https://www.wqxuetang.com
地　　址：北京清华大学学研大厦A座　　　邮　　编：100084
社 总 机：010-83470000　　　　　　　　　邮　　购：010-62786544
投稿与读者服务：010-62776969，c-service@tup.tsinghua.edu.cn
质 量 反 馈：010-62772015，zhiliang@tup.tsinghua.edu.cn

印 装 者：河北鹏润印刷有限公司
经　　销：全国新华书店
开　　本：185mm×260mm　　　印　张：19　　　字　数：398千字
版　　次：2025年4月第1版　　　印　次：2025年4月第1次印刷
定　　价：59.80元

产品编号：102029-01

前　　言

随着数字化时代的到来，数据技术在各行各业中扮演着越来越重要的角色。为了培养大学生对数据技术的理解和运用能力，本书系统地阐述了数据技术的基本概念、常用工具、数据获取技术、数据分析技术和数据可视化技术等内容。

本书主要包括数据技术简介、常用工具、数据获取技术、数据分析技术、数据可视化技术、数据获取的重要性、网络爬虫、数据获取的自动化与优化、数据获取中的隐私与安全问题、数据分析的介绍、数据预处理、数据分析方法、数据可视化的基本概念、数据可视化设计原则、常见的数据可视化工具和技术、使用 Python 库进行数据可视化等内容。

本书的知识框架主要包括：数据技术概述、数据获取技术、数据分析技术、数据可视化技术和数据技术应用案例。学时分配如下：

章节内容	学时分配
第 1 章数据技术概述	2 学时
第 2 章数据获取技术	10 学时
第 3 章数据分析技术	10 学时
第 4 章数据可视化技术	8 学时
第 5 章数据技术应用案例	6 学时

本书由江荣旺负责统稿，第 1 章数据技术概述由江荣旺编写，第 2 章数据获取技术由罗通、王会编写，第 3 章数据分析技术由张晶、张云涛编写，第 4 章数据可视化技术由李明杰、夏王霞编写，第 5 章数据技术应用案例由焦萍萍编写。在本书的编写过程中，三亚学院的乔艳琰、黄寿孟、甘林、邹琴琴、魏爽、龙草芳、陆娇娇等课程教学老师给予了很大的帮助，在此对他们表示衷心的感谢。

除此之外，还要特别感谢海南省教育厅重点教改项目（项目编号：Hnjg2022ZD-4220）、三亚学院学科特色课程群试点建设项目（项目编号：SYJZKXK202317）、三亚学院立体化教

学资源培育建设项目（项目编号：SYJZKLT202320）、三亚学院第二批产教融合成果培育（教材专项）项目（项目编号：SYJKJCJ202305）和三亚学院跨学科教研室共建示范项目（"数据技术及应用"课程教学实践研究）五个项目对本书的支持，没有这些项目的支持，本书将不能如期完成。

希望本书能够帮助大学生建立起对数据技术的全面认识，并在未来的学习和工作中能够灵活运用数据技术，为社会发展作出贡献。数据技术的未来将更加广阔，让我们共同期待并努力探索数据技术的无限可能。

最后，竭诚希望广大读者对本书提出宝贵意见，以促使我们不断改进。由于时间和编者水平有限，书中的疏漏和错误之处在所难免，敬请广大读者批评指正。

编者
2025 年 1 月

目 录

第1章 数据技术概述 ……………………………………………………………… 1

导读 …………………………………………………………………………………… 1
学习目标 ……………………………………………………………………………… 1
重点与难点 …………………………………………………………………………… 2
知识导图 ……………………………………………………………………………… 2
1.1 数据技术简介 …………………………………………………………………… 2
1.2 数据获取技术简介 ……………………………………………………………… 16
1.3 数据分析技术简介 ……………………………………………………………… 20
1.4 数据可视化技术简介 …………………………………………………………… 23
本章小结 ……………………………………………………………………………… 26
即测即练 ……………………………………………………………………………… 26
复习思考题 …………………………………………………………………………… 27

第2章 数据获取技术 ……………………………………………………………… 29

导读 …………………………………………………………………………………… 29
学习目标 ……………………………………………………………………………… 29
重点与难点 …………………………………………………………………………… 30
知识导图 ……………………………………………………………………………… 30
2.1 引言 ……………………………………………………………………………… 30
2.2 数据源识别与评估 ……………………………………………………………… 32
2.3 网络爬虫技术 …………………………………………………………………… 35
2.4 数据获取中的隐私与安全问题 ………………………………………………… 91

本章小结 … 95
即测即练 … 95
复习思考题 … 95

第3章 数据分析技术 … 97

导读 … 97
学习目标 … 97
重点与难点 … 98
知识导图 … 98
3.1 数据分析的介绍 … 98
3.2 数据预处理 … 101
3.3 数据分析方法 … 134
3.4 实际应用示例 … 155
本章小结 … 181
即测即练 … 181
复习思考题 … 181

第4章 数据可视化技术 … 183

导读 … 183
学习目标 … 183
重点与难点 … 184
知识导图 … 184
4.1 数据可视化的基本概念 … 184
4.2 数据可视化设计的基本原则 … 188
4.3 常见的数据可视化工具和技术 … 192
4.4 使用Python库进行数据可视化 … 226
本章小结 … 258
即测即练 … 258
复习思考题 … 258

第 5 章　数据技术应用案例 ··· 260

导读··· 260
学习目标··· 260
重点与难点·· 261
知识导图··· 261
5.1　职业人群体检数据分析··· 261
5.2　红酒数据分析·· 268
5.3　其他案例·· 280
本章小结··· 291
即测即练··· 291
复习思考题·· 291

第1章 数据技术概述

导读

在当今这个信息爆炸的时代,数据已经成为我们学习和生活中不可或缺的宝贵资源。从社交媒体上的点赞和评论,到学校的成绩报告和学习进度分析,我们无时无刻不被数据包围。而数据技术的发展和应用,已经成为促进我们学习和成长的关键力量。

学习目标

1. 理解数据的重要性,包括其在不同领域中的应用和影响。
2. 了解数据技术的定义,包括其在数据获取、分析和可视化方面的作用。
3. 掌握数据技术的系统框架,包括数据获取、数据分析和数据可视化等环节。
4. 熟悉数据技术的基础原理,理解其背后的核心概念和方法。
5. 熟悉常用的数据技术工具,能够灵活运用它们进行数据处理和分析。
6. 理解数据技术在不同领域(如商业、科学、医疗等领域)中的应用。

1. 数据获取技术的关键问题，包括数据质量问题、采样、抽样和样本问题、时间和空间限制问题等，需要学会解决这些问题以确保获取可靠的数据。

2. 数据分析技术的关键问题，数据安全与隐私问题、分析算法选择问题和业务理解与需求分析问题，需要学会有效地处理和分析大规模的数据。

3. 数据可视化技术的关键问题，选择合适的可视化形式、信息过载、跨平台兼容等，，需要学会将数据转化为直观且有意义的可视化展示。

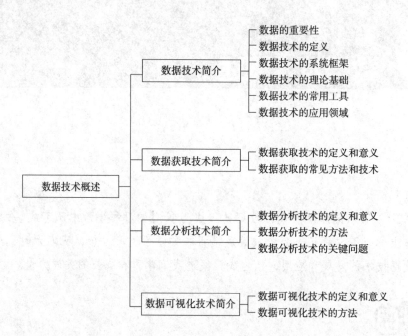

1.1 数据技术简介

随着数据的爆炸式增长，软件的处理重心由以流程控制为核心转向以数据价值挖掘为核心，数据技术在趋势预测、个性化推荐、事务的相关性分析等方面有着极其广泛的应用。在全球范围内，数据技术研究和发展计划正日益受到重视，各国和国际组织都在积极制定和实施自己的数据战略，以确保他们在数据驱动的创新和进步中保持竞争力。国内很多地区也出台了相应的大数据发展战略。学术界和产业界针对大数据发展的迅猛需求,展开了大数据相关技术的研究,引发了大数据的标准化需求,各个标准化组织也纷纷提出了大数据标准。

数据技术是利用科学方法、流程、算法和系统从数据中提取价值的跨学科领域。数据技术综合利用一系列技能(包括统计学、计算机科学和业务知识)来分析从网络、智能手机、客户、传感器和其他来源收集的数据。数据技术的目的是揭示趋势并产生见解,企业可以利用这些见解做出更好的决策并推出更多创新产品和服务。数据是创新的基石,但是只有数据科学家利用数据技术从数据中收集信息,然后采取行动,才能实现数据的价值。接下来将从数据的重要性、数据技术的定义、数据技术框架等方面对数据技术进行讲解。

1.1.1 数据的重要性

数据是对现实世界进行观察、测量和记录的结果,它蕴含着巨大的价值和潜力。数据可以帮助我们认识事物的本质和规律,指导我们的决策和行动。无论是个人还是组织,都需要依靠数据来获取洞察、发现机会,并做出明智的选择,数据价值丰富多样如图1-1所示。

数据在现代社会中具有非常重要的作用,接下来将从以下5个方面讲解数据的重要性。

1. 改善决策制定

数据可以用于支持决策制定,帮助企业和组织做出更明智的决策。通过分析不同来源的数据,可以发现潜在趋势、模式和感兴趣的关系,为企业和组织提供基于事实的决策依据。

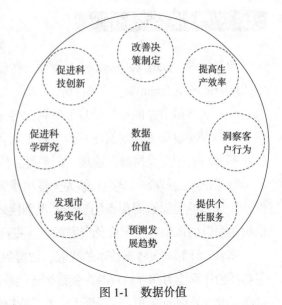

图1-1 数据价值

这种基于数据的决策过程不仅能够显著降低错误决策的风险,还能有效减少资源的不必要消耗,提升整体运作效率。

2. 提高生产效率

通过对数据进行分析可以帮助企业和组织发现并解决生产过程中的瓶颈和问题,改进流程并提高生产效率。例如,生产线上的传感器技术可以收集实时数据,监测设备运行状况,能够及时发现设备故障并组织人员进行修理,从而减少停机时间,提高生产效率。

3. 洞察客户行为和提供个性化服务

数据分析可以帮助企业和组织了解客户需求和购买行为等方面的信息,并根据这些信息提供个性化的服务。例如,根据客户购买历史和浏览行为,企业可以提供个性化的商品推荐，从而提高客户的满意度和忠诚度。

4. 预测发展趋势和发现市场变化

数据分析可以帮助企业和组织预测发展趋势和发现市场变化，以便及时调整战略和业务规划。例如，通过收集和分析市场数据，企业可以了解不同地区和行业的需求和趋势，从而调整产品或服务的规划，并开拓新的市场。

5. 促进科学研究科技和创新

数据对于科学研究和技术创新具有重要意义。通过对数据的分析和挖掘，科学家们可以发现新的规律和关系，促进学术研究的发展。此外，数据还可以为创新和发明提供灵感，帮助企业和组织开发出新的产品和服务，从而促进社会和经济发展。

数据在现代社会中非常重要，可以用于改善决策制定、提高生产效率、洞察客户行为提供个性化服务、预测发展趋势和促进科技创新等方面，为企业和组织提供更多的机遇和挑战。

1.1.2 数据技术的定义

数据技术（Data Technology）由马云在世界互联网大会中演讲时正式提出，与信息技术（Information Technology）相对应。

在浙江乌镇举办的首届世界互联网大会上，众多业界领袖共同探讨了数据技术的重要性。与会者普遍认为，我们正从信息技术时代迈向数据技术时代。在这一转变中，技术的应用不再局限于自我控制和管理，而是更加注重服务大众和激发生产力。

数据技术的核心在于其能够为企业提供强大的决策支持。通过分析来自不同渠道的数据，企业和组织能够洞察市场趋势、识别模式，并发现潜在的商业机会。这不仅有助于降低决策失误的风险，还能优化资源配置，提高运营效率，从而增强企业的市场竞争力。

随着云计算和大数据技术的兴起，数据的价值被进一步放大。云计算为大数据分析提供了必要的计算能力和存储资源，使得企业能够更高效地处理和分析海量数据。这种结合不仅提高了数据处理的速度，也降低了成本，使得数据技术成为推动创新和增长的关键因素。

在当今时代，企业的成功越来越依赖于其对数据技术的掌握和应用。信息技术和数据技术虽然密切相关，但它们在理念和应用上存在显著差异。数据技术强调的是利他主义精神，即通过帮助他人成功来实现自身的成功。这种思想的转变标志着从信息技术时代到数据技术时代的过渡，其中最关键的是帮助他人成功。

随着互联网和云时代的深入发展，数据已成为企业和组织关注的焦点。数据技术的应用，包括大数据平台和相关工具，正在不断推动着各行各业的创新和转型。企业必须认识到，数据不仅是资产，更是推动未来发展的引擎。

数据技术涵盖了数据的收集、处理、分析和应用等关键环节。"数据技术"并非凭空创造，而是随着互联网的发展和市场需求的演变而自然形成的。这门技术已成为推动社会进步和创新的重要力量。从学术概念来说，数据技术是一种可以将各种信息（无论信息的载体是什么）转化为计算机可以识别的语言进行加工、存储、分析、传递的技术。互联网行业从门户网站时代到搜索引擎时代，再到移动社交网络时代，直至今天的自媒体时代，数字化早已存在于企业的系统中。这些系统包括前端、数据中心、信息系统以及后台等，部分企业甚至会定制开源或半开源的系统，以便日后随着企业的发展增加相应的模块。这种数字化的初级形态为企业发展打下了坚实基础，而数据技术则成为推动企业发展的主要动力。

数据技术包含数据获取、存储、处理、分析和可视化等方面的技术，如图 1-2 所示。

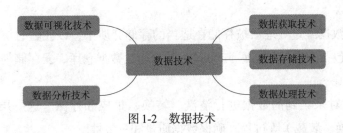

图 1-2　数据技术

数据技术的发展让我们能够更好地处理和分析海量数据，并从中获取有益的信息和见解。数据获取、存储、处理、分析和可视化等方面的技术不断完善和深化，为各行各业带来了全新的机遇。随着人工智能、大数据和云计算等领域的不断创新，数据技术必将在未来发挥越来越重要的作用，成为推动科技进步和社会发展的重要引擎。因此，对于数据技术的探索和应用，需要我们保持持续的关注和学习，以更好地应对日益增长的数据需求和挑战。

1.1.3　数据技术的系统框架

数据技术的系统框架是指用于处理、存储、管理和分析数据的整体架构，图 1-3 展示了完整的数据技术系统框架。一个完善的数据技术系统框架能够帮助组织更好地利用数据，从而提高业务决策的效率和准确性。下面对图 1-3 所示的数据技术系统框架的构成部分进行简单的介绍。

1. 需求分析层

在这一层，主要的任务是理解业务需求，明确需要收集和分析哪些数据，以及为了支持业务目标而需要开展的数据分析和挖掘工作。这个层次涉及与业务部门的沟通及协调，以确保数据技术系统的建设与业务需求相匹配。

2. 数据获取层

这一层负责从各种数据源中收集数据，包括传统的数据库、日志文件、第三方数据接口、传感器等。数据获取的方式包括批量导入、实时流式数据采集等。

图 1-3　数据技术系统框架

3. 数据存储层

在这一层，数据经过处理后被存储在适当的存储介质中，以便随时访问和查询。常见的数据存储技术包括关系型数据库、NoSQL 数据库、数据仓库、云存储等。

4. 数据处理层

数据处理层对采集到的数据进行清洗、转换、集成和存储。这一层包括数据清洗、ETL（抽取、转换、装载）等过程，确保数据质量和一致性。

5. 数据分析层

在数据处理完成后，数据分析层负责利用清洗和转换后的数据进行进一步的分析和挖掘，以获得有价值的信息。这可能涉及使用统计分析、机器学习、数据挖掘等技术手段。

6. 数据可视化层

数据可视化层通过图表、仪表盘、热力图、词云和时间序列图等多种形式，将分析结果直观地呈现给用户，助力业务决策和行动。这一层次的工作关键在于将数据转化为具体的业务影响。可视化工具在此扮演着至关重要的角色，它们帮助创建直观的报表、仪表盘和数据可视化，使业务人员能够轻松理解数据。

7. 评价与优化层

这一层的核心职责是评估并优化数据处理、分析及可视化流程，以提升系统性能和效率。工作内容涵盖模型评价、算法优化、数据质量评价、性能评价和可视化效果评价。对分析模型的准确性和适用性进行评价，确保算法能够高效处理数据并提供准确的洞察。通过这些综合措施，我们能够不断提升数据处理的质量和效率，为决策提供强有力的数据支持。

1.1.4　数据技术的理论基础

数据技术的理论基础涉及多个领域的知识，包括数学、统计学、计算机科学、信息科学等，这些领域的知识为数据技术的进一步发展和应用提供了扎实的理论基础，图 1-4 展示了数据技术的理论基础与研究领域。

数据技术的理论基础主要涉及统计学、算法、数据库与数据仓库等技术，接下来就从以下几个方面对数据技术的理论基础进行阐述。

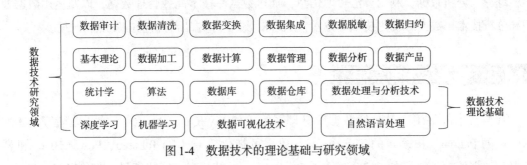

图1-4　数据技术的理论基础与研究领域

（1）统计学。统计学是数据技术的理论基础之一，它提供了对数据进行分析和解释的工具。统计学中的基本概念和原理，如描述性统计、推论性统计、假设检验等，为数据科学家提供了对数据进行深入探索和理解的方法。

（2）算法。算法是解决特定问题的步骤和方法。在数据技术中，算法用于处理和分析数据，提取有用的信息。常见的算法包括聚类算法、分类算法、回归算法等，这些算法可以帮助数据科学家对数据进行分类、预测和优化。

（3）数据库与数据仓库技术。数据库和数据仓库技术是存储和管理数据的重要技术，它们提供了高效的数据存储、查询和访问功能，支持对大量数据进行处理和分析。关系型数据库和非关系型数据库是常见的数据库类型，而数据仓库则是一个专门用于存储和分析大量数据的系统。

（4）数据处理与分析技术。数据处理和分析技术是数据技术的核心之一，它涉及对原始数据的收集、清洗、转换和建模等过程，以提取有用的信息。在数据处理和分析过程中，数据科学家可以使用各种工具和技术，如Python、R语言、Excel等，以及各种数据处理和分析库，如Pandas、NumPy等。

（5）数据可视化技术。数据可视化技术是将大量数据转化为图形或图像的过程，以便更直观地理解和分析数据。数据可视化技术可以帮助人们更好地理解数据和发现其中的模式和趋势。常见的数据可视化工具包括Tableau、Power BI、D3.js等。

（6）机器学习与深度学习。机器学习和深度学习是近年来发展迅速的领域，它们为数据技术提供了强大的工具。机器学习是一种让计算机自动从大量数据中学习规律和模式的技术，而深度学习则是一种基于神经网络的机器学习方法。在数据技术中，机器学习和深度学习用于提高数据处理和分析的准确性和效率。

（7）自然语言处理技术。自然语言处理技术是使计算机理解和处理人类语言的技术。在数据技术中，自然语言处理技术用于文本数据的分析和处理，如文本分类、情感分析、信息提取等。常见的自然语言处理工具和技术包括词袋模型、TF-IDF、词嵌入等。

数据技术的理论基础是多学科知识的融合，并不局限于数学、统计学、计算机科学和信息科学。这些理论基础为数据技术的发展提供了坚实的支撑，使得数据科学家能够运用统计学原理深入分析数据，利用算法提取信息，通过数据库技术高效管理数据，以及运用数据处理和分析技术、数据可视化技术等技术，从海量数据中挖掘出有价值的知识和洞见。

1.1.5 数据技术的常用工具

数据技术的常用工具包括数据库管理系统（如 MySQL、Oracle）、数据处理工具（如 Python 的 Pandas、R 语言的 Tidyverse）、数据可视化工具（如 Tableau、Power BI）、机器学习和数据挖掘工具（如 Scikit-learn、TensorFlow）以及商业智能工具（如 QlikView）。这些工具对于数据的存储、清洗、转换、分析和可视化至关重要，它们使数据管理更加高效，并为人们提供了精确的洞察力和决策支持。接下来将从数据获取工具、数据分析工具和数据可视化工具三方面来讲解数据技术常用工具。

1.1.5.1 数据获取工具

数据获取工具是用于从数据库、Web 网站、API 接口、日志文件等数据源中自动收集和提取数据的软件工具。常见的数据获取工具包括爬虫工具、数据库提取工具、API 工具、日志分析工具、OCR 工具，以及数据采集工具。选择合适的数据获取工具可以帮助人们高效地获取各种来源的数据，并为后续的数据处理和分析提供准确的数据基础。以下是几种常见的数据获取工具。

1. 爬虫工具

爬虫工具是用于从 Web 网站中自动抓取数据的工具。通过指定抓取规则和目标网站，可以让爬虫工具自动化地收集数据并存储在本地或远程数据库中。常见的爬虫工具包括 Scrapy、BeautifulSoup 等。

2. 数据库提取工具

数据库提取工具是用于从关系型数据库中提取数据的工具。数据库提取工具可以连接到目标数据库，并根据预设的查询条件和过滤器提取数据，还可以对数据进行转换和处理后将其导出为常见的数据格式，如 CSV、Excel 等。常见的数据库提取工具包括 SQL Server Management Studio、MySQL Workbench 等。

3. API 工具

API 工具是用于调用 Web API 接口并获取数据的工具。很多网站和服务都提供了 API 接口，例如 Twitter、Google Maps 等，开发人员可以使用 API 工具设置请求参数，然后调用 API 接口并获取返回的数据。常见的 API 工具包括 Postman 等。

4. 日志分析工具

日志分析工具是用于从服务器日志文件中提取数据的工具。服务器日志文件包含了服务器请求、错误和访问信息等,这些数据以文本格式保存在服务器上。日志分析工具可以对日志文件进行解析,并将解析后的数据进行存储和可视化展示。常见的日志分析工具包括 ELK Stack(Elasticsearch、Logstash、Kibana)等。

5. 数据采集工具

数据采集工具是用于从多个数据源中收集和整合数据的工具。数据采集工具可以设置抓取规则和过滤条件,然后定期从数据源中收集数据并将其存储到本地或远程数据库中。常见的数据采集工具包括八爪鱼数据采集器、后羿数据采集器、Parsehub 数据采集器等。

(1)八爪鱼数据采集器。八爪鱼数据采集器(以下简称"八爪鱼")是一款知名的数据采集工具,它提供了强大而灵活的功能,可帮助用户从各种数据源中高效地采集、提取和整合数据。八爪鱼具有以下几个主要特点:

①多种数据采集方式。八爪鱼支持多种数据采集方式,包括网页抓取、API 接口调用、数据库提取、文件下载等。用户可以根据需要选择适合的采集方式,从不同的数据源中获取所需的数据。

②强大的可视化操作界面。八爪鱼提供了直观、友好的可视化操作界面,让用户通过简单的拖动和配置就能完成数据采集任务。用户无须编写复杂的代码,即可快速构建和管理数据采集项目。

③智能的数据解析和处理能力。八爪鱼内置了智能的数据解析引擎,能够自动识别和提取网页、API 接口返回的结构化数据。同时,它还提供了丰富的数据处理功能,如数据清洗、筛选、转换等,可以对采集到的数据进行进一步处理和优化。

④多种输出格式和目标。八爪鱼支持将采集到的数据导出为多种格式,包括 Excel、CSV、数据库等。此外,八爪鱼还可以将数据直接上传到云端或存储到其他目标系统,方便用户后续的数据分析和应用。

⑤强大的扩展性和定制性。八爪鱼提供了丰富的插件和扩展接口,用户可以根据自己的需求进行二次开发和定制。通过编写自定义脚本或添加自定义模块,可以完成更加复杂和个性化的数据采集任务。

八爪鱼是一款功能强大、操作简便的数据采集工具,能够帮助用户快速、准确地从各种数据源中采集所需的数据,为数据分析和应用提供重要的支持。图 1-5 展示了八爪鱼数据采集器的操作界面。

(2)后羿数据采集器。后羿数据采集器是一款强大的数据采集软件,支持跨平台操作。后羿数据采集器具备以下几个主要特点:

①它支持 Linux、Windows 和 Mac 三大操作系统,可以直接在官网上免费下载。

②后羿数据采集器把采集工作分为智能模式和流程图模式两种类型。智能模式可以自动分析网页结构、智能识别网页内容、简化操作流程,适用于简单的网页。流程图模式则允许用户利用后羿数据采集器提供的各种控件,模拟编程语言中的各种条件控制语句,进

图1-5　八爪鱼数据采集器的操作界面

而模拟真人浏览网页的各种爬取数据的行为。

③后羿数据采集器还提供了丰富的采集功能，如定时采集、自动导出、文件下载、加速引擎、按组启动和导出、Webhook、RESTful API、智能识别 SKU 和大图等，无论是采集稳定性还是采集效率，都能够满足个人、团队和企业的采集需求。

④后羿数据采集器具有强大的数据导出功能，可以无限制地导出采集到的数据，这是非常难得的。

⑤后羿数据采集器还提供了云端账号功能，用户可以在后羿数据采集器的云端服务器上加密保存所有采集任务设置和运行的数据，无须担心采集任务丢失。

⑥后羿数据采集器对账号没有设置终端绑定限制，用户切换终端时采集任务也会同步更新，任务管理非常方便快捷。

总的来说，后羿数据采集器是一款功能强大、操作简便的数据采集软件，适用于各种平台和需求。无论是个人的数据采集需求，还是团队和企业的数据采集任务，后羿数据采集器都可以提供全面的支持和高效的解决方案。图1-6 展示了后羿数据采集器的操作界面。

（3）Parsehub 数据采集器。Parsehub 数据采集器是一款强大的网页数据抽取工具，旨在帮助用户从网页中自动化地提取结构化数据。它提供了用户友好的界面和智能的数据解析功能，可以轻松应对各种复杂的数据抽取需求。图 1-7 展示了 Parsehub 数据采集器的操作界面。

1.1.5.2　数据分析工具

数据分析工具包括各种用于探索、清理和分析数据的软件和工具。其中，Excel、R 语言和 Python 是比较受欢迎的数据分析工具，它们具有强大的数据处理和数据分析功能，能帮助用户快速创建各种图表和图形。此外，Power BI、Fine BI 和 SAS 也是广受欢迎的数据分析工具，它们分别由微软、帆软和赛仕公司开发。其他如 KNIME 和 RapidMiner 则是开

第1章 数据技术概述

图1-6 后羿数据采集器的操作界面

图1-7 Parsehub数据采集器操作界面

源的数据分析工具,具有强大的数据处理和分析功能。这些工具的选择应基于实际的需求和数据分析的精度。接下来简单介绍一下这些数据分析工具。

1. Excel数据分析工具

Excel是一款被广泛使用的数据分析工具,它提供了许多功能强大的数据工具,包括数据可视化、数据清理、数据分析、数据挖掘等。以下是一些常用的Excel数据分析工具:

（1）数据透视表。数据透视表是 Excel 中最重要的数据分析工具之一，它可以快速地汇总、过滤、组合和分析大量数据。通过数据透视表，用户可以把数据按照不同的维度进行组合和分组，以便更好地了解数据的分布和关系。

（2）数据透视图。数据透视图是基于数据透视表而生成的，它是一种图表形式的数据透视表，可以更形象地展示数据的分布和关系。通过数据透视图，用户可以把数据按照不同的维度进行组合和分组，以便更好地了解数据的走势和关系。

（3）模拟运算表。模拟运算表是 Excel 中一个非常实用的功能，它可以帮助用户模拟和预测数据的走势和关系。通过模拟运算表，用户可以输入不同的假设值，并查看它们对数据的影响。

（4）回归分析。回归分析是 Excel 中一个非常强大的功能，它可以帮助用户分析数据之间的关系，并预测未来的走势。通过回归分析，用户可以确定数据之间的相关性和趋势，以便更好地了解数据的规律和特点。图 1-8 展示了常用的 Excel 数据分析工具。

图 1-8　常用的 Excel 数据分析工具

2. Python 数据分析工具

Python 是一款流行的编程语言，它的数据分析工具广泛应用于数据挖掘、机器学习、统计学等领域。

Python 数据分析工具可以帮助用户快速、高效地处理和分析大量数据，从而更好地理解和掌握 Python 中数据的特征和规律。对于数据分析师来说，主要应掌握 Python 中基础语法和数据科学的模块，主要包括 Numpy、Pandas 以及机器学习的库。图 1-9 展示了常用的 Python 数据分析工具。

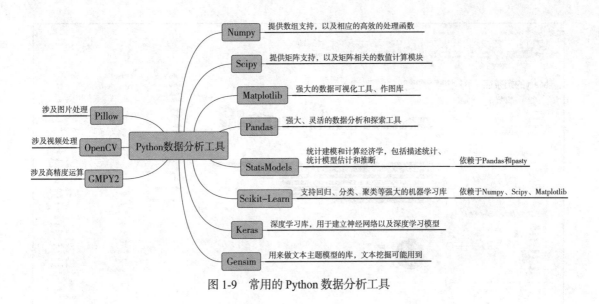

图 1-9　常用的 Python 数据分析工具

3. Power BI 数据分析工具

Power BI 是由 Microsoft 开发的一款商业智能分析和可视化工具，旨在帮助用户从各种数据源中提取、分析和可视化数据，并将数据转化为有意义的见解和决策支持。它具有强大的数据整合、可视化和分享功能，适用于个人用户和企业组织。

Power BI 是一款功能强大、易于使用的商业智能工具，可帮助用户从各种数据源中提取、分析和可视化数据。它提供了丰富的数据整合和建模功能、多样化的数据可视化选项以及方便的数据共享和协作功能，可满足个人用户和企业组织对数据分析和决策支持的需求。图 1-10 展示了 Power BI 的功能。

1.1.5.3　数据可视化工具

数据可视化工具是用于将数据转化成易懂、有意义的图表、图形或仪表盘的软件工具，常见的数据可视化工具包括 Tableau、Power BI、QlikView/Qlik Sense、D3.js、Plotly 等。这些工具提供了丰富多样的可视化选项，支持实时数据更新和自动化报告，并帮助用户更好地探索和呈现数据，揭示数据中的模式、趋势和见解，从而更好地支持决策和业务发展。由于前面已经介绍了 Power BI 工具，接下来主要介绍 Tableau、D3.js 和 QlikView/Qlik Sense 数据可视化工具。

1. Tableau 可视化工具

Tableau 是一款领先的数据可视化和商业智能工具，旨在帮助用户从各种数据源中提取、分析和展示数据，并将数据转化为有意义的见解和决策支持。它具有直观易用的界面、强大的数据整合和可视化功能，适用于个人用户和企业组织。

Tableau 提供了丰富的数据整合和连接功能、多样化的可视化选项以及高性能的数据查

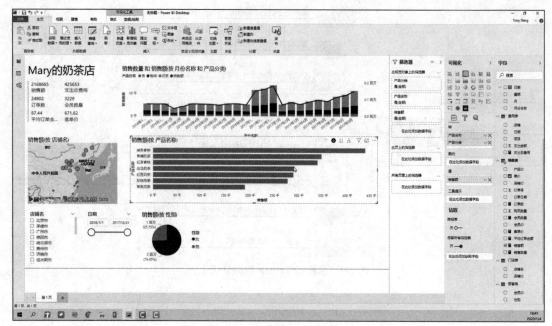

图 1-10 Power BI 的功能

询和分析能力。通过 Tableau，用户可以轻松地从各种数据中获取见解，并与他人共享和讨论分析结果。图 1-11 展示了 Tableau 的操作界面。

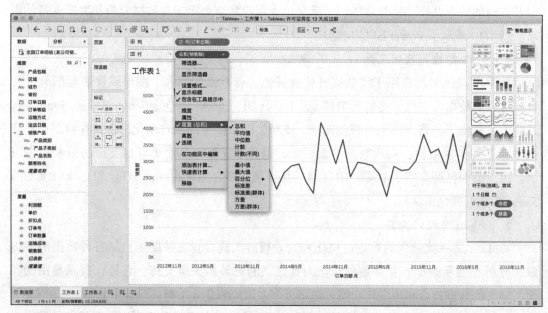

图 1-11 Tableau 的操作界面

2. D3.js 可视化工具

D3.js（Data-Driven Documents）是一款基于 JavaScript 的开源数据可视化库，它提供了强大、灵活的功能，使用户能够创建高度定制化和交互式的数据可视化应用。

D3.js 提供了丰富多样的图表类型和可视化选项，并支持数据绑定、数据转换、交互和动画效果等功能。通过 D3.js，用户可以根据自己的需求和创意，创建高度定制化、交互式和动态的数据可视化应用。图 1-12 展示了使用 D3.js 制作的数据可视化效果。

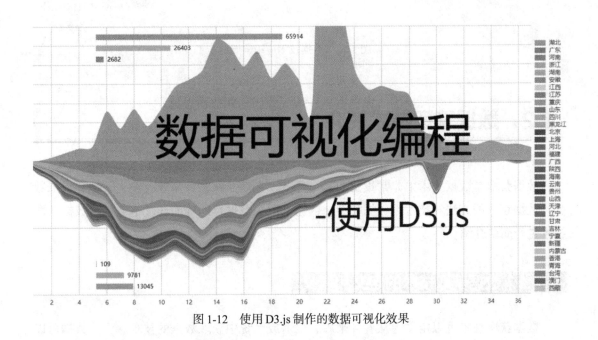

图 1-12　使用 D3.js 制作的数据可视化效果

1.1.6　数据技术的应用领域

数据技术在现代社会中的应用领域非常广泛。在商业领域，数据技术可以用于市场营销、客户关系管理、供应链管理、金融分析和销售预测等方面，帮助企业做出更精准、高效的商业决策。在医疗领域，数据技术可以用于电子病历、个性化治疗、药物研发和生物信息学等方面，提升医疗服务质量和管理患者信息。在政府领域，数据技术可以用于公共管理、决策支持、城市规划、环境保护、交通管理和公共卫生等方面，帮助政府做出准确、高效的决策。在社交媒体领域，数据技术可以支持推荐算法、广告投放和社交网络分析，为用户提供个性化的服务和推荐。此外，数据技术还可以用于能源、交通、环境保护和农业等各种领域。随着数据技术的发展，其应用领域将继续扩大，也将继续推动人类社会不断进步。图 1-13 显示了数据技术应用领域。

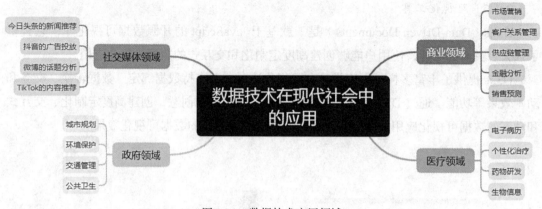

图 1-13　数据技术应用领域

1.2　数据获取技术简介

数据获取是数据技术中非常重要的一个环节，它涉及从多种来源收集、采集和提取数据。数据获取的方法和技术因数据类型、数据来源、数据目的等而异。本节将对数据获取技术进行简单介绍。

1.2.1　数据获取技术的定义和意义

数据获取技术可以定义为从各种来源、渠道或系统中获取数据的技术。这些数据可以是结构化数据（如数据库、电子表格等），也可以是非结构化数据（如文本、图像、音频等）。数据获取技术的意义可以概括为以下 5 点，如图 1-14 所示。

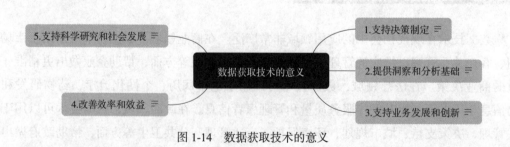

图 1-14　数据获取技术的意义

（1）支持决策制定。数据获取为决策者提供了获取信息和深入了解问题的途径。通过收集相关数据，决策者可以更好地了解当前状况、发现问题、识别趋势和模式，从而做出明智的决策。

（2）提供洞察和分析基础。数据获取是进行数据分析和挖掘的基础。收集到的数据可以用于分析、统计和建模，揭示隐藏在数据背后的模式、关联和规律，以求得更深刻的洞察和理解。

（3）支持业务发展和创新。数据获取可以帮助企业和组织了解客户需求、市场趋势和竞争环境等因素，为业务发展和创新提供依据和方向。通过对大量数据的分析，可以发现新的商机、改进产品或服务，并提供更优质的用户体验。

（4）改善效率和效益。数据获取有助于改善工作流程、业务运营和提高资源利用效率。通过对数据的分析，可以发现瓶颈、识别问题，并采取相应的措施进行优化和改进，提高工作效率、降低成本，并取得更好的效益。

（5）支持科学研究和社会发展。数据获取是科学研究的基础。从不同领域获取的数据可以被用于学术研究、社会调查和政策制定等方面，为社会发展提供科学依据。

数据获取技术的重要性不言而喻，它是现代社会中各行业和领域的基础。有效的数据获取技术能够帮助组织和个人获取、整合和分析各种类型的数据，从而为决策制定、业务优化、创新发展提供有力支持。无论是商业领域的市场调研和客户洞察，医疗领域的疾病监测和药物研发，政府领域的交通管理和决策支持，还是科研领域的实验数据和信息检索，都离不开高效的数据获取技术。因此，数据获取技术的重要性在于为我们提供了深入了解现实世界、发现问题和机遇，并做出明智决策的基础信息。

1.2.2 数据获取的常见方法和技术

数据获取的常见方法和技术有多种，包括网络爬虫、传感器技术、数据库和API以及人工输入和扫描等，如图1-15所示。下面将重点介绍各种方法的特点、优缺点以及适用场景。

1. 网络爬虫

网络爬虫是一种自动化程序，能够按照预定的规则和算法在互联网上自动浏览并抓取信息，然后将这些信息整理存储或进行进一步的处理分析。网络爬虫通常被用来收集互联网上的数据，比如搜索引擎通过网络爬虫来建立网页索引，研究人员利用网络爬虫来获取特定领域的数据进行分析。网络爬虫的基本流程包括以下几个步骤：首先，确定要爬取的目标网站或特定网页；其次，通过发送HTTP请求，获取目标网页的HTML源代码；再次，解析HTML源代码，提取出需要的数据和链接；从次，将提取的数据进行存储或进一步处理；同时，将提取到的链接加入待爬取队列中；最后，不断循环执行以上步骤，直至完成对所有目标页面的爬取。在整个流程中，还需要考虑反爬机制、并发控制和数据清洗等问题，以确保爬取的效率和数据的准确性。图1-16展示了网络爬虫的基本流程。

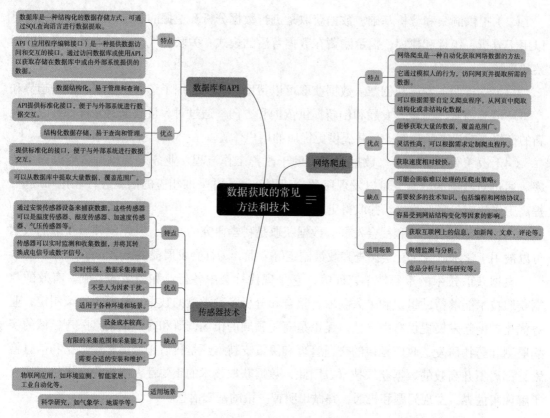

图 1-15　数据获取的常见方法和技术

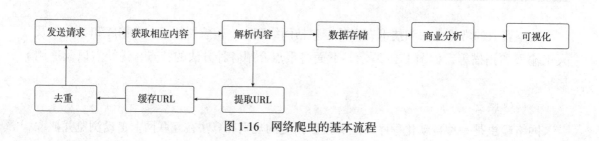

图 1-16　网络爬虫的基本流程

2. 传感器技术

传感器技术通过安装传感器设备来捕获各种数据。传感器是一种专门用于检测和响应特定物理量或现象的装置，如温度、湿度、压力、光照等。传感器设备将感知到的信号转换为可量化的电信号或数字信号，并通过接口与计算机系统或其他设备进行通信。这些传感器可被广泛用于工业、农业、医疗、环境监测等领域，实时获取和监测数据，为决策制定、控制系统优化，以及提高效率和安全性提供重要的支持。图 1-17 展示了传感器技术采集数据的原理。

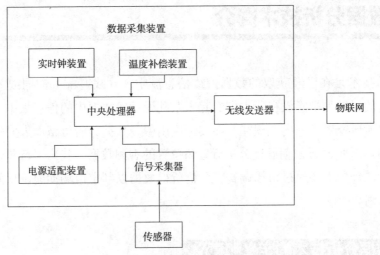

图 1-17　传感器技术采集数据的原理

3. 数据库和 API

数据库和 API 都是常用的数据获取方式。数据库是一个结构化的数据存储系统，可以按照一定的规则和格式存储、管理和检索数据。用户可以使用 SQL 等查询语言从数据库中提取所需的数据。而 API（应用程序编程接口）是一种软件工具，允许不同应用程序之间进行数据交互。通过 API，开发者可以请求远程服务器上的数据，并以特定格式（如 JSON 或 XML）返回所需数据。数据库适用于存储和管理大量结构化数据，而 API 则更加灵活，可以从外部系统或服务中获取数据，以满足特定的需求。无论是使用数据库还是 API，都能够有效地获取和处理数据，以供应用程序或用户使用。

4. 人工输入和扫描

人工输入和扫描是常见的数据获取方式。人工输入指的是通过人工手动录入信息到计算机系统中，例如通过键盘输入文本。而扫描则是利用扫描设备将纸质文件或图片转换为数字化形式，例如将纸质文件扫描成 PDF 文档或将照片扫描成数字图像文件。人工输入和扫描这两种方式都能够将现实世界中的信息转化为数字化的数据，为后续的存储、处理和分析奠定了基础。

不同的数据获取方法和技术各有特点和适用场景。选择何种数据获取方法取决于需要获取的数据类型、规模和实时性要求，以及自身的技术能力和资源限制。

不同的数据获取方法和技术适用于不同的应用需求，网络爬虫适合从互联网上收集大规模数据进行分析和挖掘，传感器技术则适用于实时监测环境参数并进行自动化控制，数据库和 API 适合于存储管理和获取结构化数据，而人工输入和扫描则适用于将纸质文件转换为数字化形式。根据具体的应用场景和需求，可以选择合适的数据获取技术来满足不同的目的，从而更好地支持决策制定、系统优化和效率提升。

1.3 数据分析技术简介

数据分析技术是在已经获取的数据流或信息流中，寻找匹配关键词或关键短语的技术。数据分析的目的是把隐没在一大批看起来杂乱无章的数据中的信息集中、萃取和提炼出来，以找出所研究对象的内在规律。在实际应用中，数据分析可帮助人们作判断，以便采取适当行动。例如 J. 开普勒通过分析行星角位置的观测数据，找出了行星运动规律。又如，一个企业的领导人要通过市场调查，分析所得数据以判定市场动向，从而制定合适的生产及销售计划。

1.3.1 数据分析技术的定义和意义

数据分析技术可以分为狭义的数据分析和广义的数据分析两个层面，涵盖了从简单的数据探索到复杂的模型选择和推断分析等多种多样的任务和目的。狭义的数据分析主要指探索性数据分析，它在尽量少的先验假定下处理数据，通过表格、摘要、图示等直观的手段，探索数据的结构，并检测对于某种指定模型是否有重大偏离。探索性数据分析可以作为进一步分析的基础，也可以对数据做出非正式的解释，对实验方案进行调整，并重做实验。而广义的数据分析则包括了探索性数据分析在内，并进一步涉及模型选定分析和推断分析。模型选定分析是在探索性数据分析的基础上提出可能的模型，并通过进一步的分析从中挑选一定的模型，例如确定模型的形式和估算模型的参数等。而推断分析则使用数理统计方法对所挑选的模型的可靠程度和精确程度进行推断，例如检验所定模型的可用性，评估模型的精确程度等。

数据分析的意义在于通过对数据的挖掘和分析，提供有力的决策支持、优化业务流程、预测和预防风险，并发现新的机会和洞察，从而帮助企业和组织取得商业上的成功和竞争优势（见图 1-18）。以下是数据分析的几个重要意义。

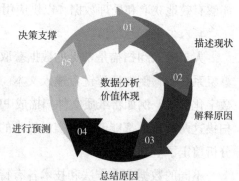

图 1-18 数据分析价值体现

1. 发现洞察和解释现象

数据分析可以揭示数据中的隐藏信息和规律，帮助人们理解各种现象。例如，通过对市场销售数据的分析，可以发现产品的受欢迎程度、消费者的购买偏好等。

2. 支持决策制定

数据分析为决策提供了有力的支持。通过数据分析，可以得出客观的结论和预测，帮助决策者做出明智的商业决策。例如,在市场营销中,通过对市场调研数据的分析,可以帮助决策者确定目标市场、优化产品定位和制定推广策略。

3. 优化业务流程和效率

数据分析可以帮助企业识别和解决业务流程中的瓶颈和问题。例如,通过对运营数据的分析,可以帮助企业和组织找到生产过程中的瓶颈,优化资源分配,提高生产效率。

4. 预测和预防风险

数据分析可以基于历史数据进行预测,帮助企业和组织预测未来的趋势和风险。例如,在金融领域,通过对市场数据和客户行为数据的分析,可以帮助企业和组织预测市场变化和风险,从而制定相应的风险管理策略。

5. 支持创新和发现新机会

数据分析可以揭示市场和消费者的新机会和潜在需求。例如,通过对市场和用户数据的分析,可以发现新的产品创新方向和市场细分,从而帮助企业和组织在竞争中保持竞争优势。

随着技术的不断进步和数据的不断增长,数据分析将发挥越来越重要的作用。因此,应该充分利用数据分析的价值,将其应用于各个领域,为企业和组织带来更大的发展和竞争优势。

1.3.2 数据分析技术的方法

数据分析技术是指利用各种工具和技术对数据进行处理、挖掘和解释的方法。随着大数据时代的到来,数据分析技术变得越来越重要,它不仅可以帮助企业和组织发现商业机会、降低风险,还可以促进科学研究和社会发展。数据分析技术的方法和技术多种多样,图1-19展示了几种常见的数据分析方法。

接下来就简单地阐述一下分组分析法、矩阵分析法、平均分析法、统计分析法、文本分析法和对比分析法6种常见的数据分析方法。

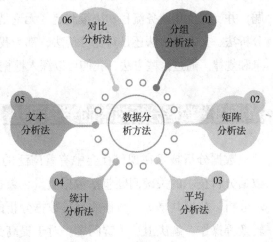

图1-19 数据分析方法

1. 分组分析法

分组分析法就是将数据按照某种规则或特定因素分成不同的组,然后对不同组之间的差异进行分析。这种方法可以帮助我们更好地理解数据的变化趋势,从而优化业务流程。

2. 矩阵分析法

矩阵分析法就是将数据按照二维矩阵的方式呈现,通过对比不同行列的变化趋势,分析不同因素之间的相关性和影响程度。这种方法适用于多维度数据分析，可以帮助我们更好地理解数据之间的关系和相互作用。

3. 平均分析法

平均分析法就是将数据按照一定的时间范围或空间范围进行平均，以便更好地了解数据的总体情况和趋势，从而帮助我们做出更准确的预测和决策。

4. 统计分析法

统计分析法就是使用数学统计方法对数据进行分析，以获取总体趋势、标准差、方差等统计指标，进而进行预测和推断。这种方法可以帮助我们更好地了解数据的变化规律和潜在趋势。

5. 文本分析法

文本分析法就是对文本数据进行挖掘和分析，以获取文本中隐藏的信息和规律。这种方法可以帮助我们更好地了解用户需求和反馈，从而优化产品设计和改进服务。

6. 对比分析法

对比分析法就是将不同时间、不同地区或不同对象的数据进行对比，以便更好地了解它们之间的差异和共性。这种方法可以帮助我们更好地了解业务流程的变化趋势和变化原因，从而进行优化和改进。

数据分析技术提供了多种方法和工具，帮助我们更好地理解数据，发现潜在的机会和问题，并支持优化业务流程和决策制定。无论是分组分析法、矩阵分析法、平均分析法、统计分析法、文本分析法还是对比分析法，都为我们提供了不同的视角和手段来揭示数据中的信息和规律。通过这些方法，我们可以深入挖掘数据的价值，为企业和社会带来更好的发展。

1.3.3 数据分析技术的关键问题

数据分析技术在现代社会中有着广泛的应用，但在实际应用中仍面临多方面的挑战。数据分析技术的关键问题包括数据质量、数据安全和隐私、分析算法选择、业务理解和需求分析、数据共享等。数据质量是数据分析的基础，需要对数据进行清洗、去重、处理和转换等操作。解决上述关键问题，对于提高数据分析技术的性能和实用性至关重要。在实际应用过程中，数据分析技术面临着以下一些关键问题。

1. 数据质量问题

数据质量是数据分析的基础，如果原始数据不准确或不完整，则无法得出真正有价值的结论。因此，需要对数据进行清洗、去重、处理和转换等操作，以确保数据质量。

2. 数据安全和隐私问题

在数据分析过程中涉及大量的敏感数据和个人隐私信息，这需要对数据进行安全保护。同时，也需要确保数据使用符合相关法律和规定。

3. 分析算法选择问题

不同类型的数据和分析目标需要使用不同的分析算法，如聚类、分类、回归等。因此，在选择分析算法时需要结合数据的特点和需求进行选择。

4. 业务理解和需求分析问题

在数据分析前，需要对业务领域有充分的了解和认识，并通过需求分析确定分析目标和方法、数据来源和处理方法等，以保证数据分析的有效性和准确性。

5. 数据共享问题

在大数据时代，数据共享已成为发展的重点。但是不同的数据管理系统往往存在着互相独立、不兼容的问题，这就使得数据共享变得十分困难。数据分析技术需要解决数据共享问题，以实现跨平台、跨系统的数据互操作与数据共享。

1.4 数据可视化技术简介

数据可视化技术是将数据通过图表、图形、地图等方式进行可视化展示，以便人们更直观地理解数据特征和关系，能够帮助人们更好地分析数据、传达信息、探索数据和支持决策，提高数据分析的效率和质量。

1.4.1 数据可视化技术的定义和意义

数据可视化技术是指使用图表、图形、地图等可视化方式将数据呈现出来的一种技术。它通过形象、直观的图像将复杂的数据信息转化为可被人们轻松理解的形式，从而帮助人们更好地探索数据、发现规律和趋势、传达信息并做出决策。在进行数据可视化时可以根据不同的要求选择不同的图表类型，图1-20展示了数据可视化图表选择思维。

数据可视化不仅仅是简单地将数据转化为图表的过程，更是一种重要的数据分析和传播工具。数据可视化的意义主要体现在以下几个方面。

1. 帮助理解和发现趋势

通过图表和图形的形式呈现数据，可以帮助人们更直观地理解数据之间的关系、趋势和模式，从而更容易地发现数据中的规律和趋势。例如，使用折线图可以清晰地展示销售额随时间的变化趋势，帮助业务团队了解市场趋势和产品销售情况。

2. 提高决策效率

将复杂的数据转化为可视化形式，可以帮助决策者更快速地理解数据，并做出基于数据的决策。例如，使用仪表盘或可交互的图表，管理层可以实时监控关键指标的变化情

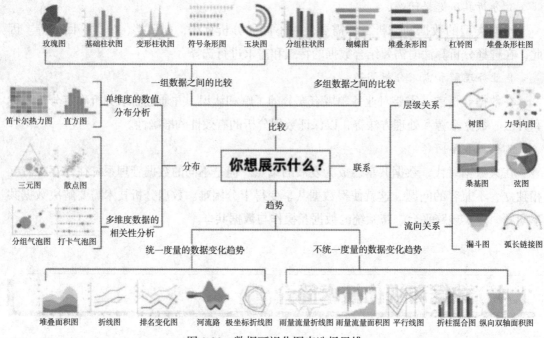

图 1-20　数据可视化图表选择思维

况，及时做出调整和决策。

3. 有效沟通与共享

通过可视化图表，人们可以更清晰地向他人展示数据分析的结果，从而更有效地进行沟通和共享。这对于团队内部协作和与外部利益相关者的沟通都非常重要。可视化图表可以帮助消除信息传递中的歧义，使得沟通更加清晰和准确。

4. 识别异常和问题

数据可视化可以帮助人们更容易地发现数据中的异常值、离群点或潜在的问题，从而及时采取相应措施进行调整和改进。例如，在质量控制过程中，使用控制图可以很容易地观察到偏离正常范围的数据点，从而及时发现生产线上的问题。

5. 推动数据驱动决策

数据可视化可以促进组织和团队更加注重数据驱动的决策，使决策更加客观和科学。此外，数据可视化可以帮助各个层面的决策者更深入地了解业务情况，从而更好地利用数据制定决策。

6. 增强记忆和理解

人们对于视觉信息的记忆更为深刻，通过可视化呈现数据的方式可以帮助人们更好地记忆和理解数据。相比于纯文字或数字的呈现方式，图表和图形更具有吸引力和记忆性，能够更好地传达信息和概念。

数据可视化是一种非常重要的数据分析和传播工具。它可以帮助人们更好地理解数据、做出决策并推动业务发展，并在很多方面都具有重要的意义。随着数据分析技术的不断发展和普及，数据可视化也将继续发挥重要作用，成为人们更好地利用数据实现创新和进步的重要手段。

1.4.2 数据可视化技术的方法

数据可视化技术的方法多种多样，可以根据具体需求和场景选择适合的方法和工具来实现数据的可视化展示。在选择使用哪种方法时，需要根据数据的类型、分析目标以及受众等因素进行综合考虑。图 1-21 展示了数据可视化技术的常见方法。

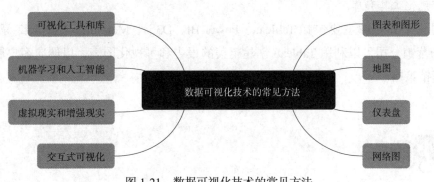

图 1-21　数据可视化技术的常见方法

接下来将对一些数据可视化技术的常见方法进行讲解。

1. 图表和图形

图表和图形主要是指折线图、柱状图、饼图等。例如，在销售数据分析中，使用折线图可以清晰展示不同产品销售额随时间的变化趋势。

2. 地图

地图主要是指热力图、气泡地图、区域地图等。例如，通过热力图可以直观展示全球温室气体排放情况，帮助政府和环保组织制定相关政策。

3. 仪表盘

仪表盘是指集成了多个图表和指标的可视化工具。例如，一家电商公司可以利用仪表盘实时监控网站流量、销售额和用户行为数据，从而及时调整营销策略。

4. 网络图

网络图用于展示复杂关系和连接的数据。例如，社交媒体公司可以利用网络图展示用户之间的关注关系，以优化推荐算法和社交互动体验。

5. 交互式可视化

交互式可视化用户可以与可视化图表进行互动。例如，在线教育平台可以提供交互式学习大数据可视化课程，让学生通过操作图表加深对数据分析的理解。

6. 虚拟现实和增强现实

虚拟现实和增强现实通过相应技术，以更直观、沉浸的方式呈现数据。例如，在医疗领域，医生可以利用增强现实技术在手术前模拟患者的内部器官结构，以提高手术准确性。

7. 机器学习和人工智能

机器学习和人工智能可应用于数据可视化中，如自动聚类、异常检测、预测分析。例如，智能城市项目可以利用机器学习技术对城市交通数据进行预测分析，以优化交通管理和规划。

8. 可视化工具和库

可视化工具和库主要包括 Tableau、Power BI、D3.js、Matplotlib、ggplot2 等。例如，一家市场营销公司可以利用 Tableau 创建精美的报告和可视化图表，以便向客户展示市场分析和营销策略。

本章首先介绍了数据技术的入门知识，包括数据的重要性、数据技术的定义、数据技术的系统框架、数据技术的理论基础，数据技术的常用工具和应用领域；其次介绍了数据获取技术的定义和意义、数据获取技术的方法、数据技术获取的关键问题；再次介绍了数据分析技术的定义和意义、数据分析技术的方法、数据分析技术的关键问题；最后介绍了数据可视化技术的定义和意义、数据可视化技术的方法、数据可视化技术的关键问题。通过本章的学习，帮助读者对数据技术有一个初步的了解，为后续的学习和应用打下坚实的基础。

复习思考题

1. 数据获取是指（　　）。
   A. 从互联网上下载数据　　　　　　B. 将数据存储在数据库中
   C. 收集和提取数据以供进一步处理　D. 使用图表展示数据分析结果

2. 下列哪种数据获取方法不需要使用 API？（　　）
   A. 网络爬虫　　　　　　　　　　　B. 数据库查询
   C. 文件导入　　　　　　　　　　　D. 实时数据流

3. 数据可视化的目的是（　　）。
   A. 展示数据模型的准确性　　　　　B. 增加数据存储的效率
   C. 提供对数据的洞察和理解　　　　D. 加密和保护数据的安全性

4. 下列哪个工具适合用于创建交互式数据可视化？（　　）
   A. Excel　　　　　　　　　　　　 B. Matplotlib
   C. Power BI　　　　　　　　　　　D. SAS

5. 数据挖掘是指（　　）。
   A. 从数据库中提取有用信息
   B. 对数据进行可视化展示
   C. 使用机器学习算法发现模式和关联规则
   D. 对数据进行分类和预测

6. 下列哪种数据获取方法适合用于处理结构化数据？（　　）
   A. 网络爬虫　　　　　　　　　　　B. API 调用
   C. 文件导入　　　　　　　　　　　D. 实时数据流

7. 数据预处理包括以下哪些步骤？（　　）
   A. 数据清洗　　　　　　　　　　　B. 特征选择
   C. 数据变换　　　　　　　　　　　D. 所有选项都正确

8. 数据聚合是指（　　）。
   A. 将多个数据集合并为一个　　　　B. 将数据划分为不同的组别
   C. 将数据转化为统一的格式　　　　D. 将数据按照时间顺序排序

9. 下列哪个工具适合用于处理大规模文本数据？（　　）
   A. Hadoop　　　　　　　　　　　　B. Excel
   C. Tableau　　　　　　　　　　　 D. R 语言

10. 下列哪种数据获取方法适合用于处理非结构化数据？（　　）
    A. 网络爬虫　　　　　　　　　　　B. API 调用

C. 文件导入 　　　　　　　　　　D. 实时数据流

11. 数据标准化是指（　　）。

A. 将数据转化为 0 和 1 之间的值　　B. 将数据转化为正态分布

C. 将数据按照一定比例缩放　　　　D. 将数据按照特定规则重新编码

12. 在数据分析中，下列哪种方法适用于对数据进行关联分析？（　　）

A. 决策树算法　　　　　　　　　　B. K-means 聚类算法

C. 关联规则挖掘　　　　　　　　　D. 主成分分析

第 2 章 数据获取技术

导读

在当今信息爆炸的时代,数据已经成为我们生活和工作中不可或缺的重要资源。而数据获取技术则是从各种数据源中提取所需数据的关键。本章将介绍数据获取技术的基本原理、应用和实践,包括数据源的识别与评估、网络爬虫技术、自动化与优化以及隐私与安全问题。通过本章学习,读者将能够了解数据获取技术的重要性及其在实际应用中的作用,掌握常用的数据获取技术和方法,并能够运用这些知识解决实际问题。

学习目标

1. 了解数据获取的重要性和挑战,以及数据获取技术的作用和目标。
2. 掌握数据源的分类、特征和选择策略。
3. 掌握网络爬虫的基本原理和工作流程,了解常见的网页爬取技术和实践。
4. 理解自动化数据获取的概念和意义,掌握自动化数据获取工具和框架的使用。
5. 了解数据隐私保护的重要性和挑战性,了解隐私保护的法律法规和合规性要求。

6. 掌握数据获取过程中的安全风险和防范措施。

1. 重点掌握网络爬虫技术的原理和实现过程，以及常见的问题和解决方法。
2. 理解自动化数据获取的概念和方法，以及如何使用自动化工具进行数据获取。
3. 掌握数据源评估的方法和指标，了解常见的数据源类型和评估过程。

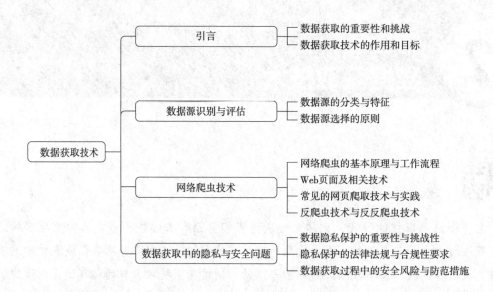

2.1 引言

数据获取技术是指通过各种方法和工具从多样化的数据源中提取所需数据的过程。它涵盖了网络爬虫、数据库与 API 接口访问、文件格式解析、流媒体数据采集等各种技术手段。数据获取技术的关键在于准确、高效地获取数据，并兼顾隐私保护和安全性。它为各行各业提供了获取信息、制定决策和进行创新的基础，助力企业和组织更好地应对挑战和发展。

2.1.1 数据获取的重要性和挑战

数据获取是信息时代的核心环节,对于个人、企业和组织而言,重要性和挑战性并存。在不断涌现的海量数据中,如何准确、高效地获取所需数据,成为决策、发展和创新的关键。

首先,数据获取的重要性无法忽视。数据被称为"新时代的石油",它蕴含着宝贵的信息。通过有效的数据获取,我们可以了解市场趋势、消费者行为、产品性能等关键信息,从而指导商业策略、提升竞争力。同时,数据获取也支持科学研究、社会分析和政策制定,推动社会进步和可持续发展。在医疗领域,数据获取更是直接关系到疾病预防、诊断和治疗的准确性和效果。然而,数据获取也面临着一系列挑战。首先是数据的多样性和分散性。数据存在于各种渠道、形式和格式,如网页、数据库、文件等,需要针对不同数据源运用不同的技术手段进行获取。因此,面对这些挑战,优化数据获取策略、提升技术适应性及加强数据处理能力显得尤为重要。

其次是数据获取过程中的隐私和安全问题。随着涉及个人敏感信息和商业机密的数据量增加,数据获取必须严格遵守隐私保护规定,采取措施确保数据的安全传输和存储,防止数据泄露和滥用的风险。

最后,数据获取还需应对不断变化的技术和法律要求。随着科技的发展,数据获取技术也在不断演进,需要不断学习和更新。同时,许多国家和地区也出台了相关法律法规,要求数据获取过程合规合法,对个人权益和数据利用进行监管。

因此,为了更好地应对这些挑战,我们需要不断改进和优化数据获取的技术手段和流程,加强隐私保护和安全管理,确保数据的合规性和合法性。同时,也需要加强相关技术人才的培养和储备,提高数据获取和处理的能力和效率。

数据获取的重要性日益凸显,它是信息社会的基石。虽然面临着挑战,但通过科学的数据获取策略和技术手段,我们能够获得准确、及时的信息,为决策、创新和发展提供强有力的支持。只有在充分利用数据的基础上,我们才能把握机遇、迎接挑战,实现个体和社会的可持续发展。

2.1.2 数据获取技术的作用和目标

数据获取技术是指通过各种方式获取和处理数据的技术手段,包括数据采集、传输、存储等过程。随着信息技术的迅猛发展,数据获取技术已经深入人们的工作和生活,对商业、科学研究和公共服务等领域产生了深远的影响。

数据获取技术的作用是提供可靠的、实时的数据支持决策和业务优化,其目标是获取全面、准确、实时且一致的数据。在当今信息爆炸的时代，数据已成为制定决策、优化业务和支持市场营销的重要基础。以下是关于数据获取技术的作用及其目标的详细阐述。

首先，数据获取技术的作用之一是提供决策依据。无论是企业还是政府机构，在做出决策前都需要收集大量的数据，并进行分析和处理。数据获取技术能够从各种来源收集数据，包括互联网、传感器、数据库等，为决策者提供所需的信息和洞察力。这些数据可以用于市场调研、竞争分析、产品改进等方面，帮助决策者做出明智的决策。

其次，数据获取技术的另一个作用是优化业务流程。通过数据获取技术，机构和组织可以实时获取和监测业务活动的数据，发现问题和瓶颈，并进行优化和改进。例如，采用物联网技术，可以收集生产线的数据，实时监测生产过程中的各项指标，及时发现故障和异常情况，提高生产效率和品质。

最后，数据获取技术还能够助力企业精准把握市场需求，通过收集并分析用户行为、偏好等数据，实现个性化营销。企业可以根据用户画像进行精准推送、个性化推荐，提高营销活动的针对性和有效性，增强用户体验，促进销售增长。

针对以上作用，数据获取技术也有一些明确的目标。首先是数据全面性。数据获取技术的目标之一是尽可能地收集和获取全面、准确的数据，以满足决策和分析的需求。这需要确保数据来源的广泛性和数据的可靠性。其次是数据实时性。在某些场景下，需要实时决策和监测。数据获取技术的目标之二是能够及时地获取和处理数据，以支持实时的业务活动。这需要具备高效的数据收集和传输能力。最后是数据一致性。在多个数据源和数据类型存在的情况下，数据获取技术的目标之三是保证数据的一致性和可比性，使得数据能够进行有效的整合和分析，这需要进行数据清洗、转换和标准化等工作。

2.2 数据源识别与评估

数据源的识别与评估是数据获取技术中的重要环节。在进行数据获取之前，需要考虑数据源的来源和信誉度、采集方式和频率、数据质量和完整性、数据格式和结构以及数据安全和隐私等方面。确定可靠的数据源，并评估其质量和可用性，有助于确保数据的准确性和可信度，从而为业务决策提供可靠的支持。综合考虑这些因素，可以选择适合需求的数据源，并制定相应的数据获取和处理策略，从而提高数据分析的效果和价值。接下来将从数据源的分类与特征、数据源选择的原则和策略，以及数据源评估的方法和指标三个方面对数据源识别与评估进行讲解。

2.2.1 数据源的分类与特征

数据源可以根据数据来源、数据格式和数据获取方式进行分类。按照数据来源可以将数据源分为观测数据、分析测定数据、图形数据和统计调查数据等。按照数据格式可以将数据源分为结构化数据和非结构化数据。按照数据获取方式可以将数据源分为主动获取的数据和被动获取的数据。不同的分类方式有时会相互重叠和交叉，选择适合的分类方式和特征需要考虑具体情境和应用需求。以下是一些常见的分类方式及其特征。

1. 按照数据来源划分

（1）观测数据。观测数据是指通过观察或测量得到的实际数据，反映了研究对象的真实情况。它主要用于描述和记录特定现象、事件或对象的各种属性或特征。观测数据可以是定量的（如温度、质量、长度等），也可以是定性的（如颜色、形状、品质等）。观测数据在科学研究、统计分析和数据分析中起着重要的作用。通过收集和分析观测数据，可以了解事物的变化趋势、相互关系、规律性以及可能存在的异常情况。观测数据可以帮助我们进行统计推断、模型建立、预测和决策制定等工作。需要注意的是，在收集观测数据时，应该确保数据的准确性、可靠性和代表性，还应采用合适的观测方法和工具，遵循科学原则进行数据收集和记录，以保证数据的质量和可信度等。

（2）分析测定数据。这类数据主要通过高精度的物理和化学分析方法测定得出，具备极高的准确性和可靠性。这些分析方法依赖于先进的实验室设备和仪器，如光谱仪、色谱仪、质谱仪以及电化学分析仪等来实现。物理和化学分析方法不仅是科学分析中不可或缺的手段，还广泛应用于各类材料、样品及复杂体系的分析与表征。其核心优势在于能够实现对样品的非破坏性检测或微量分析，同时展现出高分辨率、高灵敏度及高特异性的卓越性能。

（3）图形数据。这类数据包括各种地形图和专题地图等，是一种空间信息的重要表达方式。它通过地图、图表和其他可视化方式来呈现和展示数据，使得数据更加易于理解和分析。地形图是一种展示地球表面高程和地貌特征的图形数据，主要用于地理学、地质学等领域的研究和教学。它能够清晰地表现出山脉、河流、湖泊、岛屿等地形特征，帮助人们了解地球表面的形态和结构。专题地图（Thematic Map），又称特种地图，是在地理底图上，按照地图主题的要求，突出并尽可能完善地表示与主题相关的一种或几种要素，使地图内容专题化、表达形式各异、用途专门化的地图。需要注意的是，在使用图形数据进行展示和分析时，应该遵循视觉设计的原则和规范，确保图形数据的可读性和准确性。同时，也要注意图形数据的解释和报告，避免错误的推断或误导他人。

（4）统计调查数据。这类数据包括各种类型的统计报表、社会调查数据等，通常由政府或相关机构通过科学的调查方法和严格的统计分析得出发布，具有一定的权威性和可信度。统计调查数据通常以报表、表格、图表等形式呈现，包括人口普查数据、就业数据、经济指标、社会调查数据等。在使用统计调查数据时，需要注意数据的来源和采集方法，以及数据的限制和局限性。同时，也要进行数据的解读和分析，避免片面的理解。对于一些重要的决策和分析，可以考虑参考多个数据源，并进行交叉验证和比较分析，以获得更准确和全面的信息。

2. 按照数据格式划分

（1）结构化数据。这类数据是指具有固定格式和结构的数据，如表格、数据库中的关系型数据等，可以进行数值计算和统计分析。结构化数据易于存储、查询和分析，可以进行复杂的计算和统计操作。它还能够提供清晰的数据关系和模式，有利于数据的整理和管理。

（2）非结构化数据。这类数据是指没有固定格式或结构的数据，如文本、图像、音频、视频等。非结构化数据的特点是信息呈现方式多样，没有固定的字段和属性，需要经过一定的处理和分析才能提取出有用的信息。比如，对于文本数据，可以运用文本挖掘、自然语言处理等技术，从中提取关键词、进行情感分析和主题分类等；对于图像数据，可以进行图像识别、目标检测、图像分割等处理；对于音频和视频数据，可以进行语音识别、音频分析、视频内容分析等。非结构化数据的处理和分析需要借助各种专门的工具和算法，如自然语言处理库、图像处理库、机器学习和深度学习算法等。这些技术可以帮助我们从海量的非结构化数据中提取出有意义的信息，并进行进一步的分析和应用。

3. 按照数据获取方式划分

（1）主动获取的数据。这类数据是指通过主动查询、采集、购买等方式获取的数据，如通过爬虫程序从互联网上爬取的数据。主动获取的数据可以来自各种来源，包括公开的网站、社交媒体平台、企业数据库等。通过爬虫程序，可以自动化地从网页中提取所需的数据，并保存到本地或数据库中进行进一步的处理和分析。

（2）被动获取的数据。这类数据是指通过被动方式获取的数据，如通过接收其他系统的数据推送、共享等方式获取的数据。被动获取的数据可以来自各种来源，包括其他系统、合作伙伴、第三方数据提供商等。通过与这些数据提供方建立数据接口或协议，可以实现数据的自动传输和共享。

2.2.2 数据源选择的原则

在选择数据源时，需要全面结合实际业务需求和情况，并根据一定的原则，选择最合适的数据源，从而确保数据分析的准确性和可靠性。

在选择数据源时，需要遵循以下原则。

（1）数据质量原则。数据源应提供高质量的数据，具备准确性、完整性、一致性和可靠性等基本特性。评估数据源的数据质量是选择数据源的关键步骤，可以通过查看数据源提供商的信誉和口碑、参考其他用户的评价和反馈、了解数据源的数据收集和处理过程等方式进行评估。

（2）数据完整性原则。选择的数据源应能够提供全面的数据覆盖范围，包括所需的时间段、地域范围等，同时数据的更新频率应满足实时分析和决策的需求。

（3）数据安全性原则。数据的可靠性和安全性对于选择数据源来说同样重要。应选择可靠和安全的数据源，避免数据泄露或滥用，同时需确保数据源符合相关法律法规要求。

（4）匹配度原则。根据实际需求选择最匹配的数据源，例如针对某一特定的行业或领域，应选择该行业或领域内专业、权威的数据源。

（5）可扩展性原则。随着业务需求的变化和规模的扩大，对数据源的要求也需要随之改变。因此，选择的数据源应具备可扩展性，能够随着业务需求的变化进行相应的扩展和调整。

（6）多样性原则。针对不同的业务需求，可以选择不同的数据源，以多样化的数据源来丰富数据分析的维度和视角，从而更全面地了解市场和用户需求。

（7）成本效益原则。在选择数据源时，不仅要考虑数据的质量和完整性等因素，还需要考虑成本效益。不同的数据源可能需要不同的成本，需要选择性价比最优的数据源。

2.3 网络爬虫技术

网络爬虫（也称网络蜘蛛、网络机器人）是一种自动化的程序，能够在互联网上自动提取和收集网页的信息。它们按照一定的规则和算法，遍历互联网上的网页，收集数据并将其存储在本地计算机或数据库中，以供后续分析和利用。接下来本节将从网络爬虫的基本原理与工作流程等内容对网络爬虫技术进行介绍。

2.3.1 网络爬虫的基本原理与工作流程

网络爬虫的基本原理是模拟用户在浏览器或某个应用上的操作，通过指定 URL，直接返回所需要的数据，不需要人为操纵浏览器获取。网络爬虫会根据一定的规则自动抓取网络上的程序，获取所需要的数据并将其存储起来。网络爬虫的爬行策略有两种：一种是深度优先，另一种是广度优先。深度优先是指沿着一个链接一路向下访问，直到达到底层，然后再向上访问下一个链接；广度优先则是将所有链接都先访问一遍，然后再访问下一层的链接。网络爬虫可以快速地获取到所需要的数据，提高数据获取的效率。

网络爬虫的基本工作流程可以概括为以下几个步骤：

（1）确定起始点。网络爬虫需要指定一个起始 URL 作为爬取的入口点。

（2）发送 HTTP 请求。网络爬虫通过发送 HTTP 请求，向特定的 URL 地址请求页面内容。这可以使用 HTTP 库或专门设计的网络爬虫框架来完成。

（3）获取页面内容。一旦发送了 HTTP 请求，网络爬虫就会从服务器接收到响应。响应可能是 HTML、XML、JSON 或其他格式的文档。

（4）解析页面内容。网络爬虫需要解析接收到的页面内容，以提取出所需要的数据。常见的解析方法包括正则表达式、XPath 和 HTML 解析器（如 BeautifulSoup）。

（5）提取链接。网络爬虫会分析页面中的链接，并将它们添加到待爬取的 URL 队列中。这样可以递归地爬取多个页面。

（6）存储数据。网络爬虫将获取到的数据存储到数据库、文件或其他存储介质中，以备后续处理和使用。

（7）设置爬取策略。为了避免无限循环和过度访问服务器，网络爬虫需要设置一些策略，如深度限制、并发数限制和访问频率限制。

（8）循环爬取。网络爬虫会不断地从待爬取的 URL 队列中取出 URL，重复上述步骤，直到满足停止条件（如达到设定的爬取深度或任务完成）。

需要注意的是，网络爬虫在进行网络数据抓取时需要遵守相关法律法规和网站的使用规则，遵守网站的隐私政策和版权保护规则。同时，应合理设置爬取策略，避免对服务器造成过大负载和影响正常访问。

2.3.2 Web 页面及相关技术

Web 页面是我们日常上网冲浪的基础，它们承载了丰富的信息和无限的可能性。了解 Web 页面的基本概念和相关技术，有助于我们更好地理解和欣赏互联网世界的美妙之处。无论是一名开发者还是一个普通用户，都可以从中获得更多乐趣和启发。在今天的数字时代，我们几乎无时无刻不在浏览网页。但是否曾想过，这些精美、交互性强的 Web 页面是如何工作的呢？本部分将科普 Web 页面的基本概念以及涉及的相关技术，带大家深入了解构建互联网世界的基石。

2.3.2.1 Web 页面的基本概念

Web 页面是构成网站的基本单元。它是由 HTML（超文本标记语言）编写而成的，通过 HTTP 传输到用户的浏览器上展示。一个 Web 页面可以包含文本、图像、音频、视频等多媒体内容，并且可以通过链接与其他页面进行互动。HTML 是 Web 页面的构建材料，使用各种标签和属性定义了页面的结构和内容。相当于给不同的信息分类并打上标签。比如一个网页需要展示文章、图片和视频，我们就可以使用 <p>、<img> 和 <video> 等标签来定义信息的类型，然后加上对应的属性来指定相关的属性值。

下面列举一个简单的案例，假设我们想要创建一个显示姓名、年龄、性别的 HTML 页面：

```
<!DOCTYPE html>
<html>
  <head>
    <title> 个人信息 </title>
  </head>
  <body>
    <h1> 个人信息 </h1>
    <ul>
      <li> 姓名：张三 </li>
      <li> 年龄：25 岁 </li>
      <li> 性别：男 </li>
    </ul>
  </body>
</html>
```

在上述代码中，<!DOCTYPE html> 声明告诉浏览器这是一个 HTML 文档，<html> 标签定义了 HTML 文档的根元素，<head> 标签用于定义文档的头部，包括页面的标题等信息。<body> 标签则是定义网页的主体部分，<h1> 标签定义了一级标题，<ul> 标签定义了一个无序列表，<li> 标签定义了列表中显示的每一项内容。

这只是一个简单的例子，实际上 Web 页面可以展示的内容远不止这些。通过 HTML、CSS 和 JavaScript 等技术，开发者们可以创造出非常丰富、生动的 Web 页面，提供更好的用户体验和功能。

2.3.2.2　HTML 与 CSS 的重要性

HTML 的英文全称是 Hyper Text Markup Language，即超文本标记语言。HTML 作为一款标记语言，本身不能显示在浏览器中。经过浏览器的解释和编译，才能正确地反映 HTML 标记语言的内容。HTML 从 1.0 到 5.0 经历了巨大的变化，从单一的文本显示功能到多功能互动，经过多年的完善，HTML 已经成为一款非常成熟的标记语言。

HTML 不是一款编程语言，而是一款描述性的标记语言，用于描述超文本中内容的显示方式。如文字以什么颜色、大小来显示等，这些都是利用 HTML 标签完成的。其最基本的语法就是：< 标签 > 内容 </ 标签 >。

标签通常都是成对使用的，有一个开头标签和一个结束标签。结束标签只是在开头标签的前面加一个斜杠"/"。当浏览器收到 HTML 文件后,就会解释里面的标签,然后把标签相对应的功能表达出来。如在 HTML 中用 <I></I> 标签来定义文字为斜体,用 <B></B> 标签来定义文字为粗体。当浏览器遇到 <I></I> 标签时,就会把 <I></I> 标签中的所有文字以斜体样式显示出来;当浏览器遇到 <B></B> 标签时,就会把 <B></B> 标签中的所有文字以粗体样式显示出来。

1. HTML 文件的基本结构

完整的 HTML 文件包括标题、段落、列表、表格以及各种嵌入对象,这些对象统称为 HTML 元素。HTML 文件的基本结构如图 2-1 所示。

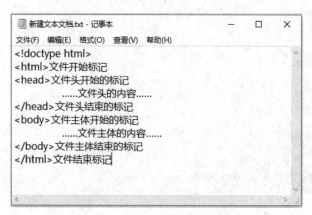

图 2-1　HTML 文件的基本结构

从图 2-1 可以看出,在 HTML 文件中,所有的标签都是成对的,开头标签为 <XXX>,结束标签为 </XXX>,在这两个标签中间添加内容。标签与标签之间还可以嵌套,也可以放置各种属性。此外,在源文件中标签是不区分大小写的。下面对此文件中的标签进行简单说明,这些标签通常用于描述页面的整体结构。

<!DOCTYPE html>:告知浏览器此文档所使用的 HTML 规范。

<html> 标签:把它放在 HTML 的开头,表示网页文档的开始。

<head> 标签:出现在文档的起始部分,标明文档的头部信息,一般包括标题和主题信息,其结束标记 </head> 指明文档标题部分的结束。

<body> 标签:用来指明文档的主体区域,网页所要显示的内容都放在这个标签内,其结束标签 </body> 指明主体区域的结束。

例 2.1　sample.html

HTML 是一款以文字为基础的语言,可以直接在 Windows 操作系统自带的记事本或 MacOS 操作系统的 TextEdit 中编写。下面以记事本为例进行讲解,HTML 文档以 .html 为扩展名,将 HTML 源代码输入到记事本并保存之后,可以在浏览器中打开文档以查看其效果。使用记事本编写 HTML 文件的具体操作步骤如下。

（1）选择【开始】|【所有程序】|【附件】|【记事本】命令，打开一个记事本，在记事本中编写图 2-2 中的代码。

```
<!DOCTYPE html>
<html>
<head>
<title>Hello World!</title>
</head>
<body>
<h1 style="text-align: center">Hello World!<br/>
Welcome to My Web Server.</h1>
</body>
</html>
```

图 2-2　sample.html

（2）当编写完示例中的代码后，选择记事本中的【文件】|【另存为】命令，弹出【另存为】对话框，如图 2-3 所示。在该对话框中将它存为扩展名为 .htm 或 .html 的文件即可，这里将其命名为 sample.html。

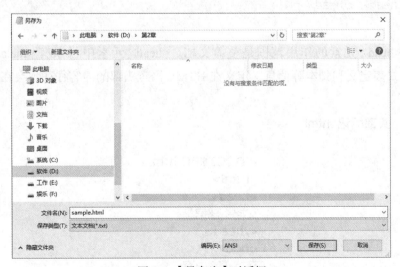

图 2-3　【另存为】对话框

（3）双击打开保存好的 sample.html 文件，可以在浏览器中浏览效果，如图 2-4 所示。

除使用上述记事本文件进行编辑外，还可以使用专业的网页开发工具进行设计开发，比如 Dreamweaver、Frontpage 等，感兴趣的同学可以用 "Dreamweaver 课程"或"FrontPage 课程"等关键字在网络中搜索相关视频教学资源进行学习。

图 2-4　浏览效果

一个完整的 HTML 文档必须包含以下 3 个部分：

（1）使用 <html> 定义的文档版本信息；

（2）使用 <head> 定义各项声明的文档头部；

（3）使用 <body> 定义的文档主体部分。

<head> 作为各种声明信息的包含元素出现在文档的顶端，并且要先于 <body> 出现，而 <body> 用来显示文档主体内容。

在 HTML 语言的头部元素中，一般需要包括标题、基础信息和元信息等。HTML 的头部元素以 <head> 为开始标记，以 </head> 为结束标记。

语法：<head>...</head>

说明：<head> 元素的作用范围是整篇文档。<head> 元素中可以有 <meta> 元信息定义、文档样式表定义和脚本等信息，定义在 HTML 语言头部的内容往往不会在网页上直接显示。

例 2.2　头部标记 .html

```
<!DOCTYPE html>
<html>
<head>
文档头部信息
</head>
<body>
文档正文内容
</body>
</html>
```

HTML 页面的标题一般用来说明页面的用途，它显示在浏览器的标题栏中。在 HTML 文档中，标题信息设置在 <head> 与 </head> 之间。标题标记以 <title> 开始，以 </title> 结束。

语法：<title>...</title>

说明：在标记中间的"…"就是标题的内容，它可以帮助用户更好地识别页面。页面的标题只有一个，它位于 HTML 文档的头部，即 <head> 和 </head> 之间。

例 2.3　标题 .html

```
<!DOCTYPE html>
<html>
<head>
<meta http-equiv="content-type" content="text/html";
charset="GB2312" />
<title>标题标记title</title>
</head>
<body>
</body>
</html>
```

在上述代码中方框框选部分的标记为标题，在浏览器的预览效果中可以看到标题名称，如图 2-5 所示。

图 2-5　标题标记

<meta> 标签提供的信息不显示在页面中，一般用来定义页面信息的说明、关键字、刷新等。在 HTML 中，<meta> 标签不需要设置结束标记，在一个尖括号内就是一个 <meta> 内容。在一个 HTML 页面中可以有多个 <meta> 标签。<meta> 标签的属性有 name 和 http-equiv，其中 name 属性主要用于描述网页，以便于搜索引擎查找、分类。

（1）在搜索引擎中，检索信息都是通过输入关键字来实现的。关键字在浏览时是看不到的，它是针对搜索引擎的信息。当用关键字进行搜索时，如果网页中包含该关键字，就可以在搜索结果中列出来。制定不同的关键字组合，页面被搜索到的概率将大大增加。

设置页面关键字：

语法：<meta name="keywords" content=" 输入具体的关键字 ">

说明：在该语法中，name 为属性名称，这里是 keywords，也就是设置网页的关键字属性，而在 content 中则定义输入具体的关键字。

例 2.4　插入关键字 .html

```
<!DOCTYPE html>
<html>
<head>
<meta name="keywords" content="插入关键字">

<title>插入关键字</title>

</head>
<body>
</body>
</html>
```

（2）设置页面说明也是为了便于搜索引擎的查找，它用来详细说明网页的内容，页面说明在网页中也不会显示出来。

设置页面说明：

语法：<meta name="description" content=" 设置页面说明 ">

说明：name 属性的值这里设置为 description，也就是将元信息属性设置为页面说明，在 content 中定义具体的描述语言。

（3）现在有很多编辑工具都可以制作网页，在源代码的头部可以设置网页编辑工具的名称。与其他 <meta> 标签相同，编辑工具也只是在页面的源代码中可以看到，而不会显示在浏览器中。

设置编辑工具：

语法：<meta name="generator" content=" 编辑工具的名称 ">

说明：name 属性的值这里设置为 generator，也就是设置编辑工具，在 content 中定义具体的编辑工具名称，比如 Dreamweaver、FrontPage，等等。

（4）在网页中还可以设置语言的编码方式，这样浏览器就可以正确地选择语言，而不需要人工选取。

设置语言的编码方式：

语法：<meta http-equiv="content-type" content="text/html; charset=字符集类型" />

说明：在该语法中，http-equiv 用于传送 HTTP 通信协议的标头，而在 content 中才是具体的属性值。charset 用于设置网页的内码语系，也就是字符集的类型，国内常用的是 GB 码，charset 往往设置为 gb2312，即简体中文。英文是 ISO-8859-1 字符集，此外还有其他的字符集。

例 2.5　编码方式 .html

```
<!DOCTYPE html>
<html>
<head>
<meta http-equiv="content-type" content="text/html;charset=euc-jp">
<title>Untitled Document</title>
</head>
<body>
</body>
</html>
```

在上述代码中方框框选部分的标记是设置网页文字及语言，此处设置的语言为日语。

在浏览网页时经常会看到一些欢迎信息的页面，在经过一段时间后，这些页面会自动转到其他页面，这就是网页的跳转。要想使网页在经过一定时间后自动刷新，可通过将 http-equiv 属性值设置为 refresh 来实现。content 属性值可以设置为更新时间。

设置网页的定时跳转：

语法：<meta http-equiv="refresh" content="跳转的时间;url=跳转到的地址">

说明：在该语法中，refresh 表示网页的刷新，而在 content 中设置跳转的时间和跳转后的链接地址，时间和链接地址之间用分号相隔。默认情况下，跳转时间以秒为单位。

例 2.6　自动跳转 .html

```
<!DOCTYPE html>
<html>
<head>
<meta http-equiv="refresh" content="10;url=sample.html">
<title> 网页的自动跳转 </title>
</head>
<body>
</body>
</html>
```

在上述代码中方框框选部分的标记是设置网页的定时跳转，这里设置为 10 秒后跳转到 sample.html 页面。在浏览器中预览，跳转前页面如图 2-6 所示。

图 2-6　跳转前页面

HTML 文档中包含各种级别的标题，它们由 <h1> 到 <h6> 元素来定义。其中，<h1> 代表最高级别的标题，<h6> 代表最低级别的标题。

语法：
<h1> 一级标题 </h1>
<h2> 二级标题 </h2>
<h3> 三级标题 </h3>
<h4> 四级标题 </h4>
<h5> 五级标题 </h5>
<h6> 六级标题 </h6>

说明：在该语法中，<h1> 是一级标题，使用最大的字号表示，<h6> 是六级标题，使用最小的字号表示。

默认情况下，标题文字是左对齐的。而在网页制作过程中，常常需要选择其他的对齐方式。关于对齐方式要使用 align 属性进行设置。

语法：<align= 对齐方式 >

说明：align 属性需要设置在标题标记的后面，其对齐方式的取值可以为 left、center 或 right。

例如：<h2 align="left"> 二级标题左对齐 </h2>
内部链接是指链接的对象是在同一个网站中的资源。

语法：<a href=" 链接地址 ">

　　　　……

　　</a>

页面中的链接除内部链接外，还有锚点链接和外部链接等。

图像是网页构成中的重要元素，也是我们经常抓取的目标之一，使用 img 标记进行标识。图像标记中必不可少的属性是 src 属性，用于指定图像源文件所在的路径。

语法：<img src=" 图像文件的地址 ">

例如：<img src="images/car.jpg">

2. 页面中的表格

表格由行、列和单元格 3 部分组成，一般通过 3 个标记来创建，分别是表格标签 <table>、行标签 <tr> 和单元格标签 <td>。表格的各种属性都要在表格的开始标签 <table> 和结束标签 </table> 之间才有效。行是表格中的水平间隔，列是表格中的垂直间隔，单元格是表格中行与列相交所产生的区域。

语法：
<table>
<tr>
<td> 单元格内的文字 </td>
<td> 单元格内的文字 </td>
</tr>
</table>

说明：<table> 和 </table> 分别表示表格的开始和结束。而 <tr> 和 </tr> 则分别表示行的开始和结束，在表格中包含几组 <tr>…</tr> 就表示该表格有几行。<td> 和 </td> 表示单元格的起始和结束。

3. 页面中的音频和视频文件

在网络爬虫中，我们经常需要爬取页面中的音频和视频文件。当我们成功获取到这些文件的链接地址后，如果得到允许就可以将它们以 HTML 的形式嵌入我们的网页中进行展示和播放，而 <embed> 标签就是其中一个常用的方式。

<embed> 标签可以用于向 HTML 文档中嵌入各种媒体类型的对象，包括音频、视频、Flash 动画等。我们只需要在 <embed> 标签中指定音视频文件的链接地址，并设置播放界

面的宽度和高度即可。例如：

<embed src="images/autumn.mp3" width="500" height="400"></embed>

这段代码表示将位于"images/autumn.mp3"地址的音频文件嵌入到HTML文档中，并设置播放界面的宽度为500像素、高度为400像素。当用户打开这个HTML文档时，就会看到一个可以播放音频的界面。

除<embed>标签之外，还有其他一些用于嵌入媒体对象的HTML标签，如<audio>和<video>标签。这些标签也可以实现类似的功能，具体使用哪种方式要根据实际情况而定。

4. 认识CSS

CSS（Cascading Style Sheet，层叠样式表）是一种网页制作技术，现在已经为大多数浏览器所支持，成为网页设计必不可少的工具之一。CSS具有如下优点：

（1）CSS可以更加精确地控制网页的内容形式，如<font>标签中的size属性，它用来控制文字的大小，但它控制的字体大小只有7级，如果出现需要使用10像素或100像素大的字体的情况，HTML标记就无能为力了。但CSS可以办到这件事，它可以随意设置字体的大小。

（2）CSS样式是丰富多彩的，比HTML更加丰富，如滚动条的样式定义、鼠标光标的样式定义等。

（3）CSS的定义样式灵活多样，可以根据不同的情况选用不同的定义样式。比如可以在HTML文件内部定义，可以分标记定义、分段定义，也可以在HTML文件外部定义，基本上能满足需要。

CSS的语法结构仅由3部分组成：选择符、样式属性和值。

语法：选择符{样式属性：取值；样式属性：取值；样式属性：取值；……}

说明：

（1）选择符（selector）指这组样式编码所要针对的对象，如body、hl。浏览器将对CSS选择符进行严格的解析，每一组样式均会被浏览器应用到对应的对象上。

（2）属性（property）是CSS样式控制的核心，对于每一个标签，CSS都提供了丰富的样式属性，如颜色、大小、定位、浮动方式等。

（3）值（value）是指属性的值，其形式有两种：一种是指定范围的值，如float属性，只能使用left、right、none三种值；另一种是数值，如width属性能够使用0 ~ 9999px，或其他数学单位来指定。

例如：body{background-color:red}

上述例子表示选择符为body，即选择了页面中的<body>标签，属性为background-color，这个属性用于控制对象的背景色，而值为red。页面中的body对象的背景色通过使用这组CSS编码，被定义为红色。

添加 CSS 有 4 种方法：链接外部样式表、内部样式表、导入外部样式表和内嵌样式表。下面以链接外部样式表为例进行介绍。

链接外部样式表就是在网页中调用已经定义好的样式表来实现样式表的应用。它是一个单独的文件，在页面中用 \<link\> 标记链接到这个样式表文件，\<link\> 标记必须放到页面的 \<head\> 标签内。这种方法最适合大型网站的 CSS 样式定义，如下所示。

例 2.7　链接外部样式表 .html

```
<head>
...
<link rel=stylesheet type=text/css href=slstyle.css>
...
</head>
```

上面这个例子表示浏览器从 slstyle.css 文件中以文档格式读出定义的样式表。rel=stylesheet 是指在页面中使用外部的样式表，type=text/css 是指文件的类型是样式表文件，href=slstyle.css 是文件所在的位置。

一个外部样式表文件可以应用于多个页面。当改变这个样式表文件时，所有页面的样式都随着改变。在制作大量相同样式页面的网站时，它非常有用，不仅减少了重复的工作量，而且有利于以后的修改、编辑，浏览时也减少了重复加载的代码。

总的来说，HTML 定义了网页的结构和内容，而 CSS 则负责网页的视觉表现。两者在网页开发中是不可或缺的，只有它们相互结合，才能创建出现代化、专业的网页。下面是一个简单的案例，展示如何使用 HTML 和 CSS 创建一个带有样式的登录表单。

例 2.8　使用 HTML 和 CSS 创建一个带有样式的登录表单

```
<!DOCTYPE html>
<html>
 <head>
  <title> 登录页面 </title>
  <style>
   /* 设置页面背景色和字体 */
   body {
    background-color: #f2f2f2;
    font-family: Arial, sans-serif;
   }
```

```css
/* 设置整个登录表单的样式 */
.container {
  max-width: 400px;
  margin: 0 auto;
  padding: 20px;
  background-color: #fff;
  border-radius: 5px;
  box-shadow: 0 0 10px rgba(0, 0, 0, 0.1);
}

/* 设置表单组的样式 */
.form-group {
  margin-bottom: 20px;
}

/* 设置标签的样式 */
.form-group label {
  display: block;
  font-weight: bold;
  margin-bottom: 5px;
}

/* 设置输入框的样式 */
.form-group input {
  width: 100%;
  padding: 8px;
  font-size: 14px;
  border: 1px solid #ccc;
  border-radius: 3px;
}

/* 设置按钮的样式 */
.form-group button {
  width: 100%;
```

```html
      padding: 10px;
      font-size: 14px;
      color: #fff;
      background-color: #007bff;
      border: none;
      border-radius: 3px;
      cursor: pointer;
    }
  </style>
</head>
<body>
  <div class="container">
    <h1> 登录 </h1>
    <form>
      <!-- 用户名输入框 -->
      <div class="form-group">
        <label for="username"> 用户名 </label>
        <input type="text" id="username" placeholder=" 请输入用户名 " />
      </div>

      <!-- 密码输入框 -->
      <div class="form-group">
        <label for="password"> 密码 </label>
        <input type="password" id="password" placeholder=" 请输入密码 " />
      </div>

      <!-- 登录按钮 -->
      <div class="form-group">
        <button type="submit"> 登录 </button>
      </div>
    </form>
  </div>
</body>
</html>
```

在上述代码中,每个部分都添加了注释,目的是让用户更好地理解代码的作用和结构。

2.3.2.3 JavaScript

JavaScript 是一种脚本编程语言,它赋予了 Web 页面更多的动态交互功能。通过 JavaScript,我们可以对用户的行为做出响应,实现表单验证、动画效果、页面数据处理等。JavaScript 的出现,使得 Web 页面由静态展示变得更加生动、丰富多彩。以下是一些 JavaScript 的主要特点和用途:

(1)动态内容。JavaScript 可以使网页内容动态更改,而无须重新加载整个页面。例如,可以创建根据用户输入显示不同内容的表单。

(2)事件处理。JavaScript 可以响应用户的行为,如单击按钮、提交表单、移动鼠标等,并执行相应的操作。

(3)验证输入。JavaScript 可用于在用户提交表单之前验证用户输入信息的正确性,减少服务器处理错误输入的工作量。

(4)创建动画效果。JavaScript 可以用于创建各种动画效果,如滑动、淡入、淡出等,使网页更加生动。

(5)异步通信。JavaScript 可以通过 AJAX 和 Fetch API 与服务器进行异步通信,实现无须刷新页面就可以更新部分网页内容的功能。

(6)前端框架和库。JavaScript 的前端框架和库(如 React、Angular、Vue 等)可以简化复杂的前端编程任务,帮助开发者更高效地创建用户界面。

```html
<!DOCTYPE html>
<html>
  <head>
    <title>JavaScript 示例 </title>
    <style>
      /* 设置页面背景色和字体 */
      body {
        background-color: #f2f2f2;
        font-family: Arial, sans-serif;
      }
    </style>
  </head>
  <body>
    <h1>JavaScript 示例 </h1>
```

```html
<!-- 动态内容 -->
<form>
  <label for="name"> 姓名：</label>
  <input type="text" id="name" />
  <button type="button" onclick="showGreeting()"> 提交 </button>
</form>
<div id="greeting"></div>

<script>
  // JavaScript 代码

  // 事件处理
  function showGreeting() {
    var name = document.getElementById('name').value;
    var greeting = ' 好，' + name + '！ ';
    document.getElementById('greeting').innerHTML = greeting;
  }
</script>
</body>
</html>
```

以下是上述代码的详细说明：

/* 设置页面背景色和字体 */：说明下面的代码设置了整个页面的背景色和字体样式。

<h1>JavaScript 示例 </h1>：显示页面标题。

<form>：创建表单用于输入姓名。

<label for="name"> 姓名：</label>：标签，用于描述输入框。

<input type="text" id="name" />：输入框，用于接收用户输入的姓名。

<button type="button" onclick="showGreeting()"> 提 交 </button>：按 钮，用 于 触 发 showGreeting() 函数。

<div id="greeting"></div>：用于显示问候语的空白区域。

<script>：开始 JavaScript 代码。

// JavaScript 代码：标记了 JavaScript 代码的注释。

// 事件处理：说明下面的函数用于处理用户单击按钮的事件。

function showGreeting()：定义了一个名为 showGreeting() 的函数，在用户单击按钮时会执行该函数。

var name = document.getElementById('name').value;：获取用户在姓名输入框中输入的值。

var greeting = ' 好，' + name + '！ ';：根据用户输入的姓名构建问候语。

document.getElementById('greeting').innerHTML = greeting;：将问候语显示在页面上。

</script>：结束 JavaScript 代码。

一个成熟的网页设计者，会综合使用 HTML 语言、CSS 样式表和 JavaScript 语言三种工具。为说明三种工具的关系，我们可以举这样一个例子：如果要绘制一只孔雀，那么 HTML 语言的作用就是先画出一只光秃秃的孔雀，而 CSS 样式表的作用是给这只孔雀添加各种颜色的漂亮羽毛，JavaScript 语言的作用则是让这只漂亮的孔雀可以动起来。

JavaScript 语言是网页中广泛使用的一种脚本语言，因其小巧简单的特性而备受用户的欢迎。JavaScript 最初是受 Java 启发而设计的，因此语法上有类似之处，一些名称和命名规范也借自 Java。

下面通过一个简单的例子来熟悉 JavaScript 的基本使用方法。

例 2.9　JavaScript 语法

```
<!DOCTYPE html>
<html>
<head>
<title>JavaScript</title>
</head>
<body>
<script language="javascript">

document.write("<font size=10 color=#fchfdm>JavaScript 的基本使用方法！</font>");

</script>
</body>
</html>
```

上述代码中方框框选部分的代码就是 JavaScript 脚本的具体应用，代码运行结果如图 2-7 所示。

以上代码是简单的 JavaScript 脚本，它分为 3 个部分。第一部分是 script language="javascript"，它告诉浏览器 "下面的是 JavaScript 脚本"。开头使用 <script> 标记，表示这是一个脚本的开始，在 <script> 标记里使用 language 指明使用哪一种脚本语言。因为并不只存在 JavaScript 一种脚本，还有 VBScript 等脚本，所以这里就要用 language 属性指明

图 2-7　例 2.9 代码运行结果

使用的是 JavaScript 脚本，这样浏览器就能更轻松地理解这段文本的意思。第二部分就是 JavaScript 脚本，用于创建对象、定义函数或是直接执行某一功能。第三部分是 </script>，它用来告诉浏览器"JavaScript 脚本到此结束"。

JavaScript 为网页设计人员提供了极大的灵活性，它能够将网页中的文本、图形、声音和动画等各种媒体形式捆绑在一起，形成一个紧密结合的信息源。

JavaScript 语言的学习过程与 Java 语言非常类似，包括常量和变量的定义，表达式和运算符的使用，顺序、选择和循环三种基本结构，函数（方法）的定义和调用等。除此之外，由于 JavaScript 是面向对象的语言，代码的推进往往会采用事件驱动。通常将鼠标或键盘的动作称为事件，将由鼠标或键盘引发的一连串程序的动作称为事件驱动。而对事件进行处理的程序或函数，则称为事件处理程序。比如 onClick 事件，在 onClick 事件中写出的代码，是当用户单击鼠标时，该事件中的代码会执行。

例 2.10　onClick 事件

```
<html>
<head>
<meta http-equiv="content-type" content="text/html;charset=gb2312"/>
<title>
</title>
</head>
<body>
<div align="center"> <img src="0625.jpg" width="840" height="525">

<input type="button" name="fullsreen" value=" 全屏 "
onClick="window.open(document.location,'big','fullscreen=yes')">
<input type="button" name="close" value=" 还原 "
onClick="window.close()">

</div>
</body>
```

上述代码中方框框选部分的代码为设置 onClick 事件，初始效果如图 2-8 所示。单击窗口中的"全屏"按钮，将全屏显示网页，全屏显示效果如图 2-9 所示。单击"还原"按钮，将还原到原来的窗口。

图 2-8　初始效果

图 2-9　全屏显示效果

除了 onClick 事件，JavaScript 中还有很多其他事件，如 onChange、onFocus、onMouseOver 等，其基本使用规则都与 onClick 事件类似，只是事件的触发条件不同，感兴趣的同学可以自行查找相关资源进行学习。

2.3.2.4 前端框架与库

为了提升开发效率和改善用户体验，前端开发者可以使用各种前端框架和库。如 React、Vue.js、Angular 等框架，它们提供了丰富的工具和组件，帮助开发者更高效地构建复杂的 Web 应用程序。此外，还有 jQuery、Bootstrap 等库，简化了页面操作和样式设计过程。以下是对这些工具的一些简要说明。

（1）React。React 是一个由 Facebook 开发的，用于构建用户界面的 JavaScript 库。它的主要特点是声明式、组件化，以及虚拟 DOM。React 在构建大型单页应用（SPA）方面非常流行，开发者可以使用它来创建复杂的用户界面，而无须担心性能问题。

（2）Vue。Vue 是一个用于构建用户界面的前端 JavaScript 框架。它的主要特点是易用、灵活和组件化。Vue 的核心库只关注视图层，易于与其他库或已有项目整合。同时，Vue 也提供了各种高级特性，如指令、过滤器、组件、过渡等，帮助开发者更高效地构建复杂的 Web 应用程序。

（3）Angular。Angular 是一个由 Google 开发的，用于构建单页应用的开源 JavaScript 框架。它的主要特点是使用 TypeScript 编写，具有强大的依赖注入系统和模块化组件。Angular 的口号是"为复杂应用设计，简单为 Web 应用"，它的主要优势是能够构建大型应用，且结构化良好。

（4）jQuery。jQuery 是一个流行的 JavaScript 库，用于简化 HTML 文档的遍历、事件处理、动画和 Ajax 交互。jQuery 极大地简化了 JavaScript 编程，使得开发者可以更快、更简单地完成任务。

（5）Bootstrap。Bootstrap 是由 Twitter 开发的开源前端框架，用于开发响应式布局、移动设备优先的 Web 项目。Bootstrap 提供了大量的 CSS 和 JavaScript 组件，如导航、下拉菜单、警告框等，可以帮助开发者快速创建漂亮的、响应式的网页布局。

这些框架和库的出现极大地简化了前端开发过程，提高了开发效率和改善了用户体验。前端开发者可以根据具体的项目需求和自身技术背景来选择合适的工具。

2.3.3 常见的网页爬取技术与实践

接下来从静态页面采集、动态页面采集和主题爬虫页面采集等方面来介绍常见的网页爬取技术与实践。

2.3.3.1 静态页面采集技术与 Python 实现

静态页面是指存在于服务器上，没有程序或可交互的页面。这类页面通常不涉及数据库查询，因此其内容在页面加载时就已经确定，且不会随着用户的交互而改变。对于静态页面的爬取，主要步骤如下：

（1）通过模拟浏览器的真实请求，构造请求消息并发送。这一步通常涉及向服务器发送 HTTP 请求，请求特定的 URL 地址。

（2）获取服务器对请求的响应，即获取网页的源代码。

（3）对获取到的源代码进行解析和清洗，提取出需要的数据并保存。

在 Python 中，有许多库可以直接使用来完成上述步骤，比如 requests 库可以用于发送 HTTP 请求，BeautifulSoup 可以用于解析 HTML 页面等。

以爬取网站融 360 为例，由于其资讯新闻均为静态页面，非常适合用来进行爬取练习。可以通过 Python 脚本模拟浏览器行为，发送 HTTP 请求获取网页源代码，再使用 BeautifulSoup 解析并提取所需信息。

以下是一个使用 Python，配合 requests 和 BeautifulSoup 库，爬取融 360 网站新闻标题和新闻链接的基础样例。

例 2.11 爬取融 360 网站新闻标题和新闻链接

```python
import requests
from bs4 import BeautifulSoup
# 指定网站链接
url = 'http://www.rong360.com/news/'
# 发送 GET 请求
response = requests.get(url)
# 解析 HTML 页面
soup = BeautifulSoup(response.text, 'html.parser')
# 查找所有新闻标题和链接的标签
news_titles_and_links = soup.find_all(['h3', 'a'])
# 提取新闻标题和链接的文本和 href 属性
for title_and_link in news_titles_and_links:
    if 'h3' in title_and_link.name:
        title = title_and_link.get_text()
    else:
        link = title_and_link.get('href')
    print(f' 新闻标题 : {title}, 新闻链接 : {link}')
```

以上脚本能够获取融 360 网站新闻页面的所有新闻标题和链接。但请注意，这只是一个基础的样例,在实际应用中,需要更加复杂的处理来应对可能遇到的种种问题,比如反爬虫机制、动态加载,等等。

2.3.3.2 动态页面采集技术与 Python 实现

动态网页是指能够根据用户的交互和其他因素动态生成内容的网页。它通常包括一些异步加载的内容,这些内容在页面加载时并不立即呈现,而是在用户与页面进行交互或提交表单时动态生成。动态网页技术可以使用户体验更加丰富和个性化,因为它们可以根据用户的操作和请求呈现不同的内容。例如,当用户在网站上搜索关键词时,动态网页可以立即显示相关结果,而不是让用户等待整个页面的重新加载。

动态网页还可以使用户能够更轻松地与网站进行交互和操作。例如,用户可以在登录后看到个性化推荐或定制化的内容,或者通过填写表单提交数据并获得即时反馈。常见的动态网页技术包括 AJAX、JavaScript、CSS 和 HTML5 等,它们可以结合使用以创建更复杂和功能丰富的动态网页。需要注意的是,动态网页技术也可以带来一些挑战,例如增加页面加载时间和处理大量数据等问题。因此,开发人员需要谨慎选择和使用适当的动态网页技术,以实现最佳的用户体验。下面是使用 Python 实现动态页面采集的一般步骤。

(1)安装必要的库。使用 Python 的包管理工具(如 pip)安装必要的库,如 requests 用于发送 HTTP 请求,selenium 用于模拟浏览器行为,beautifulsoup4 用于解析网页内容等。

(2)配置浏览器驱动。动态页面通常需要执行 JavaScript 代码才能加载完整内容。使用 selenium 库时,需要下载并配置与所用浏览器对应的驱动(如 Chrome 驱动或 Firefox 驱动),确保其可在代码中被调用。

(3)构建爬虫。用 requests 库发送 HTTP 请求获取页面初始内容,如果页面内容通过 JavaScript 加载,则使用 selenium 模拟浏览器行为,并等待页面加载完成。

(4)解析页面内容。使用 beautifulsoup4 等库对页面内容进行解析,定位和提取所需的数据。注意,如果页面内容是动态生成的,可以使用 selenium 提供的方法获取动态生成的内容。

(5)数据处理和存储。对提取到的数据进行清洗、转换和筛选等操作,最后将数据保存到文件、数据库或其他存储介质中。

以下是一个简单的 Python 示例,该示例使用 selenium 和 beautifulsoup4 库来爬取动态页面数据。

例 2.12 使用 selenium 和 beautifulsoup4 库来爬取动态页面数据

```
from selenium import webdriver
from bs4 import BeautifulSoup

# 创建浏览器驱动,这里以 Chrome 为例
driver = webdriver.Chrome('path_to_chromedriver')
```

```
# 发送 HTTP 请求获取页面内容
driver.get('url_of_dynamic_page')
# 等待页面加载完成，可以根据具体情况调整等待的时间
driver.implicitly_wait(10)
# 获取完整的页面内容
page_source = driver.page_source
# 关闭浏览器驱动
driver.quit()
# 解析页面内容
soup = BeautifulSoup(page_source, 'html.parser')
# 定位和提取所需数据，以获取所有标题为例
titles = soup.find_all('h2')
# 处理和存储数据
for title in titles:
    print(title.text)
    # 进一步处理和存储数据
```

以上代码演示了使用 selenium 和 beautifulsoup4 库来模拟浏览器行为，获取动态页面的完整内容，并解析其中的数据。根据具体需求，可以进一步完善和扩展代码。

2.3.3.3 主题爬虫页面采集技术与 Python 实现

主题爬虫页面采集技术是针对特定主题或领域进行数据采集的一种技术。它通过针对性的搜索和筛选，只采集与特定主题相关的网页内容，从而提高数据的准确性和相关性。下面是使用 Python 实现主题爬虫页面采集的一般步骤。

（1）确定目标主题。明确想要获取的主题或领域，例如体育、科技等。

（2）确定数据源。确定从哪些网站或网页中获取数据，可以选择一些与目标主题相关的新闻网站、论坛、博客等。

（3）安装必要的库。根据需要选择必要的库进行安装即可。

（4）构建爬虫。编写爬虫代码，首先发送 HTTP 请求获取页面内容，然后使用 beautifulsoup4 等库解析网页内容，提取符合目标主题的数据。

（5）数据处理和存储。对提取到的数据进行清洗、转换和筛选等操作，最后将数据保存到文件、数据库或其他存储介质中。

以下是一个简单的 Python 示例，该示例演示了如何使用 requests 和 beautifulsoup4 库来实现主题爬虫页面采集。

例 2.13 使用 requests 和 beautifulsoup4 库来实现主题爬虫页面采集

```
import requests
from bs4 import BeautifulSoup
import re

# 指定起始 URL 和主题关键词
start_url = 'http://example.com'
keyword = 'python'
# 发送 GET 请求获取页面内容
response = requests.get(start_url)
soup = BeautifulSoup(response.text, 'html.parser')
# 从页面中提取所有与主题相关的链接
links = []
for link in soup.find_all('a'):
    href = link.get('href')
    if keyword in href:
        links.append(href)
# 遍历链接并提取页面内容
for link in links:
    response = requests.get(link)
    soup = BeautifulSoup(response.text, 'html.parser')
    # 从页面中提取所需数据并保存
    # ...
```

以上代码使用 requests 库发送 GET 请求获取页面内容，使用 beautifulsoup 库解析 HTML 页面，使用正则表达式匹配与主题相关的链接，并遍历链接提取所需数据。根据具体需求，可以使用更多的库和技术来优化和扩展主题爬虫的功能和性能。当爬取大量网页时，需要注意网站的反爬措施以及法律法规的限制，确保爬取过程合法合规并尊重网络使用权益。此外，主题爬虫页面采集技术也可以结合其他技术，如自然语言处理、机器学习等，以进一步提高数据的准确性和相关性。

2.3.3.4 非文本类数据爬取与 Python 实现

非文本类数据爬取是指从网页中获取除文本以外的其他形式的数据，例如图片、视频、音频等。实现非文本类数据爬取通常需要使用 Python 的一些额外库来处理特定类型的数据。下面是一些常见的非文本类数据爬取的示例。

1. 图片爬取

使用 Python 的 requests 库发送 HTTP 请求获取图片的二进制数据，并保存到本地文件。可以使用 PIL 库或 opencv-python 库来处理和显示图片。

例 2.14　图片爬取代码示例

```
import requests
from PIL import Image

# 发送 HTTP 请求获取图片的二进制数据
response = requests.get('url_of_image')
# 保存图片到本地文件
with open('image.jpg', 'wb') as f:
    f.write(response.content)
# 打开并显示图片
image = Image.open('image.jpg')
image.show()
```

2. 视频爬取

使用 Python 的 requests 库发送 HTTP 请求获取视频的二进制数据，并保存到本地文件。可以使用 opencv-python 库或其他视频处理库来处理和播放视频。

例 2.15　视频爬取代码示例

```
import requests
import cv2

# 发送 HTTP 请求获取视频的二进制数据
response = requests.get('url_of_video')
# 保存视频到本地文件
with open('video.mp4', 'wb') as f:
    f.write(response.content)
# 打开并播放视频
cap = cv2.VideoCapture('video.mp4')
while cap.isOpened():
```

```
    ret, frame = cap.read()
    if not ret:
        break
    cv2.imshow('Video', frame)
    if cv2.waitKey(1) == ord('q'):
        break
cap.release()
cv2.destroyAllWindows()
```

3. 音频爬取

使用 Python 的 requests 库发送 HTTP 请求获取音频的二进制数据,并保存到本地文件。可以使用音频处理库(如 pydub)来处理和播放音频。

例 2.16　音频爬取代码示例

```
import requests
from pydub import AudioSegment

# 发送 HTTP 请求获取音频的二进制数据
response = requests.get('url_of_audio')
# 保存音频到本地文件
with open('audio.mp3', 'wb') as f:
    f.write(response.content)
# 打开并播放音频
audio = AudioSegment.from_file('audio.mp3', format='mp3')
audio.play()
```

以上代码演示了如何使用 Python 发送 HTTP 请求来获取非文本类型的数据,并进行保存和处理。根据实际情况,可能需要使用特定的库和工具来处理不同类型的数据。请确保在使用这些数据时遵守相关法律法规,并尊重数据提供方的使用权益。

2.3.3.5　后羿采集器

1. 后羿采集器简介

后羿采集器是原 Google 技术团队打造的一款网页数据采集软件,在 Windows 或 MacOS 系统下都可以使用。用户在使用时可以登录官网进行下载,下载地址为:http://www.houyicaiji.com/。后羿采集器具有如下特点。

（1）可视化自定义采集流程。后羿采集器具有全程问答式引导、可视化操作、自定义采集流程、自动记录和模拟网页操作顺序等功能，还有其他高级设置可以满足更多采集需求。

（2）点选抽取网页数据。在后羿采集器中，可以用鼠标点击选择要爬取的网页内容，操作简单，可选择抽取文本、链接、属性、html 标签等。

（3）运行批量采集数据。后羿采集器可以按照采集流程和抽取规则自动批量采集，快速稳定，还可以实时显示采集速度和过程，采集过程中可切换软件至后台运行，不打扰前台工作。

（4）导出和发布采集的数据。使用后羿采集器采集的数据会自动表格化，可自由配置字段，还支持数据导出到 Excel 等本地文件，也可以一键发布到 CMS 网站 / 数据库 / 微信公众号等。

后羿采集器界面如图 2-10 所示。该软件主要有两种采集模式，智能模式和流程图模式，下面分别进行介绍。

图 2-10　后羿采集器界面

2. 后羿采集器的基本操作

用户在创建任务的时候，首先要输入正确的网址。后羿采集器上的网址输入框和一般的浏览器搜索框不同，需要输入网址而不能直接输入文字，如图 2-11 所示。

图 2-11　后羿采集器的网址输入框

用户在输入网址的时候，不要直接输入首页的网址，而是要输入搜索结果页的网址。例如，用户要采集后羿采集器上文档教程的内容，如果直接输入后羿采集器首页的网址http://www.houyicaiji.com/，是采集不到文档教程的内容的。需要输入的是展示了采集对象的页面的网址，这样才能采集到具体内容，如图2-12所示。

图2-12　要采集对象的页面的网址

若要采集后羿采集器文档中心中的内容，需将图2-12中所示的网址复制或输入到图2-11所示的后羿输入器的采集框中，再进行后续的采集操作。

3. 智能采集模式

（1）智能采集模式简介。智能采集模式简称智能模式，是后羿采集器中操作最简单的采集模式，能够满足绝大多数用户的采集需求。对初学者来说，智能模式非常容易上手。智能模式是基于算法来自动识别网页内容和按钮，用户只需要输入网址，不需要设置任何规则，软件就能够自动识别出结果，尤其适合从列表页和表格页开始采集。列表页通常是一个文章列表或商品列表，它呈现出一种多行多列或多行单列的结构，结构中的元素具有相同的特征，如图2-13所示。表格页通常是指如图2-14所示的包含表格的页面。

一般情况下，不建议用户从首页、搜索页或详情页开始采集。首页和搜索页，如百度首页（见图2-15）通常是寻找信息的入口，这种页面上或者没有内容，或者有非常多的内容，但是往往没有用户想要的内容。

图 2-13 商品列表页

图 2-14 表格页

图 2-15 百度首页

详情页一般是文章详情或商品详情的页面,如图 2-16 所示,这种页面通常对应商品列表页中各个元素。后羿采集器不建议用户在智能模式下从首页、搜索页或详情页开始采集,但这并不意味着无法在智能模式中对这些页面进行采集,而是需要加入一些人为的操作,这些操作在后面学习了流程图采集模式后会理解得更加深刻。

图 2-16 商品详情页

智能模式在以下两种情景中并不适用。

①采集时需要先登录或登录时需要输入验证码。如图 2-17 所示，数据采集需要先进行登录。

②需要引入判断条件的操作。在图 2-18 所示的页面中包含两部分内容：新手入门和功能点介绍。如果想采集这两部分内容，用户需要对页面进行判断，当前页面中如果有新手

图 2-17　先登录后采集

图 2-18　引入判断条件

入门,采集器就采集新手入门页面,如果没有新手入门,就采集功能点介绍页面。这种需要判断条件的情景,目前在智能模式中也无法实现,但可以在后续的流程图采集模式中进行处理。

(2)如何新建智能模式任务。在后羿采集器软件主页上方的网址输入框中输入对应的网址,就可以创建采集单网址的智能任务。如果用户需要采集多网址,可以通过单击主页中智能模式框中的"开始采集"按钮来创建采集任务。通过网址输入框创建的单网址采集任务,会默认创建在左侧任务栏中用户事先选中的那个分组下。

单网址采集任务如图 2-19 所示。

图 2-19　单网址采集任务

单击智能模式框中的"开始采集"按钮后,可以进入多网址任务采集模式,如图 2-20 所示。

在多网址采集任务模式中,单击上方选项卡,可以进行智能模式和流程图模式的切换,这里以智能模式为例进行讲解。单击"创建智能模式"选项卡,进入智能模式,此时,任务分组选项可以设置为"默认分组"或"示例";任务名称可以使用"网页标题""自定义输入""任务分组名称_数字编号";网址导入有"手动输入""文件导入""批量生成"三种方式。

在多网址采集任务模式中最多只能设置 2000 个网址,手动输入的多个网址之间需要用回车键进行分隔。多网址采集任务模式首先默认会打开第一个网址,并加载该网址的页面内容,随后利用智能识别技术对该页面进行解析,以提取所需的数据或信息。此后,系统将按照相同的规则,自动或根据预设顺序继续处理列表中剩余的网址,确保每个网址都能按照相同的采集逻辑被准确采集。

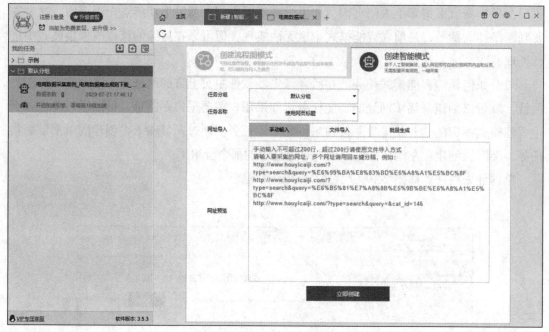

图 2-20　多网址采集任务模式

当进行多个网址采集任务时，需要将不同网页结构的网址分别放在不同的任务中进行采集。如果将不同结构的网址放在同一个任务中，可能会导致某些网址无法采集。因此，需要注意分开任务进行采集以保证所有网址的采集效果。

在使用文件导入方式时，默认的是 txt 文本文件。导入文件的编码在 Windows 系统下默认是 GBK 编码，如图 2-21 所示。在 MacOS 系统下默认是 UTF-8 编码。导入后，会在下方的网址预览中看到导入的文本文件中的网址，用户可以检查导入的网址是否正确。同样在这种导入方式下，网址之间也需要用回车键进行分隔。批量生成网址又可以分为以下两种情况：

第一种情况是网页中没有翻页按钮，这种情况下无法通过单击翻页按钮进行循环翻页采集，这种网站各个分页的网址一般都只有部分参数（例如页面编号）不同，因此可以通过使用批量生成网址功能来一次性生成所有的分页网址，然后按照多网址采集任务进行采集。

第二种情况是需要采集的多个网址是符合一定规则的，此时就可以通过批量生成的方式来生成网址，而无须手动填写。

一般情况下，网址的基本结构都是：固定网址＋变化参数。这里以后羿采集器官网作为例子进行介绍，网址示例如下：

http://www.houyicaiji.com/?type=list&cat_id=148

http://www.houyicaiji.com/?type=list&cat_id=148&page=2

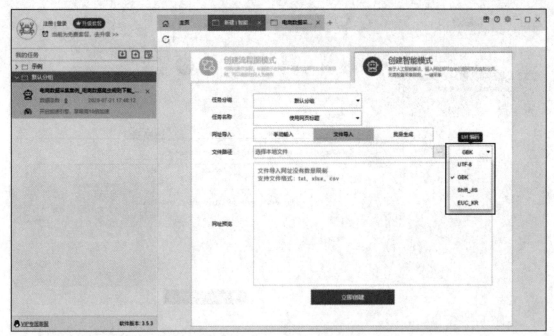

图 2-21　导入文件的编码设置

http://www.houyicaiji.com/?type=list&cat_id=148&page=3

http://www.houyicaiji.com/?type=list&cat_id=148&page=4

从上面几个网址中我们可以看到，除了首页，其余网址只是最后部分的数字不同，其余部分都是相同的。具体批量设置步骤如下：

①使用批量生成方式时，在网址输入框中输入固定网址，如图 2-22 所示。

②当单击"添加参数"按钮，进行参数设置，"编辑参数"对话框如图 2-23 所示。在该对话框中，将参数类型设为数字，然后对起始、截至和步长等参数进行配置（因为这里第一个网址修改之后不能用，所以我们设置为从 2 到 10，步长为 1，递增，数字前不补零）。

③单击"确定"按钮后，可以在网址预览中看到最终生成的网址样式，如图 2-24 所示。

（3）智能模式编辑界面介绍。使用后羿采集器主页上的地址栏创建一个智能模式的单网址采集任务。单击"智能采集"按钮后进入智能模式编辑界面，如图 2-25 所示。

在编辑界面地址栏的右侧，有一个"编辑网址"按钮，单击此按钮可以修改网址并重新进行智能识别。在"编辑网址"按钮旁边是一个"预登录"按钮。预登录是用来登录被采集网站的，有一些网站需要登录之后才能进行采集。在"预登录"按钮旁边是一个"预执行"按钮。在之前提到过，不建议大家从搜索页或首页开始进行采集。因为如果用户在智能模式中使用首页或搜索页，那么用户一开始就需要进行一些人工操作，这里的操作指的就是预执行操作。下面以百度首页为例进行讲解：

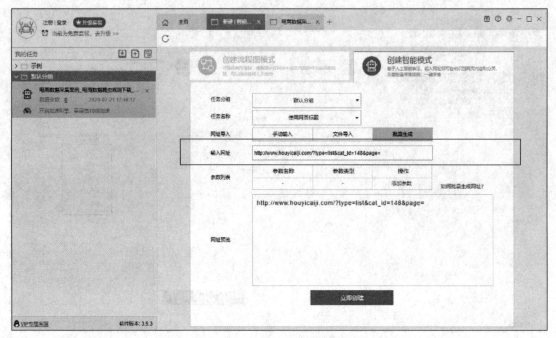

图 2-22 输入固定网址

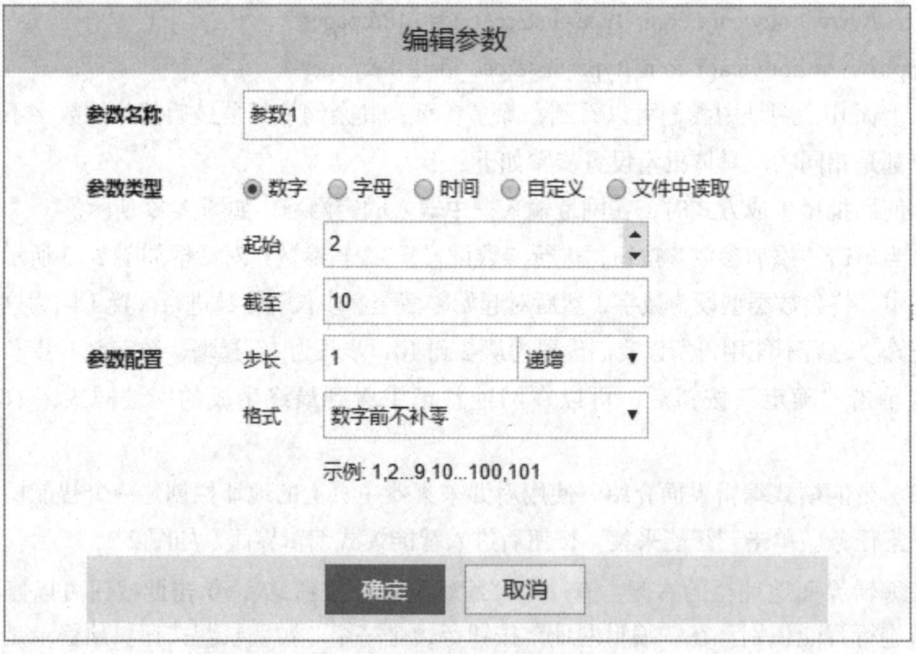

图 2-23 "编辑参数"对话框

①在采集器主页的地址栏中输入百度网址 www.baidu.com,创建采集任务。

②在编辑界面中,单击"预执行"按钮,得到如图 2-26 所示界面。

第 2 章 数据获取技术

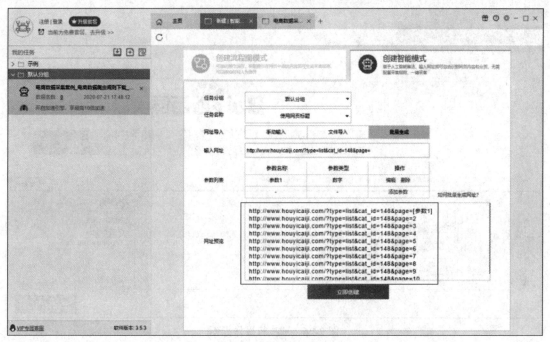

图 2-24　批量生成的网址

图 2-25　智能模式编辑界面

③这个界面实际上是一个流程图模式，接下来执行两个操作：第一个操作是单击百度首页中的搜索框，可以得到一个输入要搜索文本的操作提示，在提示中输入要搜索的文

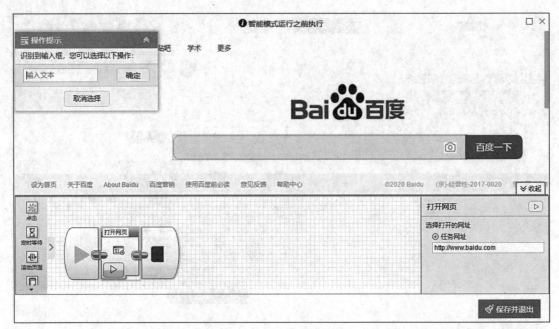

图 2-26 预执行操作界面

本,比如"后羿采集器";第二个操作是单击"百度一下"按钮,单击后得到如图 2-27 所示界面,注意界面下方组件的变化。

图 2-27 设置完成后的预执行界面

④单击右下角的"保存并退出"按钮后,采集任务会按照刚才设置的预执行操作对百度首页进行搜索,然后再进行智能采集。

在"预执行"按钮右侧有一个计算机浏览器和手机浏览器切换的功能选项,主要是针对一些网址在计算机浏览器模式下和在手机浏览器模式下的内容可能会不同。一般情况下,如果用户在计算机浏览器模式下采集遇到一些问题,那么建议用户切换至手机浏览器模式进行采集。因为有些网址系统在计算机浏览器和手机浏览器模式下的防屏蔽措施可能会略有区别,而且内容也会存在一些区别。

在图2-28中,方框框起来的区域是采集网址的展示区。在这个区域可以看到一些框,上框中的内容就是智能识别的结果,所有的上框都属于列表,每一个框都是列表中的一个元素。下框是元素中的一些字段,从列表元素中提取的一些字段会用下框表示。单击字段就会看到其对应的字段宽度。下方是一个采集结果的预览窗口,以表格的形式进行展示。

图2-28 采集网址展示区

(4)展示区中的功能选项。在后羿采集器首页创建一个智能模式的单网址采集任务,这里以淘宝网搜索手机的列表页(见图2-29)为例。采集任务创建后,后羿采集器会自动执行一些操作,包括预先滚动网页加载更多的内容、自动识别列表、自动识别字段、自动识别分页按钮等。

上述自动操作执行完后,会将页面滚动到分页按钮位置,并用一个框标示出来。我们要设置的"页面类型"和"分页设置"在展示区域的下方,属于采集结果预览窗口的一部分。

①页面类型设置。如图2-30所示,页面类型包括列表类型和单页类型,默认自动识别为列表类型。如果用户输入的页面是一个单页类型,那么系统的识别结果肯定不是用户想要的。关于这一点,会在接下来再给大家解释。

图 2-29　淘宝网搜索手机的列表页

图 2-30　页面类型设置

将页面识别为列表类型时有三种识别方式可选：自动识别、手动点选列表和编辑列表 XPath。

对于自动识别方式，用户如果通过一个搜索页进行采集，页面没有内容，系统就会识别失败。这种情况需要用户先通过单击操作来得到内容，然后才能进行正确的自动识别。还有一种失败的可能就是用户的页面加载速度过慢，这种情况往往再单击一次，系统就可以正确识别出来了。

当自动识别无法正确识别出列表信息时，可以使用手动点选列表模式。当选择手动点选列表模式后，后羿采集器会出现如图 2-31 所示的点选提示。提示用户点选同类型列表的前两项，后续列表项会根据前两项的点选结果自动识别。

进入手动点选列表模式后，鼠标光标会变为魔法棒的形状。如图 2-32 所示，当鼠标移动到要选中的列表中的元素上时，该元素会出现蓝色底纹，提示当前选中的元素的范围。

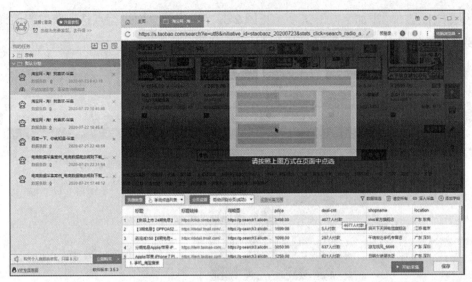

图 2-31 点选提示

图 2-32 手动点选列表元素

注意：需要点选同类型元素的前两项才可以识别出后续列表。

还有一种列表识别方式就是编辑列表 XPath。XPath 是指 XML 路径语言（XML Path Language），它是一种用来确定 XML 文档中某部分位置的语言。这种列表识别方式需要用户掌握该语言后才能够使用，感兴趣的用户可以自行查找资料学习。

页面类型除列表类型之外，还有一种是单页类型。比如若要采集一个详情页，后羿采集器默认会按照列表类型进行采集，此时采集结果往往不是用户需要的。将页面类型切换为单页类型后，后羿采集器会自动按单页模式进行识别，若无法正确识别，可以通过结果展示区域右上方的"添加字段"选项（见图2-33）在当前页面进行点选，获取当前详情页上需要采集的信息。

图2-33 使用"添加字段"选项进行信息采集

②分页设置。分页设置包括：分页按钮、瀑布流分页（滚动加载）和不启用分页三个选项。对于分页按钮的方式又分为三种：自动识别分页、点选识别分页和编辑分页 XPath。对于比较规范的列表页面来说，一般都可以识别到如图2-34所示的分页按钮。

对于无法自动识别的分页按钮，需要手动点选进行识别。手动点选分页按钮的步骤是先在分页设置这里选择"分页按钮""点选识别分页"选项，再用鼠标单击一下页面中的分页按钮即可。

分页设置中第二种是瀑布流分页（滚动加载），这是指采集任务建立时，后羿采集器会自动滚动当前页面以获得页面中更多的需要采集的字段信息。这里需要用户注意的是，分页设置中的分页按钮和瀑布流分页（滚动加载）可以同时选中执行，如图2-35所示。分页设置中第三种是不启用分页，此设置适用于不采集多页，只采集当前页面的情形。

③设置采集范围。"设置采集范围"选项在"分页设置"的右侧。单击之后，可以看到如图2-36所示的"设置采集范围"对话框。对于能够识别出分页按钮的列表页采集任务来说，后羿采集器会利用分页按钮默认从当前页采集到最后一页。如果用户将"设置起始页"设置为"自定义"，要注意后面的文本框中填写的数字不能小于"1"。这里的"1"是一种相对引用，指的是当前页；如果设置为"2"，则指代的是当前页的下一页。比如，假

图 2-34 分页按钮

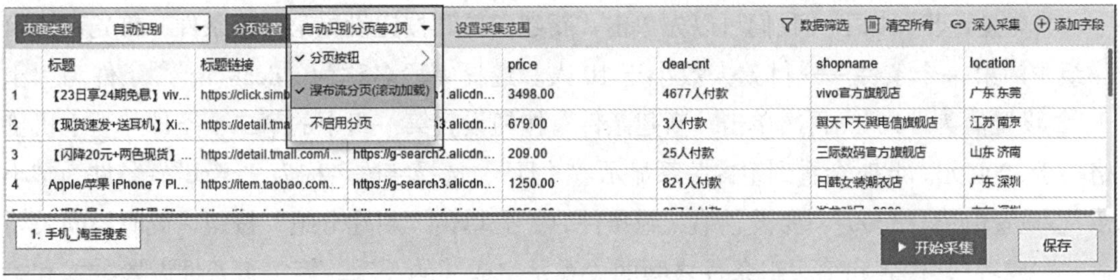

图 2-35 同时选中分页按钮和瀑布流分页

设系统采集的当前页为淘宝手机搜索结果列表页的第 2 页，把"设置起始页"设置为"2"，"设置结束页"设置为"4"，则采集任务实际会采集的是第 3 页至第 5 页。

"设置跳过项"是指不采集每一页的前几条或后几条数据，这里需要注意的是跳过数据的条数设置如果超过某一采集页面的总数据条数，会导致该页面采集不到数据。在"设置采集范围"对话框中还可以设置采集停止条件，所谓采集停止条件是指在采集范围内如果满足了设置的条件，即使没有采集到结束页也可以立即停止采集。具体设置时，单击"新建条件"按钮，弹出如图 2-37 所示的"任务停止条件"对话框。

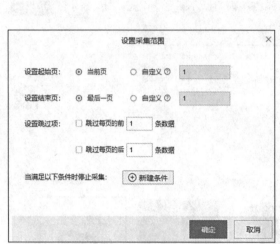

图 2-36 "设置采集范围"对话框　　　　图 2-37 "任务停止条件"对话框

单击"新建分组"按钮可以创建多组条件，多组条件之间是"或"的关系。单击"新建条件"按钮可以创建同一组内条件，同一组内条件之间"与"的关系。例如，想设置两组条件，一组条件是付款人数（字段名：deal-cnt）小于 10 人并且手机价格（字段名：price）小于 3000 元，另一组条件为付款人数小于 2 人并且手机价格大于 9000 元，显然这两组条件之间是"或"的关系。

具体设置步骤如下：我们可以先单击"新建条件"按钮设置第一组条件，首先设置第一组中的第一个条件——付款人数小于 10 人。选择字段名称为"deal-cnt"，条件为"小于"，设置值为"10"。再次单击"新建条件"按钮设置第一组中的第二个条件——手机价格小于 3000 元。此时会看到组内关系显示"并且"，选择字段名称为"price"，条件为"小于"，设置值为"3000"。要设置第二组条件时，先单击"新建分组"按钮，此时组间关系显示"或者"，代表和第一组条件之间的关系是"或"的关系，第二组条件设置方式和第一组条件类似，设置完成的任务停止条件如图 2-38 所示。

④设置采集字段。在采集结果预览窗口区域最多可以看到 20 条预览数据，注意这里的预览条数只是为了给用户展示即将采集到的数据条数，和实际可以采集到的数据条数无关，实际采集到的数据可能有几百条或几千条。

在预览窗口区域的某个字段上单击鼠标右键，可以看到如图 2-39 所示的字段设置菜单。

在字段设置菜单中有 9 个选项，其中，合并字段是指将当前字段和其他字段合并到一列上；"在页面中选择"是指当前字段的取值可以替换为在页面中点选的内容；"数据处理"可以将当前字段的取值进行加工处理后显示，比如原始数据价格列取值如果显示"3498元"，通过数据处理选项可以让取值只显示为"3498"，去掉单位。

图 2-38　设置完成的任务停止条件

图 2-39　字段设置菜单

⑤设置数据筛选。在预览窗口区域单击"数据筛选"按钮，可以打开如图 2-40 所示的"数据筛选"对话框。在该对话框中可以设置满足条件时"采集该数据"或"不采集该数据"，具体筛选条件的设置方法和前面"任务停止条件"类似。

图 2-40 "数据筛选"对话框

⑥设置深入采集。智能模式采集任务通常从列表页开始采集，如果想要采集列表页中某条列表所指向的详情页内容，需要使用深入采集功能。所谓深入采集就是针对当前页面采集到的链接，希望采集这些链接对应的网页内容，一般情况下就是从列表页去采集详情页的内容。深入采集功能有两种设置方式，第一种是单击预览窗口区域的"深入采集"按钮。单击这个按钮，默认会单击链接字段的第一条链接。如图 2-41 所示的采集页面中，方框框选的部分为当前列表页的第一项，当单击"深入采集"按钮后，就会将这条链接的详情页打开进行采集，如图 2-42 所示。

如果列表页中采集到的数据有多个链接字段，这个时候要进行深入采集，必须由用户先单击要深入采集的字段，再单击"深入采集"按钮。深入采集的另外一种设置方式是直接单击某一条链接，比如直接单击图 2-41 中的第四条链接，可以得到该链接详情页的采集数据。

虽然我们上面讲的都是对一条链接进行深入采集，但实际上我们是在设置深入采集的规则，用户只需要设置一个链接的深入采集规则，当真正开始采集时，后羿采集器会按照这个规则采集所有类似链接的详情页内容。

（5）预登录和预执行操作。预登录操作通常用于登录被采集的网址，但是有时候我们也可以通过预登录窗口进行一些其他的操作，包括关闭弹窗、选择网页语言或单击访问首页等。

图 2-41　当前采集页

图 2-42　单击"深入采集"按钮后的采集效果

预执行操作是简化版的流程图模式，在里面可以完成部分操作，包括单击、输入文字、滚动页面、移动鼠标到元素、下拉框选择和定时等待。

这里的操作有两种方式：一种是直接单击页面，然后根据提示进行操作，这也是我们推荐的操作方式；另一种是拖动下方的组件来完成操作，除了滚动页面和定时等待这两个操作，其他组件请尽量不要使用手动拖动的操作方式。

（6）采集任务的运行设置。通过前面的讲解，我们已经可以设置一些比较复杂的采集任务了，当任务设置完成后，就可以单击预览窗口区域右下角的"开始采集"按钮（见图 2-43），开始采集数据了。单击"开始采集"按钮后，会看到如图 2-44 所示的"启动设置"对话框，下面对该对话框中的主要选项功能进行讲解。

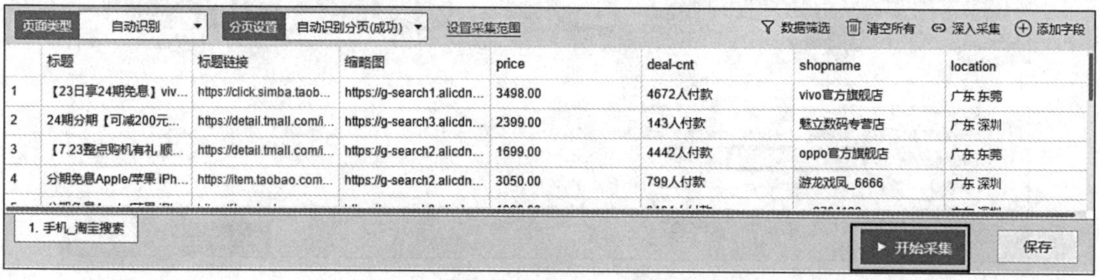

图 2-43 "开始采集"按钮

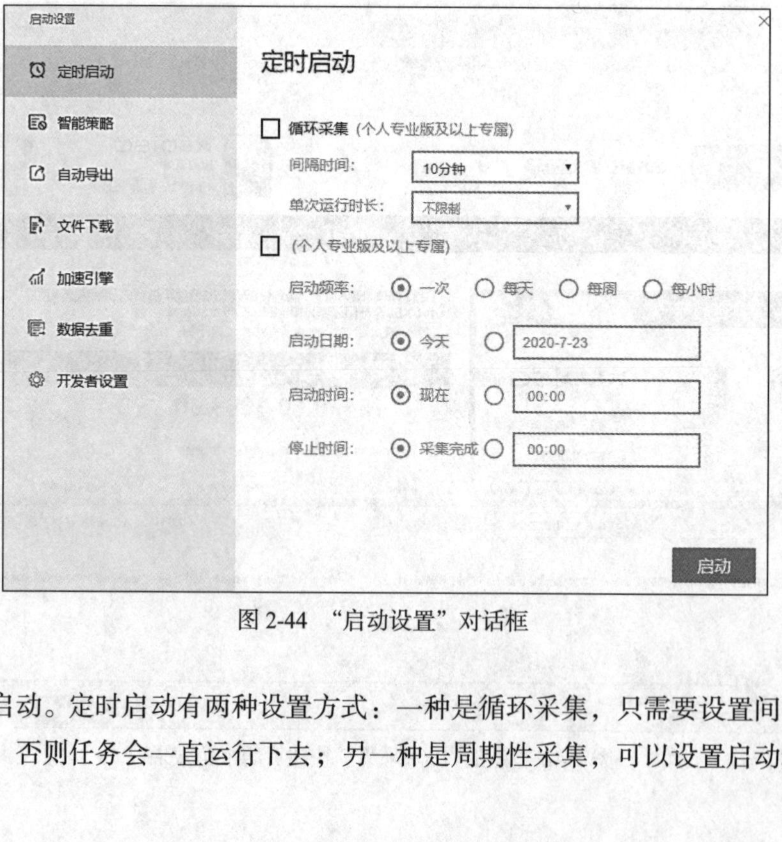

图 2-44 "启动设置"对话框

①定时启动。定时启动有两种设置方式：一种是循环采集，只需要设置间隔时间，除非手动停止，否则任务会一直运行下去；另一种是周期性采集，可以设置启动频率、启动

日期、启动时间和停止时间。

定时启动功能需要注意两点：

第一点：定时任务运行期间需要保持计算机处于正常运行状态；

第二点：定时采集是重复采集，采集任务会从头开始运行。

②数据去重。数据去重功能有两个设置项，如图2-45所示。一个是"当数据重复时，跳过继续采集"；另一个是"当数据重复时，停止任务"。这两种设置用于不同的场景，大家需要根据需求去选择。此外需要注意的是，这里的"去重条件"是针对一整条数据，不是针对某一个字段。

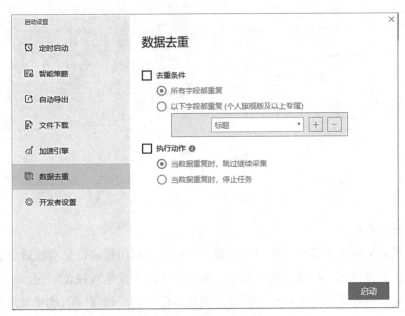

图2-45 "数据去重"界面

③智能策略。智能策略主要用来应对一些网站的防屏蔽设置，如图2-46所示。网站屏蔽是指一些网站为了避免自身信息被频繁抓取而对非正常访问进行的限制。比如有些网站检测到某一台计算机访问的频率过高，则会判定该计算机正在抓取数据，从而限制该计算机的访问。智能策略就是为了应对类似情况而采取的措施，比如设置采集数据的时间间隔为3分钟，则会每隔3分钟采集一次数据，降低了采集的频率。对于不了解手动切换设置项作用的用户，建议使用智能切换。

④自动导出。通常我们需要在采集任务运行完成之后对采集结果进行手动导出，如果使用自动导出，就省去了手动操作。自动导出是独立于采集任务单独运行的，每一个采集任务都可以设置多个自动导出任务，这些自动导出任务之间也是独立的，除非手动停止，否则自动导出任务会一直处于运行状态，和采集任务是否运行无关。如果我们在启动任务

时就设置了自动导出，那么自动导出就会在检测到采集的数据后按照导出配置自动导出采集结果。

⑤文件下载。这里的文件下载只是启动下载功能，并非教用户如何设置一个需要下载文件的采集任务。文件下载包含了图片、音频、视频、文档和其他文件，我们需要根据具体的类型进行选择。在下载文件时，大家可以按照一定的规则创建独立的文件夹，以及按照一定的规则来重命名下载的文件，"文件下载"界面如图2-47所示。

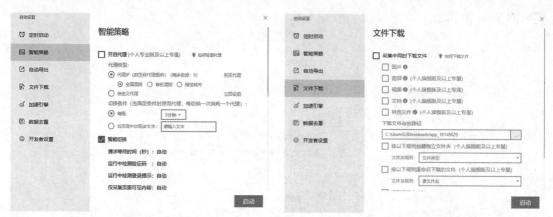

图2-46 "智能策略"界面　　　　　　　图2-47 "文件下载"界面

4. 流程图采集模式

（1）流程图采集模式简介。流程图采集模式简称流程图模式，是功能最全面的采集模式，通常用于智能模式不能覆盖的场景。流程图模式的本质是可视化编程，通过将复杂的编程过程转化为可视化的单击操作，让没有编程基础的用户也可以创建非常复杂的采集任务。和智能模式不同，流程图模式对输入网址没有任何要求，可以说几乎所有的网页数据在流程图模式中都可以被采集到。流程图模式虽然简单，但是如果想要创建非常复杂的采集任务，有一个知识点需要了解，那就是循环和循环嵌套。

例如现在有一个网站，该网站有100个页面，每个页面有10个元素。每单击一次翻页按钮，系统翻页一次，显示新的10个元素，每个元素包含五个字段，如图2-48所示。如果想要采集这100个页面中的每个字段，其实不需要把每个页面的每个元素都设置一遍，只需要把第一个页面中的第一个元素的采集规则设置好，那么100个页面中的所有元素都可以按照这个规则进行采集，这个过程就是一个循环操作。

首先系统有一个小的循环，这个循环是采集一个页面中元素的所有字段。因为单个页面中有10个元素，所以这个小循环需要循环10次，每次采集一个元素中的5个字段，这样循环10次当前页面中的所有字段就都采集完了。然后通过单击翻页按钮进行翻页，因为有100页，所以这个单击翻页按钮的操作需要循环100次。如图2-49所示，就形成了一

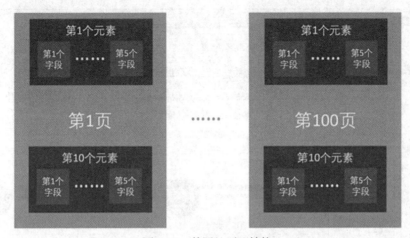

图 2-48　某网址页面结构

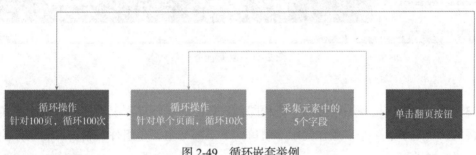

图 2-49　循环嵌套举例

个大循环里面有一个小循环,这叫作循环嵌套。在流程图模式中,我们会通过单击自动生成组件,也会通过手动拖动来搭建组件,但是只要是涉及循环操作,不论是多网址采集循环、多输入文本循环、单页多元素循环还是多页面翻页循环,最终都是循环嵌套的,不可能有如图 2-50 所示的并列循环,这一点请用户务必注意。

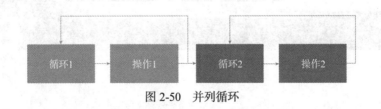

图 2-50　并列循环

(2)新建流程图模式任务。流程图模式可以通过采集器主页的流程图模式采集按钮进行创建。还可以将智能模式转换为流程图模式,具体步骤为:在原有的智能模式任务上单击右键,在弹出菜单中选择"复制任务"选项。在打开的"复制任务"对话框中,勾选"转换为流程图模式"复选框,复制任务如图 2-51 所示。

图 2-51　复制任务

（3）流程图模式任务编辑界面。流程图模式任务的编辑界面上半部分和智能模式几乎没有区别，只是多了一个"操作提示"窗口，下半部分主要是组件编辑窗口和组件预览窗口，如图 2-52 所示。

图 2-52　流程图模式任务编辑界面

（4）流程图模式的基本操作步骤。在流程图模式中可以模拟任何操作，具体有两种操作方式。第一种就是根据软件的提示进行操作，也就是使用"操作提示"窗口，这也是推荐的操作方式。软件会根据用户在页面中单击的不同内容而生成不同的操作提示，比如，单击图 2-53 所示页面中的搜索文本框，"操作提示"窗口中就会提示识别到输入框并提示输入文本。输入"流程图模式"，单击"确定"按钮后，下方的组件编辑窗口会增加该操作组件，如图 2-54 所示。

图 2-53 "操作提示"窗口

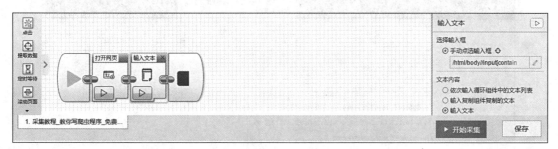

图 2-54 增加"输入文本"组件

然后单击页面搜索文本框右侧的搜索按钮，"操作提示"窗口会出现对该按钮的处理提示，如图 2-55 所示。选中"点击一次该元素"，则当前任务会展示搜索到的和"流程图模式"相关的文档，且下方组件编辑窗口会增加"点击"组件，如图 2-56 所示。

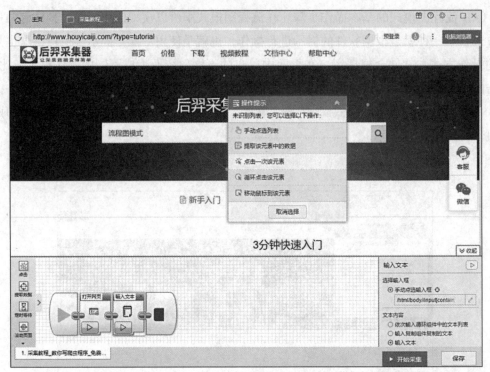

图 2-55　单击页面搜索按钮后的操作提示

图 2-56　增加"点击"组件

选中搜索到的第一条和流程图模式相关的列表信息,"操作提示"窗口会出现对该列表信息的操作提示,如图 2-57 所示。选择"依次点击全部同类元素",采集任务会依次点选同类元素,并在下方组件编辑窗口添加"循环"组件,如图 2-58 所示。

图 2-57 选中页面第一条搜索结果后的操作提示

图 2-58 增加"循环"组件

2.3.4 反爬虫技术与反反爬虫技术

反爬虫技术是网站为了保护自身数据而采取的措施，而反反爬虫技术则是爬虫程序为了绕过这些防护措施而采取的应对措施。双方在技术上相互对抗，形成了一场持续的技术较量。接下来详细阐述反爬虫技术与反反爬虫技术。

2.3.4.1 反爬虫技术

反爬虫技术是指为了防止爬虫程序访问网站而采用的技术手段。由于爬虫程序可以自动化地从网站获取数据，往往会对网站造成负荷和安全威胁。因此，许多网站都会采用反爬虫技术来保护自己的资源和安全。下面是一些常见的反爬虫技术。

1. User-Agent 检测

网站通过检查 HTTP 请求头中的 User-Agent 字段，识别访问的客户端是真实的浏览器还是爬虫程序。如果 User-Agent 字段显示是爬虫程序，则网站可能会拒绝或限制该请求。

2. IP 限制和封禁

网站可以对过度使用或异常请求的 IP 地址进行限制或封禁，从而减少对网站的负荷和安全威胁。

3. 验证码

网站在关键页面设置验证码，要求用户手动输入以验证身份。爬虫程序难以自动解析和处理验证码，因此需要人工干预。

4. 动态内容加载

网站使用 JavaScript 等前端技术来实现页面内容的动态加载，使得爬虫程序无法直接获取完整的页面数据。爬虫程序需要模拟浏览器行为，执行 JavaScript 代码，才能获取完整的页面内容。

5. 请求频率限制

网站通过监控请求频率，当短时间内请求过多时，会拒绝或延迟爬虫程序的请求。爬虫程序需要适当降低请求频率，避免被网站检测出异常请求。

这些反爬虫技术可以有效地防止大部分爬虫程序的访问，但是也会对正常用户造成一定的影响。因此，在进行爬虫程序开发时，需要注意遵守相关规定和法律法规，尊重网站的使用权益，避免对网站造成不必要的负荷和安全威胁。

2.3.4.2 反反爬虫技术

反反爬虫技术是指针对网站的反爬虫策略和技术而采取的应对措施。当网站采取了多种爬虫检测技术时，开发者为了继续获取需要的数据，就需要采取相应的反爬虫措施。以下是一些常见的反反爬虫技术。

1. User-Agent 伪装

原理：通过修改请求中的 User-Agent 字段，使其模拟正常浏览器的 User-Agent，以逃避网站的 User-Agent 检测。

应用：在发送 HTTP 请求前，修改请求头中的 User-Agent 字段，将其设置为与正常浏览器相匹配的值。

2. IP 代理和轮换

原理：使用代理服务器来隐藏真实的 IP 地址，同时定期更换代理 IP 地址，以避免被网站监测到并限制访问。

应用：使用各种代理 IP 服务或自建代理池，在进行爬取时将请求经过代理服务器发送，并且周期性地更换代理 IP 地址，增加爬虫的匿名性和稳定性。

3. 渲染引擎解析

原理：使用无头浏览器（Headless Browser）或渲染引擎（如 Puppeteer、Selenium 等）来模拟真实浏览器行为，执行 JavaScript 代码，以获取网站完整渲染后的内容。

应用：通过驱动或调用无头浏览器或渲染引擎，使爬虫程序能够执行页面的动态加载和渲染，获取到完整的页面数据。

4. 破解验证码

原理：使用图像处理、机器学习等技术对网站中的验证码进行识别破解，以绕过验证码的阻碍。

应用：借助验证码识别服务、自建验证码模型或使用开源工具库，对网站的验证码进行自动化识别，从而绕过验证码验证的步骤。

5. 请求频率控制

原理：通过调整请求的发送频率、设置合理的请求延时等策略，避免被网站的频率限制机制发现和封禁。

应用：根据网站的访问频率限制设定，合理地控制爬取的请求发送频率，并在必要时引入随机延时，模拟真实用户的行为。

需要注意的是，使用反反爬虫技术需要确保遵守相关法律法规和网站的使用规则，不得用于非法目的和侵犯他人权益的行为。此外，可能存在一些高级的反爬虫技术和策略，开发者需要根据具体情况进行针对性的应对和解决。

2.4 数据获取中的隐私与安全问题

数据获取过程中的隐私与安全问题涉及未经授权的访问、滥用风险、数据泄露和合规性等方面。通过采取适当的安全措施和合规性措施，可以确保数据的隐私和安全，保护用户的个人信息，同时降低数据泄露和滥用的风险。

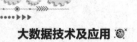

2.4.1 数据隐私保护的重要性与挑战性

数据获取中的数据隐私保护具有重要性和挑战性，具体如下。

1. 重要性

（1）用户信任与声誉。数据隐私保护是建立用户信任和提高声誉的关键因素。保护用户的个人信息不被滥用或泄露，可以增强用户对数据获取机构的信心，并提高其声誉。

（2）合规性与法规要求。随着隐私保护法规的加强和个人隐私权益的提升，数据获取机构必须遵循适用的法律法规和合规要求。合规性对于数据获取机构的长期发展和可持续性至关重要。

（3）防止滥用与不当使用。保护数据隐私可以防止数据的滥用和不当使用。通过限制数据的访问和使用范围，可以减少数据被用于欺诈、诈骗、盗窃等不道德或非法活动的风险。

2. 挑战性

（1）复杂的数据生态系统。在现代社会中，数据获取涉及多种来源、格式和处理方式。这使得保护数据隐私变得更加复杂，需要综合考虑各种数据源、数据传输路径和数据处理环节的隐私风险。

（2）数据共享与合作。数据获取往往需要与其他组织或个人进行数据共享和合作。在共享数据的过程中，必须确保合适的安全措施和协议，以保护数据不被未经授权的访问和使用。

（3）隐私与数据效用的平衡。保护数据隐私与实现数据的有效利用之间存在一种平衡的挑战。过度限制隐私保护可能会限制数据的可用性，而过度放宽隐私保护可能会增加隐私泄露和滥用的风险。

（4）技术复杂性。随着技术的发展，数据获取变得更加便捷和高效，但也带来了新的隐私保护挑战。例如，大数据分析、机器学习和人工智能等技术可能需要使用大量的个人数据，因此需要采取相应的技术手段来保护数据隐私。

解决这些挑战需要采取综合的隐私保护措施，包括合适的技术解决方案、政策和法规的制定、教育与意识提升等。同时，数据获取机构应该将隐私保护作为一项重要的责任和义务，并与相关方合作确保数据隐私得到妥善保护。只有通过综合性的努力，才能有效地平衡数据获取的需求和用户数据隐私的保护。

2.4.2 隐私保护的法律法规与合规性要求

数据获取中的隐私保护必须遵守相应的法律法规和合规性要求。以下是在数据获取过程中涉及的一些关键法律法规和合规性要求。

1. 个人信息保护相关法律法规

个人信息保护是全球范围内日益受到重视的议题，不同国家和地区均制定了相关法律法规以确保个人隐私的安全。例如，在欧洲，有《通用数据保护条例》（General Data Protection Regulation, GDPR），该条例为欧盟成员国境内的个人数据处理提供了严格的保护框架，要求数据控制者和处理者必须遵守一系列规定，包括明确告知用户权利、确保数据处理的合法性基础（如用户同意）、数据处理的透明度等。而在美国加州，则实施了《加州消费者隐私法案》（California Consumer Privacy Act，CCPA），该法案旨在增强加州居民对其个人信息的控制权，规定了企业如何收集、使用、共享和出售消费者的个人信息，并要求企业在处理这些信息时提供更高的透明度，同时赋予消费者更多的权利，如访问、删除、选择不出售其个人信息的权利等。

综上所述，数据获取机构在全球范围内运营时，必须严格遵守各国家和地区的相关法律法规，确保个人信息处理活动的合法性、透明度和安全性，从而保护用户的个人隐私权益。

2. 数据安全和保密性法规

除个人信息保护法规外，还有一些法律法规专门涉及数据安全和保密性的问题。例如，美国的《健康保险可移植性和责任法案》（HIPAA）要求医疗机构和其他相关组织保护个人的健康信息。数据获取机构在处理敏感数据时必须符合这些法规的要求，采取适当的技术和组织措施确保数据的安全和保密性。

3. 行业特定法规与标准

某些行业可能有特定的法规和标准要求，例如金融业的《支付卡行业数据安全标准》（PCI DSS）。数据获取机构如果涉及这些行业，需要遵守相应的要求，并确保采取适当的数据隐私保护措施。

4. 合规性框架和最佳实践

除具体的法律法规外，还有一些合规性框架和最佳实践可供数据获取机构参考。例如，国际标准化组织（ISO）制定了一系列与数据隐私保护相关的国际标准，如ISO 27001（信息安全管理体系）和ISO 27701（隐私信息管理体系）。遵循这些框架和最佳实践可以帮助数据获取机构确保其数据隐私保护措施符合国际认可的标准。

遵守这些法律法规和合规性要求需要数据获取机构采取一系列措施，包括但不限于以下几点：

（1）明确数据使用目的，并获得用户的明确同意和授权。

（2）采取技术和组织安全措施，确保数据的机密性、完整性和可用性。

（3）提供用户权利，并建立适当的访问和修改机制。

（4）进行风险评估和合规性审查，确保数据获取和处理过程符合法律法规的要求。

（5）建立隐私政策和用户协议，明确数据使用和保护的规定。

（6）在数据获取过程中，数据获取机构应该密切关注相关法律法规的变化和更新，并不断调整和改进其隐私保护措施，以确保符合最新的法规要求并维护用户的数据隐私权益。

2.4.3 数据获取过程中的安全风险与防范措施

数据获取过程中存在各种安全风险，如未经授权访问、数据泄露、恶意攻击等。为了有效应对这些风险，以下是一些常见的安全风险及相应的防范措施。

1. 未经授权访问

（1）强化身份验证。采用强密码策略、双因素身份验证等方法，确保只有经过授权的用户可以访问敏感数据。

（2）访问控制。实施细粒度的访问控制，仅为需要的人员分配适当的权限，并进行定期的权限审查和撤销。

2. 数据泄露

（1）加密数据。将敏感数据进行加密，确保在数据传输和存储过程中即使发生泄露也无法被恶意使用。

（2）数据备份与恢复。建立定期备份机制，以防止数据丢失或遭到破坏，并测试数据恢复的有效性。

3. 恶意攻击

（1）防火墙和安全策略。配置防火墙和其他网络安全设备，限制未经授权的网络访问，并制定安全策略来识别和防御潜在的攻击。

（2）安全更新与漏洞修复。及时应用操作系统、应用程序和设备的安全更新和补丁，修复已知漏洞，以防止恶意利用。

（3）社会工程攻击。加强员工培训，提高员工安全意识，提高员工对社会工程攻击的认识，教育他们如何辨别和应对钓鱼邮件、钓鱼电话等威胁。

（4）安全策略与政策。建立明确的安全策略和政策，规定员工在处理数据时必须遵循的安全措施和行为准则。

4. 外部供应商风险

（1）安全审查和监管。对外部供应商进行安全审查，确保其符合要求并具备可靠的安全控制措施。

（2）合同管理与监控。与供应商签订明确的合同，并建立相应的服务水平协议，监控供应商的安全性能和合规性。

5. 数据生命周期管理

（1）数据脱敏与匿名化。在非生产环境或共享数据时，对敏感数据进行脱敏或匿名化处理，以减少泄露风险。

（2）数据清理与销毁。及时删除不再需要的数据，并采取适当的方法彻底销毁数据，以防止被恶意利用。

6. 监测和响应

（1）实时监测。使用安全信息和事件管理系统（SIEM）等工具，实时监测网络和应用程序中的异常活动并做出快速响应。

（2）应急响应计划。建立应急响应计划，包括恢复数据、隔离被感染设备、与相关方沟通等流程，在紧急情况下快速响应并降低损失。

以上是常见的数据获取过程中的安全风险和相应的防范措施。数据获取机构可以根据自身情况和风险评估制定相应的安全措施，并不断进行改进和优化。同时，还需要定期进行安全审计和检查，确保安全措施的有效性和可靠性。

本章介绍了数据获取技术的基本原理、应用和实践，包括数据源识别与评估、网络爬虫技术以及数据获取中的隐私与安全问题。通过学习本章，读者能够了解数据获取技术的重要性及其在实际应用中的作用，掌握常用的数据获取技术和方法，并能够运用这些知识解决实际问题。

1. 下列数据中，属于观测数据的是（　　）。

A. 遥测数据　　　　　　　　　　　　B. 台站观测记录数据

C. 物理和化学分析数据　　　　　　　D. 各种统计报表

2. 下列选项中，属于图形数据的是（　　）。

A. 物理实验数据　　　　　　　　　　B. 化学分析数据

C. 地形图　　　　　　　　　　　　D. 社会调查数据

3. 以下关于结构化数据和非结构化数据的描述正确的是（　　）。

A. 结构化数据需要进行复杂的处理和分析才能提取出有用的信息

B. 非结构化数据可以很方便地被计算机识别和处理

C. 结构化数据主要应用于数值计算和统计分析

D. 非结构化数据可以存储在关系型数据库中

4. 下列哪项不是常见的反爬虫技术？（　　）

A. User-Agent 检测　　　　　　　B. IP 限制和封禁

C. 动态内容加载　　　　　　　　D. 数据加密

5. 以下关于主动获取的数据和被动获取的数据的描述正确的是（　　）。

A. 主动获取的数据需要主动发起请求才能获取

B. 被动获取的数据不需要进行任何处理即可直接使用

C. 主动获取的数据质量通常比被动获取的数据质量更高

D. 被动获取的数据可以很方便地被计算机识别和处理

6. 下面哪一项是换行符标签？（　　）

A. <body>　　　B. <font>　　　C.
　　　D. <p>

7. 下面说法错误的是（　　）。

A. CSS 样式表可以将格式和结构分离

B. CSS 样式表可以控制页面的布局

C. CSS 样式表可以使许多网页同时更新

D. CSS 样式表不能制作体积更小、下载更快的网页

8. Web 开发前端页面动画效果的程序语言是（　　）。

A. CSS　　　B. JavaScript　　　C. XHTML　　　D. HTML

9. 下列哪项描述的是 JavaScript 中的事件驱动？（　　）

A. 顺序、选择和循环三种基本结构

B. 常量与变量的定义

C. 函数（方法）的定义和调用

D. 由鼠标或键盘引发的一连串程序的动作

10. 在使用 Python 进行动态页面采集时，以下哪个库通常用于模拟浏览器行为？（　　）

A. requests　　　B. selenium　　　C. beautifulsoup4　　　D. AJAX

第 3 章 数据分析技术

导读

随着数据量的不断增加,数据分析技术变得越来越重要。本章将介绍数据分析的基本概念、应用领域、意义、数据预处理的方法、数据分析的方法以及实际应用示例。同时,还将探讨数据分析的未来发展趋势和挑战。通过学习本章,读者将能够了解数据分析的基本概念和应用领域,掌握数据预处理和分析的方法,并能够运用这些知识解决实际问题。

学习目标

1. 了解数据分析的基本概念和应用领域。
2. 掌握数据预处理的方法,包括数据的存储、清洗、转换和分组。
3. 掌握数据分析的基本方法,包括探索性数据分析、统计推断和机器学习。
4. 掌握数据分析在实际中的应用,包括商业和社会数据分析。

1. 重点掌握数据分析的基本方法和应用。
2. 理解数据预处理的重要性及其在数据分析中的作用。
3. 掌握实际应用中数据分析的步骤和技巧。

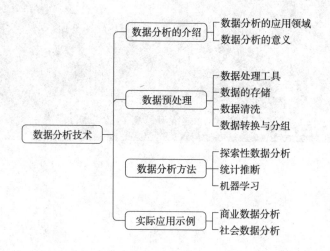

随着数字化时代的到来，大量的数据被不断产生和积累，这些数据蕴含着宝贵的信息和洞察力。数据分析通过运用统计学、机器学习和数据挖掘等技术，能够把这些海量的数据转化为有意义的见解和决策支持。数据分析使组织能够更好地理解客户需求、预测市场趋势、优化业务流程和发现潜在机会。它帮助企业做出基于客观事实的决策，降低风险，提高效率和竞争力。数据分析还推动了创新的发展，为科学研究、医疗健康、金融、交通物流等领域带来了巨大的改变和进步。可以说，数据分析已经成为当今成功企业和组织不可或缺的核心能力，它赋予了我们更深入的洞察力和智慧，帮助我们应对复杂的挑战，迎接未来的机遇。

3.1 数据分析的介绍

数据分析技术涉及多种方法和技术，旨在从数据中提取有用的信息和知识。数据分析技术可以应用于各种领域,例如商业、社会科学、医疗保健等,以支持有效的决策制定和问题解决。通过探索性数据分析、统计推断和机器学习等技术,数据分析能够揭示数据背后的趋势和关系,并生成预测模型和决策支持系统,为决策者提供更准确和全面的信息。数据分析技术的进步已经改变了许多行业的运作方式,成为现代企业和组织必不可少的一部分。

接下来将从数据分析的应用领域和数据分析的意义两个方面对数据分析进行介绍。

3.1.1 数据分析的应用领域

数据分析已经深度渗透到各个行业和领域,通过帮助企业和组织从海量数据中提取有价值的信息和知识,为决策制定和问题解决提供强大的支持,进而提高业务效率和竞争力。以下是几个数据分析典型领域(见图 3-1)及相关案例。

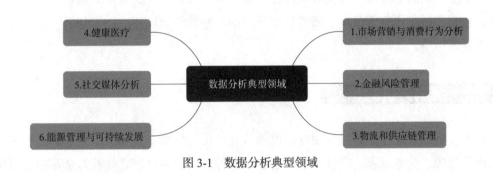

图 3-1 数据分析典型领域

1. 市场营销与消费行为分析

企业通过分析市场数据和消费者行为数据,可以深入了解消费者的购买偏好、消费习惯和产品需求趋势。这使得企业能够制定出更加精准的产品定价策略、广告投放策略和促销活动,从而有效提高销售额。比如,一家电商平台可以通过分析用户的浏览记录、购买历史和评价等数据,为不同用户推送个性化的产品推荐,提高用户满意度和购买率。

2. 金融风险管理

银行和金融机构利用数据分析工具来评估和管理风险,实现更安全的投资和贷款。例如,通过建立模型分析借款人的信用风险,银行可以更准确地决定贷款金额、利率和风险等级,提高贷款的违约预测能力,降低不良贷款的风险。

3. 物流和供应链管理

数据分析可以帮助企业优化物流和供应链活动,降低运营成本并提高效率。通过分析供应链数据,企业可以优化库存管理、配送路线规划和生产计划等环节,以满足顾客需求并减少资源浪费。

4. 健康医疗

医疗数据的分析有助于提升医疗服务的质量和效率。通过对大量患者的病历数据进行分析，可以发现疾病的规律和趋势，为医生提供更准确的诊断和治疗方案参考，提高治疗效果和患者满意度。

5. 社交媒体分析

社交媒体平台积累了大量用户生成的数据，通过对这些数据进行深入分析，可以了解用户的喜好、社交网络关系和情感倾向等信息。这些分析结果可以用于改进产品设计、个性化推荐和社交广告定向投放等，提高用户体验和营销效果。

6. 能源管理与可持续发展

通过数据分析，我们可以发现能源消耗的趋势和模式，从而制定有效的能源管理策略。例如，分析电网负载数据可以帮助电力公司进行负载预测和优化电力供应，实现能源的可持续利用和发展。

除了上述提到的领域，数据分析还在许多其他领域得到广泛应用，如电子商务、政府决策、教育和科学研究等领域。随着数据技术的不断发展和应用，数据分析将在未来发挥更加重要的作用。

3.1.2 数据分析的意义

数据分析的意义在于通过对现有数据的认真分析，帮助企业和组织更好地了解客户需求、市场趋势、业务流程、竞争对手和潜在机会等方面的信息。它能够为企业制定更优秀的决策和战略提供强有力的支持。具体而言，数据分析具有以下几个方面的意义。

1. 帮助企业更好地理解客户

数据分析能够从客户行为和反馈中发掘出客户的需求、习惯和趋势，从而帮助企业了解客户的主要特点和喜好，进而制定合适的产品策略和服务流程。

2. 发掘市场机会

数据分析可以追踪市场趋势，了解行业动态和竞争格局，帮助企业抓住市场机会和应对变化。数据分析在市场机会的发掘中发挥着重要作用，可以帮助企业洞察市场趋势、了解竞争格局、理解消费者需求，并基于这些信息做出战略决策，抓住市场机会。

3. 优化业务流程

数据分析在优化业务流程方面具有重要作用，可以帮助企业发现和解决内部流程中存在的问题和瓶颈，提高效率和效益。通过数据驱动的改进和决策，企业可以提高生产力并降低成本，从而获得竞争优势。

4. 降低风险

数据分析在降低风险方面具有重要作用，它可以通过预测和识别潜在的风险因素，帮助企业做出明智的决策并采取相应的措施。这有助于企业规避风险、提高业务稳定性和竞争力,以应对不确定性的市场环境。

数据分析在企业运营中扮演着重要角色,帮助企业更好地理解客户、发掘市场机会、优化业务流程和降低风险。通过数据驱动的决策和改进,企业能够获得竞争优势,并提高效率和效益。因此,数据分析已经成为现代企业不可或缺的工具和战略。

3.2 数据预处理

上一章介绍了数据获取。由于获取的数据不是自己产生的,并不能保证所有的数据都是有效的。在分析获取到的数据之前,需要对这些数据进行一些预处理,然后再对预处理之后的数据进行分析,这样才能得出更可信的结论。Python 非常适合用于数据处理,特别是 Python 的 pandas 库提供了大量的数据处理功能。本节介绍基于 Python 的数据处理基本操作。

3.2.1 数据处理工具

Python 非常适合于数据处理、数据分析工作,因为大量的第三方库,给 Python 提供了强大的数据处理功能,如 NumPy 和 pandas 等。本部分简单介绍 NumPy 和 pandas 的基本用法。

3.2.1.1 NumPy 基本操作

NumPy 常用于数据分析和科学计算领域。使用 NumPy,Python 可以操作多维数组,且计算效率很高,特别适用于数据量大的时候。NumPy 不是 Python 的内建库,所以使用前需要安装。安装代码如下:

```
pip install numpy
```

使用 NumPy 前,需要导入。下面是常见的导入 NumPy 的代码:

```
import numpy as np
```

下面介绍 NumPy 的基本操作。

1. 创建数组

NumPy 中数组类型为 ndarray,即 N-dimensional array,这也是 NumPy 的关键特征。

ndarray 是 Python 的大数据集容器，计算速度快，使用灵活。ndarray 对象中定义了一些重要的属性，部分常用属性及说明如表 3-1 所示。

表 3-1　ndarray 对象中定义的部分常用属性及说明

属性	说明
ndim	数组的维度
shape	数组中各维度的大小
size	数组中元素的总数量
dtype	数组中元素的类型
itemsize	数组中各元素的字节大小

ndarray 可以表示多维数组，ndim 返回的是数组的维度，返回的只有一个数，该数即表示数组的维度。例如，一维数组的维度是 1，二维数组的维度是 2。

NumPy 创建数组的方法很多，通过这些方法可以直接或间接获取数组，代码如下：

```
data1=[1,2,3,4,5]
arr1=np.array(data1)

data2=[[1,2,3],[4,5,6]]
arr2=np.array(data2)
arr3=np.arange(0,10,1)
```

上面的代码中：arr1 为 NumPy 通过 list 对象创建的一维数组；arr2 为二维数组；arr3 为 NumPy 创建的从 0 至 10（不含）的数组，其中 0 为起点，10 为上限（不含），步长为 1。还有 np.linspace、np.random.randn 等函数，也可以产生数组。NumPy 还可以产生一些特殊的数组，代码如下：

```
arr4 = np.zeros(10)
arr5 = np.zeros((3,6))
arr7 = np.ones((2,3))
arr8 = np.eye(3)
```

np.zeros 可以根据给定参数，生成指定形状的数组，数组中元素的值都为 0；np.ones 与 np.zeros 相似，可以根据给定的参数生成指定形状的数组，数组中元素的值都为 1；np.eye

可以根据给定的参数 n 生成一个 n 行 n 列的数组，该矩阵对角线上的值为 1，其他位置的值为 0，打印 arr8 代码如下：

```
print(arr8)
```

输出结果如下：

```
[[1. 0. 0.]
 [0. 1. 0.]
 [0. 0. 1.]]
```

2. 数组的属性

创建数组后，在进一步操作之前，先来看一下它的一些属性。常用的属性就是 dtype 和 shape，下面分别来学习下这两个属性，并了解它们的使用方法。

（1）dtype 属性。

```
import numpy as np

a = np.array([1,2,3,4])
a.dtype
```

输出结果如下：

```
dtype('int32')
```

dtype 就是在数组创建的时候赋予的，之前没有指定类型，都是通过系统默认指定数据类型。特殊情况下，可以根据需要手动将其指定为某些数据类型。NumPy 提供了极其丰富的数据类型以适应可能遇到的各种需求，可以通过 print（np.sctypeDict）查看所有的类型。

指定一般数据类型方法的代码如下：

```
import numpy as np

a = np.array([1,2,3,4],dtype='float64')
a.dtype
```

输出结果如下：

```
dtype('float64')
```

这样可以保证根据需要选择合适的数据类型并有效地节约内存。有时候还可以根据需求自定义一个数据类型，代码如下：

```
import numpy as np

StockType=np.dtype([
    (' 代号 ','str',6),
    (' 价格 ','float64')
])
stocks=np.array([('002500',6.34),('600153',7.83),('002546',10.01)],dtype=StockType)
# 输出 stocks 对象信息
stocks
```

上面的代码先定义一个自定义的代表股票的数据类型 StockType，该类型包含两个成员："代号"和"价格"。在交互环境中，直接输入对象，就会输出其信息。上面的代码输出结果如下：

```
array([('002500', 6.34), ('600153', 7.83), ('002546', 10.01)],
    dtype=[(' 代号 ', '<U6'), (' 价格 ', '<f8')])
```

自定义数据类型更方便索引，代码如下：

```
print(stocks[0])
print(stocks[0][' 价格 '])
```

输出结果如下：

```
('002500', 6.34)
6.34
```

（2）shape 属性。shape 属性用于描述数组的形状。一般来讲，shape 返回的是每个轴上数据的个数。如果数据集为二维数据集，那么可以将它的两个维度分别看作是数据集的行和列，代码如下：

```
import numpy as np

arr = np.array([[1,2,3,4],[5,6,7,8]])
print(arr)
print('arr.shape 为：',arr.shape)
```

上面的代码先创建一个 2 行 4 列的数组，然后打印数组，最后输出数组的 shape 属性信息。输出结果如下：

```
[[1 2 3 4]
 [5 6 7 8]]
arr.shape 为：(2, 4)
```

对于已经定义好的数组，还可以通过 reshape 函数来改变数组形状，代码如下：

```
import numpy as np

arr = np.array([1,2,3,4,5,6,7,8,9]).reshape((3,3))
arr
```

上面的代码先定义一个 1 行 9 列的数组，然后将其形状改为 3 行 3 列，再将数组返回给 arr。代码输出结果如下：

```
array([[1, 2, 3],
       [4, 5, 6],
       [7, 8, 9]])
```

最后，还要介绍一个特殊的"属性"，先看如下代码：

```
import numpy as np
```

```
arr0 = np.array([1,2,3,4])
arr1 = arr0
arr2 = np.array(arr0)
arr1[0] = 0
```

下面思考一个问题：arr0[0] 和 arr2[0] 分别是多少？打印结果如下：

```
print("arr0=",arr0)
print("arr1=",arr1)
print("arr2=",arr2)
```

输出结果如下：

```
arr0= [0 2 3 4]
arr1= [0 2 3 4]
arr2= [1 2 3 4]
```

上面的代码只是修改了 arr1 的数值，arr0 也跟着变了。这是为什么呢？为什么 arr2 却没有改变呢？

这是因为在赋值操作 arr1=arr0 那里，并没有真正复制，它们只是共享了一块内存，所以输出的内容是一致的。从本质上讲，arr0 和 arr1 只是同一内容的两个名字（通常称 arr1 为 arr0 的一个 view）。接下来通过 Python 的内建函数 id 来检查一下，代码如下：

```
print('arr0 id:',id(arr0))
print('arr1 id:',id(arr1))
print('arr2 id:',id(arr2))
```

输出结果如下：

```
arr0 id: 2101907460624
arr1 id: 2101907460624
arr2 id: 2101907449056
```

id 函数返回的数字可以看作是变量在程序中的唯一标识（类似 C 和 C++ 中内存地址的概念）。可见，arr0 和 arr1 的 id 相同，而 arr2 的 id 不同。arr0 和 arr1 确实是同一个数据。只有在直接赋值的时候才会发生这种情况，涉及其他操作就不会这样了。

arr2 是通过 np.array(arr0) 复制的，是真正的复制。此外，还可以通过 copy 函数复制，代码如下：

```
arr3 = arr0.copy()
```

这样 arr3 只是 arr0 的复制，并不是同一个数据。

3. 数组的操作

先看看一维数组的切片和索引。先看如下代码：

```
import numpy as np

na = np.array([1,2,3,4,5,6,7,8,9,10])
print('na:',na)
print('na[0]:',na[0])
print('na[[2,1,3]]:',na[[2,1,3]])
print('na[1:10]:',na[1:10])
print('na[1:10:2]:',na[1:10:2])
```

上面的代码先创建了一个一维数组 na，数组元素个数为 10。数组的索引从 0 开始。下面分别介绍几个访问数组的操作。

- na[0]：访问 na 的第一个元素，[] 内的内容为一个数字，表示单个元素索引。
- na[[2,1,3]]：[] 内的内容为 [2,1,3] 表示取出第 3、2、4 个元素并将结果以数组的方式返回。
- na[1:10]：表示取出第 2 到第 10 个元素；其中 1 表示切片起点（默认为 0）；10 为终点（不包含），默认为数组长度；切片步长默认为 1。
- na[1:10:2]：表示在第 2 到第 10 个元素中，每两个元素取一个。

输出结果如下：

```
na: [ 1  2  3  4  5  6  7  8  9 10]
na[0]:1
na[[2,1,3]]: [3 2 4]
```

```
na[1:10]: [2 3 4 5 6 7 8 9 10]
na[1:10:2]: [2 4 6 8 10]
```

多维数组的操作和一维数组类似，同样以 0 为索引起点，":"表示选取所有元素。不同的是，多维数组有多个轴，要分别进行索引和切片，中间以逗号分隔。示例代码如下：

```
import numpy as np

ma = np.array([
    [1, 2, 3],
    [4, 5, 6],
    [7, 8, 9]
])

print('ma[0,:]: ',ma[0,:])
print('ma[:,1]: ',ma[:,1])
print('ma[0:2,0:2]: \n',ma[0:2,0:2])
```

输出结果如下：

```
ma[0,:]: [1 2 3]
ma[:,1]: [2 5 8]
ma[0:2,0:2]:
 [[1 2]
 [4 5]]
```

此外，数组还可以进行一系列数学运算，如加法、减法、求最大值、求平均值、转置等。具体可参考 NumPy 官方文档。

3.2.1.2 pandas 基本操作

使用 Python 进行数据分析必不可少的一个包就是 pandas，它建立在 NumPy 库之上，为了能灵活地操作数据而提供了很多专门的方法，十分方便。一般来说，pandas 的使用贯穿整个数据分析过程的始终，所以在此进行简单的介绍。建议想深入学习 pandas 的读者阅读 *Python for Data Analysis*。

pandas 大致分为三种数据结构：一维的 Series、二维的 DataFrame 以及三维的 Panel，这里主要介绍用得最多的 Series 和 DataFrame 在数据的选择、过滤等方面的操作。

一般情况下，可以通过下面这样的方式引入 pandas 包：

```
import pandas as pd
```

1. Series

Series 保存的是一维的数据，其结构示意如图 3-2 所示。

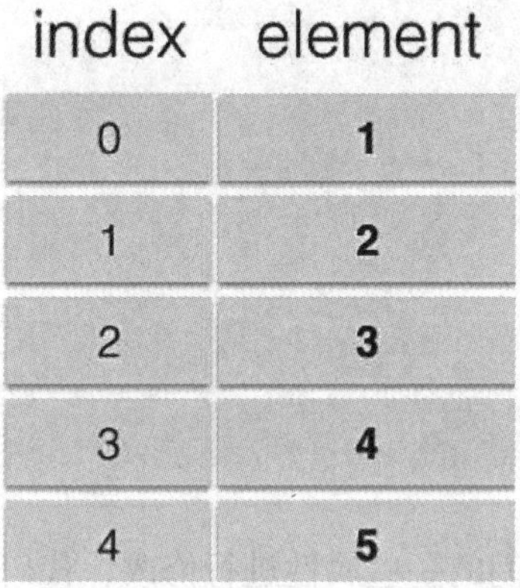

图 3-2 Series 结构示意图

因为 pandas 本身是建立在 NumPy 之上的，所以 NumPy 中的一维数组都可以转化为 Series。Series 的创建方法和 NumPy 创建数组的方法类似，几种常用的方法的代码如下：

```
import pandas as pd

s1 = pd.Series([1,2,3])
s2 = pd.Series((1,2,3))
s3 = pd.Series([1,2,3],index=['a','b','c'])
s4 = pd.Series({'a':1,'b':2,'c':3})
```

可以通过列表和数组直接创建 Series，默认的索引（index）是从 0 开始的整数序列，我们也可以在创建的时候通过 index 参数指定索引数据，也可以通过 dict 对象创建包含指定索引的 Series，dict 对象的 keys 即为 Series 的索引。上面的代码中 s3 和 s4 的内容是一样的，代码如下：

```
print('s3:\n',s3)
print('s4:\n',s4)
```

输出结果如下:

```
s3:
a    1
b    2
c    3
dtype: int64
s4:
a    1
b    2
c    3
dtype: int64
```

在创建数组后也可以对它们的一些属性进行修改,代码如下:

```
s4.index = [0,1,2]
print(s4.index)
```

上面的代码将 s4 的索引改为数字索引,输出结果如下:

```
Int64Index([0, 1, 2], dtype='int64')
```

Series 还可以转化为多种数据类型,如下所示。

- s1.to_string():转化为字符串。
- s1.to_dict():转化为字典。
- s1.tolist():转化为列表。
- s1.to_json():转化为 JSON。
- s1.to_frame():转化为 DataFrame。
- s1.to_csv():存储为 CSV 文件格式。

2. DataFrame

DataFrame 存储的是二维的数据,可以将其看作一张表。类似数据库里面的数据表,表中每一列的数据类型是一致的。DataFrame 结构示意图如图 3-3 所示。

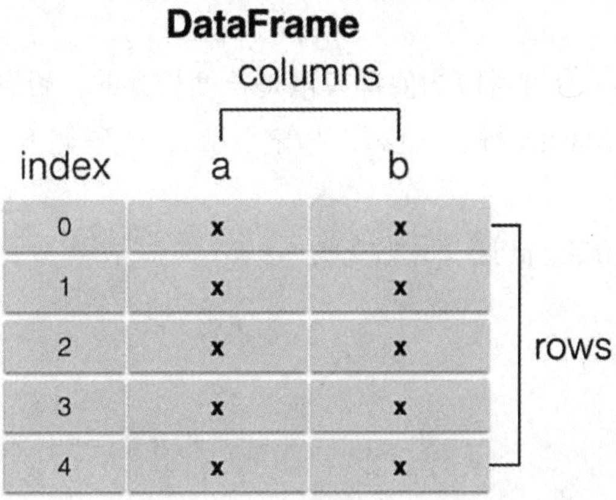

DataFrame

图 3-3 DataFrame 结构示意图

创建 DataFrame 对象的方式有很多，最常用的一种是通过等长的 list 或 NumPy 数组构成的 dict 对象来创建，dict 的键即为 DataFrame 的列名，dict 的值为对应的数值，代码如下：

```
import pandas as pd

data = {'省份': ['湖北', '湖北', '湖北', '江西', '江西', '江西'],
    '年份': [2000, 2001, 2002, 2001, 2002, 2003],
    '人口': [1.5, 1.7, 3.6, 2.4, 2.9, 3.2]}
df = pd.DataFrame(data)
print(df)
```

上面的代码通过 dict 对象 data 创建一个 DataFrame 对象 df。如果没有指定索引（index），则会自动给 df 分配一个 Series 默认索引一样的 index，即为一个从 0 开始的数组。上面的代码输出结果如下：

```
  省份  年份   人口
0 湖北 2000  1.5
1 湖北 2001  1.7
2 湖北 2002  3.6
3 江西 2001  2.4
```

```
4  江西  2002  2.9
5  江西  2003  3.2
```

注意 data 对象的每一个键对应的值都应该是长度相等的，否则会报错。

在创建 DataFrame 对象的时候，也可以指定 index，代码如下：

```
df2 = pd.DataFrame(data,index=['a','b','c','d','e','f'])
print(df2)
```

输出结果如下：

```
  省份  年份  人口
a 湖北  2000  1.5
b 湖北  2001  1.7
c 湖北  2002  3.6
d 江西  2001  2.4
e 江西  2002  2.9
f 江西  2003  3.2
```

对 DataFrame 内容的访问可以通过行、列索引进行，也可以通过行号、列号访问，代码如下：

```
provins = df['省份']
print('--- 单列数据 ---')
print(provins)
# 获取多列数据
prov_pop = df[['年份','人口']]
print('--- 多列数据 ---')
print(prov_pop)
# 通过行号、列号获取数据
print('--- 单个数据 ---')
d22 = df.iloc[2,2]
print('d22 = ',d22)
```

上面的代码列举了几种常用的访问 DataFrame 数据的方法，输出结果如下：

```
--- 单列数据 ---
0    湖北
1    湖北
2    湖北
3    江西
4    江西
5    江西
Name: 省份, dtype: object
--- 多列数据 ---
   年份   人口
0  2000  1.5
1  2001  1.7
2  2002  3.6
3  2001  2.4
4  2002  2.9
5  2003  3.2
--- 单个数据 ---
d22 = 3.6
```

DataFrame 和 Series 一样可以方便地转化为多种数据结构，如 csv、json、dict 等。这里不做详细介绍，感兴趣的读者可以参考 DataFrame 的官方文档。

这里仅介绍 pandas 的基本操作，在后续部分将会结合数据处理的操作介绍 pandas 对应的功能。

3.2.2 数据的存储

在获取到数据之后首先面临的是数据存储的问题。对于不同类型的任务、不同类型的数据，存储方式也不同。对于一次性的小型数据分析任务，数据量不大的情况，可以将数据存储为文本格式或表格格式；对于数据量较大或会重复进行的任务，可以将数据存储到数据库中；对于特殊的数据分析任务，需要将数据存为二进制形式，如图像、音频数据等。

文本格式的数据的优点是数据格式简单，读写方便；缺点是数据读写速度较慢、效率低，需要进行数据的格式化。常见的文本格式的数据有 txt、csv、json 等。表格形式的数据（如 xlsx 文件格式）也可以视为一种文本文件格式，可以存储较简单的数据。

对于那些对处理速度、效率要求高的任务，就需要使用数据库来存储数据。一般来讲，数据库的存储引擎提供了较快的访问速度。基于 SQL 的关系型数据库，如 SQLite、SQL Server、MySQL 以及 PostgreSQL 等，使用非常广泛。此外，还有基于 NoSQL 的数据库也很流行。数据库的选择通常取决于任务对性能、数据完整性以及程序的伸缩性的需求。

3.2.2.1 txt 文件的存取

Python 中对文件的读写操作是通过 open 函数进行的。open 函数是 Python 的内建函数，这里先介绍一下 open 函数的基本用法。在 Python 环境中，通过 "help(open)" 可以查看 open 函数的使用说明，部分内容如下：

```
Help on built-in function open in module io:
open(file, mode='r', buffering=-1, encoding=None, errors=None, newline=None, closefd=True, opener=None)
    Open file and return a stream.  Raise OSError upon failure.
```

open 函数的参数有 8 个，这里介绍几个常用的参数：
- file：打开文件的路径和文件名，如果不指定路径，则在当前路径下；
- mode：文件的打开模式，如只读、只写等，默认为 r，即只读模式；
- encoding：文件的编码方式，不同平台的默认编码方式不同。

open 函数会返回一个文件对象（流）用于读写操作。

1. 文件写入

打开一个文件，写入数据并将其进行存储，具体操作代码如下：

```
f = open('data.txt','w')# 创建或打开文件，指定打开方式为写入
f.write('< 待写入的数据 >')# 写入数据
f.close()# 保存并关闭文件
```

这里使用 open 函数以文本写入的方式打开文件 "data.txt"，得到文件对象 f，如果当前工作目录没有此文件，程序将会自动创建此文件。

接着使用文件对象 f 的 write 方法写入待写入的数据。注意，这时候数据并没有保存到文件中。如果是在交互式环境下（如命令行、ipython），运行到这里时，"data.txt" 文件中是没有内容的。可以多次调用 f.write 进行多次写入，每次写入都是紧跟上次写入内容结尾

处开始的。

最后使用 close 方法保存并关闭文件对象。这就是一个基本的文件写入操作。记得最后一定要使用 close 方法，否则以上对文件的操作在关闭程序之前不会失效。

如果关闭文件之前要保存写入内容，可以调用 f.flush()。该函数只将文件内容保存，不关闭文件对象，可以继续向文件中写入内容。

2. 读取文件内容

接下来了解如何从已有的文件中读取数据内容，代码如下：

```
f = open('data.txt','r')
data = f.read()
f.close()
```

这里通过只读的方式打开文件 data.txt，得到文件对象 f。然后通过 f 的 read 方法读取文件内容到 data 中。最后，关闭文件对象。

上面的两个例子都是使用 open 函数打开 txt 文件进行数据写入、存储。不同的是打开的模式不一样，通过 open 函数的第二个参数指定文件打开模式。常见的文件打开模式有：

- w：代表写入，默认为文本模式，所以确切地说是 wt，即以文本写入方式打开文件。如果没有文件则创建一个文件；如果已经有此文件，则覆盖该文件。
- a：追加模式，在文件最后写入数据。
- r：只读模式，默认为文本模式，所以确切地说是 rt，即打开已经存在的文件，若没有此文件则报错。
- r+：读写模式。
- wb：以二进制的形式写入，一般保存图片时使用。

3.2.2.2　csv 文件的存取

前面介绍的只是基本的文件读写操作，但是在实际生活和工作中，需要更加丰富的存储格式来提高效率。其中较为常见的一种存储格式就是 csv，下面介绍它的使用方法。

csv（comma-separated values），中文通常叫作逗号分隔值。csv 文件由任意数目的记录（行）组成，每条记录由一些字段（列）组成，字段之间通常以逗号分隔，当然也可以用制表符等其他字符分隔，所以 csv 又被称为字符分隔值。

Python 虽然自带 csv 模块，但是通过 pandas 可以更好地进行 csv 文件的读取。使用 pandas 可以直接读取 csv 文件为 Series 和 DataFrame，在进行一系列的操作之后，只需要简单几行代码就可以保存文件。

1. csv 文件的存储

下面的代码演示了如何将数据存储为 csv 格式文件。

```
import pandas as pd
# 生成数据
data = {'A':[1,2,3],'B':[4,5,6],'C':[7,8,9]}
df = pd.DataFrame(data)

# 操作数据：A 列所有数据加 10
df['A'] = df['A']+10

# 将数据存储为 csv 格式文件
df.to_csv('csv_data.csv')
```

上面的代码先生成一个 dict 数据，再用其生成一个 DataFrame 对象 df，然后将 df 的 "A" 列中所有数据加 10。最后，将 df 数据存到 csv 格式文件中。

运行代码，生成文件 csv_data.csv，文件内容截图如图 3-4 所示。

```
1  ,A,B,C
2  0,11,4,7
3  1,12,5,8
4  2,13,6,9
```

图 3-4　输出文件内容截图

可以看到，数据前面添加了索引。如果不要索引，可以在 df.to_csv 中设置 index 参数为 None，即 df.to_csv('csv_data.csv',index=None)，这时得到的数据文件中就没有索引了。

DataFrame 的 to_csv 方法提供了其他的函数选项，具体可以查看说明文档。

2.csv 文件的读取

pandas 提供了读取 csv 文件的函数，读取操作很简单，代码如下：

```
import pandas as pd


df = pd.read_csv('csv_data.csv')
```

上面的代码演示了读取 csv 格式文件的基本操作。函数返回读取到的数据到一个 DataFrame 类型对象 df 中。

3.2.2.3　json 文件的存取

json（JavaScript Object Notation）是一种轻量级的数据交换格式，它基于 ECMAScript 的一个子集，采用完全独立于编程语言的文本格式来存储和表示数据。简洁和清晰的层次结构使得 json 成为理想的数据交换语言，json 易于阅读和编写，同时也易于机器解析和生成，还可以有效地提升网络传输效率。

json 支持多种存储类型，包括 str、int、dict、list 等。Python 自带了处理 json 数据的模块，使用时直接导入即可，代码如下：

```
import json
```

对 json 数据的处理主要涉及以下两对函数的使用：
- json.dumps 和 json.loads：主要处理 json 字符串；
- json.dump 和 json.load：主要处理 json 文件。

下面通过代码解释其用法。

```
import json
data = {'Jack':{'weight':70,'height':170,'score':80}}
json_str = json.dumps(data)

# 从字符串中加载数据
data_from_str = json.loads(json_str)
print(data_from_str)
```

上面的代码将要存储的数据装到一个 dict 对象里面（存储为 dict 是为了方便提取其中的数据），之后通过 json.dumps 将其转化为 json 编码的字符串，并将其赋值给 json_str；接着通过 json.loads 将其从字符串转化为原来的 dict 格式。

对于文件的操作也是类似的，代码如下：

```
import json
data = {'Jack':{'weight':70,'height':170,'score':80}}
# 将数据存到 json 文件中
f = open('data.json','w')
json.dump(data,f)
f.close()
# 从 json 文件中读取数据到 dict 对象
file_data = open('data.json','r')
json_data = json.load(file_data)
```

上面的代码先通过 json.dump 将 dict 类型数据 data 存到 data.json 文件中；然后通过

json.load 读取 json 文件中的数据，将读取的数据返回到 dict 对象中。

3.2.2.4 xlsx 文件的存取

在处理数据时会经常用到 Excel 电子表格，而 Python 也有很多包可以与 Excel 进行交互。目前主要有四个库可以进行 Excel 文件的读写操作，分别是 xlwt、xlrd、xlsxwriter、openpyxl。前两者都用于处理 xls 文件的读写，其中 xlwt 是写入，xlrd 是读取。后两者用于 xlsx 文件（也就是 Excel 2007 及更高版本的电子表格文件）的操作。由于现在使用较多的是 xlsx 文件，这里仅对 xlsxwriter 进行简单介绍。

1. xlsxwriter 直接写入

```
import xlsxwriter

# 创建工作簿
workbook = xlsxwriter.Workbook('成绩表.xlsx')
# 创建工作表
worksheet = workbook.add_worksheet('成绩表')

# 写入数据
worksheet.write('A1','姓名')
worksheet.write('B1','得分')
worksheet.write('A2','张三')
worksheet.write('B2',86)
worksheet.write('A3','李四')
worksheet.write('B3',90)

# 保存数据，关闭工作簿
workbook.close()
```

上面的代码演示了通过 xlsxwriter 创建 xlsx 文件并写入数据的基本操作：先创建一个工作簿，即"成绩表.xlsx"文件；然后创建一个工作表；再向工作表中写入数据；最后关闭工作簿文件，同时保存文件内容。文件内容截图如图 3-5 所示。

2. 通过 pandas 和 xlsxwriter 进行写入

pandas 的 DataFrame 类提供了写数据到 xlsx 文件的接口，但是需要 xlsxwriter 作为操作引擎。下面的代码演示了 pandas 如何通过 xlsxwriter 将 DataFrame 对象写入到 xlsx 文件中。

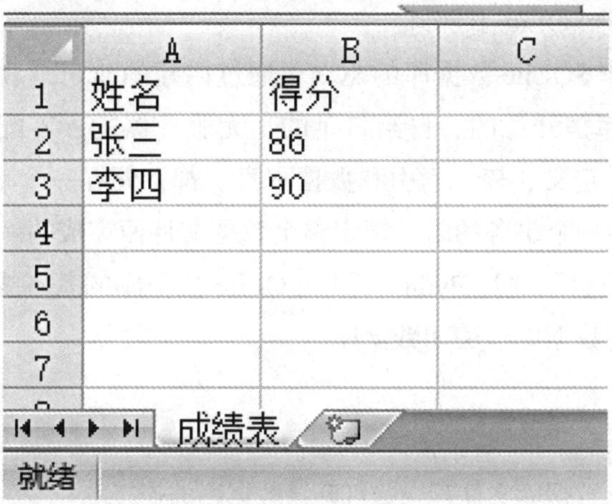

	A	B	C
1	姓名	得分	
2	张三	86	
3	李四	90	
4			
5			
6			
7			

成绩表

就绪

图 3-5　文件内容截图

```
import pandas as pd
import xlsxwriter

writer = pd.ExcelWriter('student.xlsx',engine='xlsxwriter')
student_data = pd.DataFrame({' 姓名 ':[' 张三 ',' 李四 ',' 王五 '],' 分数 ':[65,87,92]})
student_data.to_Excel(writer,sheet_name=' 学生得分 ')

writer.save()

df = pd.read_Excel('student.xlsx', sheet_name=' 学生得分 ')
print(df)
```

打开生成的 xlsx 文件，发现数据已经存储在里面。注意上面的代码中，student_data.to_Excel(writer, sheet_name=' 学生得分 ') 指定了 sheet_name。通过指定不同的 sheet_name，可以将数据写入到同一个 xlsx 文件的不同工作表中。

此外，上面的代码通过 pd.read_Excel 直接将 xlsx 文件中的内容读取到 DataFrame 对象 df 中。

可以看到，以 pandas 为桥梁，我们能简单、便捷地实现 xlsx 文件的写入与读取。由于 pandas 可以读写很多格式的文件，可以用它实现各种格式文件之间的转换。

3.2.2.5　数据库存取

Python 可以操作很多类型的数据库，这里简单介绍怎样通过 Python 操作 SQLite 和 MySQL 数据库。

1. 通过 Python 操作 SQLite 数据库

Python 内置了操作 SQLite 数据库的驱动，通过内建的 sqlite3 模块就可以操作 SQLite 数据库。SQLite 数据库是开源的、自给自足的、无服务器的、零配置的、事务性的 SQL 数据库，整个数据库（定义、表、索引和数据本身）都存储在一个单一的文件中。它的简单的设计是通过在开始一个事务的时候锁定整个数据文件而完成的。

下面的代码示例演示了通过 Python 操作 SQLite 数据库的基本操作：创建数据库、创建表、插入数据、查询数据库、关闭数据库。

```python
import sqlite3
# 如果 example.db 数据库文件存在，打开该数据库的连接
# 否则创建 example.db 数据库文件并打开连接
conn = sqlite3.connect('example.db')

# 获取 cursor 对象，通过 cursor 对象操作数据库
c = conn.cursor()

# 创建数据库表 stocks
c.execute("CREATE TABLE stocks(date text, trans text, symbol text, qty real, price real)")

# 插入数据到数据库表 stocks 中
c.execute("INSERT INTO stocks VALUES ('2020-06-02','BUY','RHAT',100,35.14)")

# 保存更改
conn.commit()

# 查询、获取数据库中的记录
ret = c.execute('SELECT * FROM stocks')
records = ret.fetchall()
print(records)
# 关闭数据库连接
conn.close()
```

先通过 conn = sqlite3.connect('example.db') 打开一个数据库连接。如果 example.db 文件存在，则直接打开，否则创建一个同名的数据库文件，打开并返回到该数据库的连接。这

里假设该文件不存在。

然后获取游标（cursor）对象 c，通过 c 可以执行操作数据库的各种 sql 语句，如创建表、插入数据、查询数据、删除数据、修改数据等。

2. 通过 Python 操作 MySQL 数据库

MySQL 数据库是开源的，广泛应用于各行各业。Python 有很多操作 MySQL 的第三方库，这里仅以 pymysql 为例介绍 Python 对 MySQL 数据库的操作。

在 Windows 中安装 pymysql 的方法：打开命令行窗口，输入下面的代码，按回车键即可。注意，在此之前，如果要在本机创建数据库，需要先安装 MySQL 数据库才行。这里假设计算机中已经安装好 MySQL 数据库软件。

```
pip install pymysql
```

和操作 SQLite 数据库一样，需要先打开一个数据库连接，代码如下：

```
import pymysql
conn = pymysql.connect(host='localhost', user='root', password=' 密码 ', db='database0', charset='utf8')
```

pymysql.connect 函数需要指定相应的参数，说明如下：
- host：数据库服务器所在的主机 ip 地址，这里 localhost 指的是本机；
- user：数据库用户；
- password：数据库用户对应的密码；
- db：数据库（已存在）；
- charset：数据库使用的编码。

除此之外，在建立连接时可以不指定 db 参数，通过创建连接后指定数据库的操作，也可以创建数据库，代码如下：

```
conn = pymysql.connect(host='localhost',user='root',password=' 密码 ',charset='utf8')
# 创建数据库
conn.query('CREATE DATABASE db_name;')
# 指定数据库
conn.select_db('db_name')
```

获取到数据库连接对象后，就可以获取对应的游标对象，代码如下：

```
cursor = conn.cursor()
```

通过 close 成员函数可以关闭数据库连接，代码如下：

```
conn.close()
```

下面通过一个完整的例子，介绍通过 pymysql 访问 MySQL 数据库的操作。

```python
import pymysql

# 连接到数据库
#conn = pymysql.connect(host='localhost',user='root',password=' 密码 ',charset='utf8')
# 获取游标对象
c = conn.cursor()

try:
    # 创建数据库
    conn.query('DROP DATABASE IF EXISTS db_name;')
    conn.query('CREATE DATABASE db_name;')

    # 指定数据库
    conn.select_db('db_name')

    # 创建表格
    c.execute("CREATE TABLE tbl_user(user_name VARCHAR(10) primary key, user_country VARCHAR(20));")

    # 插入数据
    c.execute("INSERT INTO tbl_user values (' 张三 ',' 中国 '); ")
    c.execute("INSERT INTO tbl_user values (' 李四 ',' 中国 '); ")
    c.execute("INSERT INTO tbl_user values ('James',' 英国 '); ")
    c.execute("INSERT INTO tbl_user values ('Bob',' 美国 '); ")
```

```
# 查询数据
c.execute("SELECT * FROM tbl_user;")
data_all = c.fetchall()
print(" 全部数据：",data_all)

c.execute("SELECT * FROM tbl_user WHERE user_country=' 中国 ';")
data = c.fetchall()
print(" 全部中国人：",data)

# 修改数据
c.execute("UPDATE tbl_user set user_country=' 法国 ' WHERE user_country=' 英国 '")

# 删除数据
c.execute("DELETE FROM tbl_user WHERE user_country=' 美国 '")

# 查询
c.execute("SELECT * FROM tbl_user;")
data_all = c.fetchall()
print(" 更改后，全部数据：",data_all)

# 提交对数据库的更改操作
conn.commit()
except:
    conn.rollback()
    print(" 数据库操作错误，返回！ ")
finally:
    # 关闭数据库连接
    conn.close()
```

输出结果如下：

全部数据：(('Bob',' 美国 '), ('James',' 英国 '), (' 张三 ',' 中国 '), (' 李四 ',' 中国 '))
全部中国人：((' 张三 ',' 中国 '), (' 李四 ',' 中国 '))

> 更改后，全部数据：(('James',' 法国 '),(' 张三 ',' 中国 '),(' 李四 ',' 中国 '))

下面对代码进行简单介绍。
- finally：确保程序任何情况下都会执行 finally 后面的代码块，这里用于保证程序退出前关闭数据库连接。
- commit：提交事务，让数据库真正执行之前的操作（修改操作），确保整个事务完全执行。建立数据库连接的时候设置 autocommit=True 也可以自动提交事务。
- rollback：回滚操作，保证在 try 代码块中的代码出现异常时，将数据库恢复到 try 代码块执行前的状态。

这里简单介绍了对 MySQL 数据库的基本操作。MySQL 数据库功能非常强大，还有很多功能需要读者通过阅读相关文档来进一步掌握。

3.2.3 数据清洗

数据分析任务的大量工作都是用在数据准备上的。有时候，存放在文件或数据库中的数据并不能满足数据处理的需求，此时就需要对数据进行清洗工作。

数据清洗是对数据进行重新审查和校验的过程，旨在删除重复信息、纠正错误并提高数据一致性。经过数据清洗后，得到的数据应具有统一的格式，不包含错误数据和重复数据，可以直接用于数据分析。本部分将以 pandas 库为主要工具，介绍一些常用的数据清洗方法。

3.2.3.1 数据编码问题

不管是数据库中的数据还是文本文件中的数据，在存储时都采用了一定的编码解码格式，当使用不同的编码格式来对文件或数据库内容进行读取时就会产生编码冲突，因此要通过调整编码使之一致，或使用向下兼容的编码类型。常见的编码格式有 ASCII、UTF8、GB2312、GBK 等。

由于产生数据的平台、地域等不同，从互联网上获取的数据可能有很大区别。为了能够对获取的数据进行分析，首先需要统一这些数据的编码格式，将其以相同的编码格式进行存储。

例如，从网络上收集的文本文件数据，有的是 UTF8 编码的，有的是 GBK 编码的。对这些文件的数据就需要统一编码格式。一般来说，UTF8 编码使用较为广泛，应用于各平台。网页、数据库等一般采取 UTF8 编码。将这些数据文件统一保存为 UTF8 编码格式，可方便后续的数据分析工作。下面代码演示了将 GBK 编码的文件 "data.txt" 转换为 UTF8 编码的文件 "data2.txt"。

```
# 将 GBK 编码文件转换为 UTF8 编码文件

# 打开输入文件，指定编码格式为 GBK
f_input = open('data.txt',encoding='gbk')

# 读取输入文件内容到 data 中
data = f_input.read()

# 打开输出文件 data2.txt，指定编码格式为 UTF8
f_out = open('data2.txt','w',encoding='utf8')

# 将数据 data 写入到 data2.txt 中
f_out.write(data)

# 关闭打开的文件
f_input.close()
f_out.close()
```

上面的代码介绍了转换文件编码的方法，这种方法适用于已知源文件编码的情况。对于源文件编码方式未知，或者多个文件分别有多种编码方式的时候，就需要自动识别编码格式的功能。ftfy 库可以解决这个问题。

对于任意一段未知编码格式的数据，调用 ftfy 库的 fix_text 函数就可以自动修复编码问题，代码如下：

```
from ftfy import fix_text

#data 为未知编码数据
fixed_data = fix_text(data)
```

3.2.3.2 缺失值的检测与处理

在进行数据分析时，数据缺失的情况经常发生。通过使用 pandas，Python 可以很容易处理数据缺失的问题。pandas 对象中，对于缺失的数据的表示方式不能完美应用于所有情况，但是在很多情况下很实用。对于数值类型的数据，pandas 利用浮点类型的值 NaN（Not a Number）来表示缺失的数据。Python 的内置 None 值也作为 NaN 处理。

假设有一组数据已经读取到 DataFrame 中，代码如下：

```
import pandas as pd
df = pd.DataFrame({'c1':[1,2,3,4,5],
            'c2':[11,None,None,14,15],
            'c3':[21,22,None,24,25]})
print(df)
```

输出结果如下：

	c1	c2	c3
0	1	11.0	21.0
1	2	NaN	22.0
2	3	NaN	NaN
3	4	14.0	24.0
4	5	15.0	25.0

可以看出，Python 中的 None 在 pandas 中确实被表示为 NaN，通过 DataFrame 对象的 isnull() 成员函数可以进行检测，代码如下：

```
df.isnull()
```

输出结果如下：

	c1	c2	c3
0	False	False	False
1	False	True	False
2	False	True	True
3	False	False	False
4	False	False	False

通过 df.isnull().sum() 可以得到行或列的缺失值汇总。对于缺失值的处理方法一般是填充和删除。如果当前列缺失值不多，可以通过多种方法对缺失值进行填充，下面通过代码示例介绍几种常用方法。

1. 使用指定值填充缺失值

```
df.fillna(df.mean())
```

输出结果如下:

	c1	c2	c3
0	1	11.000000	21.0
1	2	13.333333	22.0
2	3	13.333333	23.0
3	4	14.000000	24.0
4	5	15.000000	25.0

上面的代码先通过 df.mean() 函数计算 df 数据的每列的平均值,然后通过 df.fillna() 函数用该平均值填充对应列的缺失值。

2. 根据周围值来填充缺失值

```
df.fillna(method='bfill',limit=1)
```

上面的代码使用缺失值后面的数据填充缺失值,通过 limit 指定当一列中有多个缺失值时,只填充最近的一个缺失值。输出结果如下:

	c1	c2	c3
0	1	11.0	21.0
1	2	NaN	22.0
2	3	14.0	24.0
3	4	14.0	24.0
4	5	15.0	25.0

c2 列中两个连续缺失值只填充了后面一个,c3 列中的一个缺失值被填充。

3. 使用专门的插值方法进行插值

```
df.interpolate(method='polynomial',order=2)
```

输出结果如下：

	c1	c2	c3
0	1	11.0	21.0
1	2	12.0	22.0
2	3	13.0	23.0
3	4	14.0	24.0
4	5	15.0	25.0

上面的代码通过二次多项式插值。除此之外，pandas 提供了很多其他插值法，感兴趣的读者可以查看 pandas 官方文档。

上面介绍了填充缺失值的方法，当缺失值较多的时候，如果这些包含缺失值的记录不是很重要，也可以选择删除这些记录。DataFrame 对象的 dropna() 成员函数可以实现删除缺失值记录功能。

```
df.dropna()
```

输出结果如下：

	c1	c2	c3
0	1	11.0	21.0
3	4	14.0	24.0
4	5	15.0	25.0

上面的代码通过 dropna() 函数，删除了 df 中包含缺失值的记录（行）。

3.2.3.3 异常值的处理

异常值的范围比较广，一般来说数据格式不一致、数据超出范围等都属于异常值。异常值主要根据一些生活和业务的常识来界定，代码如下：

```
import pandas as pd

data = pd.DataFrame({
    'Name':['stu1','stu2','stu3'],
    'Age':[12,-13,114]
```

})

data.query("Age>=0 and Age<=100")
```

输出结果如下:

|   | Name | Age |
|---|------|-----|
| 0 | stu1 | 12  |

上面的代码通过对年龄 Age 设置合理区间来筛选数据。

有时候,变量之间互相矛盾的数据也被视为异常值,代码如下:

```
import pandas as pd

data = pd.DataFrame({
    '年龄':[16,17,20,21,22],
    '类别':['未成年','未成年','成年','成年','未成年']
})
print(data)
```

输出结果如下:

	年龄	类别
0	16	未成年
1	17	未成年
2	20	成年
3	21	成年
4	22	未成年

上面的代码创建了一个 DataFrame 对象,存储了关于年龄段的信息。该 data 对象中的数据逻辑存在矛盾(假设 18 岁以上为"成年")。可以通过筛选得到不矛盾的数据集,代码如下:

```
data.query("( 年龄 >=18 and 类别 ==' 成年 ') or ( 年龄 <18 and 类别 ==' 未成年 ')")
```
```

输出结果如下：

	年龄	类别
0	16	未成年
1	17	未成年
2	20	成年
3	21	成年

异常值的检测方法有很多种，具体的方法取决于数据集的特点和需要分析的问题。除使用统计方法检测异常值外，还可以通过可视化数据的方式辅助观察异常值。通过绘制图表，可以大致了解数据分布的情况，从而判断是否存在异常值。在本书的数据可视化部分，将详细介绍如何使用各种图形和可视化工具来展示和分析数据。

3.2.3.4 重复值的处理

有时数据中存在着很多重复信息，有些情况下这些重复的信息对数据分析没有实际意义，反而增加了数据量，在进行分析前可以将这些重复信息删除。

下面的代码构建了一个包含重复数据的 DataFrame 对象。

```python
import pandas as pd

data = pd.DataFrame({
    'k1':['one','two']*3+['two'],
    'k2':[1,1,2,3,3,4,4]
})
print(data)
```

输出结果如下：

```
    k1  k2
0  one   1
1  two   1
2  one   2
3  two   3
4  one   3
5  two   4
```

6 two 4

可以使用 data.duplicated() 函数检测重复数据，代码如下：

data.duplicated()

输出结果如下：

```
0    False
1    False
2    False
3    False
4    False
5    False
6     True
dtype: bool
```

调用 data.drop_duplicates() 函数即可删除重复数据记录，代码如下：

data.drop_duplicates()

输出结果如下：

```
    k1  k2
0  one   1
1  two   1
2  one   2
3  two   3
4  one   3
5  two   4
```

注意，上面的代码输出的是返回 data 删除掉重复记录后的结果，但是 data 对象里面的重复数据并没有删除。drop_duplicates() 的 inplace 参数默认为 False，将其指定为 True 的时候，就会在原来的数据上进行删除，否则只是返回删除重复值之后的结果。

3.2.4 数据转换与分组

在数据分析中,数据转换是为了提高数据质量和可用性而对原始数据进行处理的过程,而数据分组则是将数据按照某种标准进行分类划分的过程,以便更好地理解和分析数据。两者在数据分析中起着重要的作用,帮助人们从数据中获取有意义的信息和洞察。

3.2.4.1 数据转换

分析数据时,获取的数据可能不能满足要求,需要对原始数据进行一定的转换,将其统一到一个目标数据库中。例如,一份原始数据记录了某公司员工的出生年份,代码如下:

```
import pandas as pd

data = pd.DataFrame({
    '编号':[1,2,3,4,5,6],
    '出生年份':[1970,1972,1980,1988,1983,1992]
})
```

现在需要分析员工的年龄分布情况,那么就需要先将员工的出生年份转换为年龄,代码如下:

```
current_year = 2020
data['年龄'] = data['出生年份'].map(lambda x:current_year-x)
print(data)
```

输出结果如下:

	编号	出生年份	年龄
0	1	1970	50
1	2	1972	48
2	3	1980	40
3	4	1988	32
4	5	1983	37
5	6	1992	28

上面的代码给 data 添加了新的一列数据："年龄"。通过 map 将 data 的"出生年份"都转换为了"年龄"记录。map 中的参数是一个 lambda 表达式，即一个匿名的函数对象。

上面的例子只是介绍了一种简单的数据转换。在实际数据处理中，要根据数据分析任务和原始数据进行转换，转换的种类很多，比如数据类型转换、数据特征值归一化等。

3.2.4.2 数据分组

仍然使用前面的关于员工年龄的例子，代码如下：

```
import pandas as pd

# 构建数据对象
data = pd.DataFrame({
    '编号':[1,2,3,4,5,6,7,8,9,10],
'出生年份':[1970,1972,1980,1988,1983,1992,1993,1988,1999,1975],
'性别':['男','女','男','男','男','女','女','男','男','女']
    })

# 数据转换，添加年龄列
current_year = 2020
data['年龄'] = data['出生年份'].map(lambda x:current_year-x)
```

上面的代码添加了"性别"，增加了几个记录，然后将出生年份转换为了年龄。假设现在要分别分析男、女员工的年龄分布情况，那么就需要对原始数据进行分组。pandas 的 DataFrame 对象提供了分组的功能，代码如下：

```
grouped_data = data.groupby('性别')
```

上面的代码将 data 按"性别"进行分组，并返回一个分组对象。假设需要了解男、女员工的平均年龄，可以使用如下代码：

```
mean_age = grouped_data['年龄'].mean()
print(mean_age)
```

输出结果如下：

```
性别
```

女	37.000000
男	35.333333

Name: 年龄 , dtype: float64

上面的例子介绍了一种简单的分组方法，通过给 groupby() 函数指定分组键进行分组。实际使用中可能需要对数据按多种属性进行分组。这种情况可以通过指定分组键为一个数组，该数组包含了分组需要的属性。

3.3 数据分析方法

数据分析方法主要包括描述统计量分析、可视化分析和统计推断等。其中，描述统计量分析是通过计算平均值、中位数、标准差等指标来描述数据的集中和离散趋势；可视化分析则是将数据以图表、图像等形式呈现，帮助我们更好地理解数据分布和关系；统计推断则是基于样本数据推断总体特征，如假设检验和方差分析等方法。此外，机器学习也是一种重要的数据分析方法，包括监督学习、无监督学习等不同类型。通过这些方法，我们可以更好地探索和理解数据，为后续的数据分析和决策提供有力支持。

3.3.1 探索性数据分析

探索性数据分析包括描述统计量分析和可视化分析，描述统计量分析通过计算和总结数据的基本特征（如平均值、标准差等）来揭示数据的中心趋势和离散程度，而可视化分析则通过图表和图形展示数据的分布、关系和变化，帮助我们更直观地理解数据的结构和模式。这两种方法相辅相成，共同为我们提供全面的数据洞察力，为后续的统计推断和机器学习建模打下坚实的基础。

3.3.1.1 描述统计量分析

描述统计量分析是一种数据分析方法，用于对数据的基本特征进行计算和总结，以帮助我们了解数据的中心趋势、离散程度和分布情况。常见的描述统计量包括以下几个：

（1）平均值（Average）：表示数据的平均水平，通过将所有观测值相加然后除以观测值的数量来计算得出。

（2）中位数（Median）：表示数据的中间值，将数据按大小排序后，位于中间位置的观测值即为中位数。

（3）众数（Mode）：表示数据中出现频次最高的值，可能存在多个众数或没有众数。

（4）方差（Variance）：表示数据的离散程度，计算观测值和其均值之差的平方的平均值。

（5）标准差（Standard Deviation）：是方差的平方根，用于衡量数据的离散程度，标准差越大，表示数据的波动性越大。

（6）百分位数（Percentile）：表示在数据中某个特定百分比所处的位置，例如第75百分位数表示有25%的观测值小于或等于它，而75%的观测值大于它。

描述统计量分析能够对数据的基本特征进行概括和理解，为后续的数据解释、比较和推断提供重要参考。

以下是一个用Python实现描述统计量分析的示例代码：

```python
import numpy as np
# 生成一组示例数据
data = np.random.normal(loc=10, scale=2, size=100)
# 计算平均值
mean = np.mean(data)
# 计算中位数
median = np.median(data)
# 计算直方图
hist, bins = np.histogram(data, bins=4)
# 找到众数所在的索引
mode_index = np.argmax(hist)
# 计算众数
mode = bins[mode_index]
# 计算方差
variance = np.var(data)
# 计算标准差
std_deviation = np.std(data)
# 计算第25、50、75百分位数
percentiles = np.percentile(data, [25, 50, 75])
print("平均值：", mean)
print("中位数：", median)
print("众数：", mode)
print("方差：", variance)
print("标准差：", std_deviation)
```

```
print("第 25、50、75 百分位数：", percentiles)
```

这段代码利用 NumPy 库生成了一组随机数据，然后使用 NumPy 提供的函数进行描述统计量分析。代码运行结果如下所示：

```
平均值：9.794575406949429
中位数：9.97913757558161
众数：9.757559163275083
方差：4.42347815307282
标准差：2.1032066358474673
第 25、50、75 百分位数：[ 8.35181743  9.97913758  11.0854196 ]
```

通过计算平均值、中位数、众数、方差、标准差和百分位数，我们可以得到对数据的基本特征进行量化和总结的结果。注意，在运行前请确保已安装了 NumPy 库。当然，除上述描述统计量以外，pandas 库还提供了一系列用于描述统计量分析的函数，可以满足更为复杂的需求。常用的描述统计量分析函数如表 3.2 所示。

表 3.2 常用的描述统计量分析函数

函数	说明
count	计算非缺失值的数量
sum	计算数值的总和
min	计算最小值
max	计算最大值
quantile	计算分位数
describe	计算多个描述统计量

以下是一个示例代码，演示如何使用这些函数进行描述统计量分析。

```
import pandas as pd
# 读取数据集
data = pd.read_csv('product_reviews.csv')
# 获取评分列的数据
ratings = data['rating']
# 计算缺失值的数量
missing_count = ratings.isnull().sum()
```

```python
# 计算非缺失值的数量
non_missing_count = ratings.count()
# 计算数值的总和
total_sum = ratings.sum()
# 计算最小值
min_rating = ratings.min()
# 计算最大值
max_rating = ratings.max()
# 计算第 25% 分位数
q1_rating = ratings.quantile(0.25)
# 计算第 50% 分位数
q2_rating = ratings.median()
# 计算第 75% 分位数
q3_rating = ratings.quantile(0.75)
# 使用 describe 函数计算多个描述统计量
stats = ratings.describe()
# 输出结果
print(" 缺失值数量：", missing_count)
print(" 非缺失值数量：", non_missing_count)
print(" 总和：", total_sum)
print(" 最小值：", min_rating)
print(" 最大值：", max_rating)
print("25% 分位数：", q1_rating)
print("50% 分位数：", q2_rating)
print("75% 分位数：", q3_rating)
print(" 多个描述统计量：")
print(stats)
```

通过这些函数，我们可以计算数据的缺失值数量、总和、最小值、最大值、分位数等描述统计量。此外，我们还可以使用 describe 函数计算多个描述统计量，具体可以根据需求选择不同的函数进行分析。

以下是一个关于学生图书借阅统计分析的例子：

```python
import pandas as pd
```

```
import matplotlib.pyplot as plt
# 读取借阅图书记录数据集
data = pd.read_csv('library_records.csv')
# 计算每个学生借阅的图书数量
borrowed_books = data.groupby('student_id')['book_id'].count()
# 计算借阅数量的统计量
borrow_stats = borrowed_books.describe()
# 绘制借阅数量的直方图
borrowed_books.hist()
# 显示图形
plt.show()
```

3.3.1.2 可视化分析

可视化分析是指使用图表、图形和其他可视化技术来解释和理解数据的过程。它将数据转化为可视形式，通过直观的视觉呈现，帮助人们更好地理解数据的模式、关联性和趋势。可视化分析不仅使数据更易于理解，还能帮助人们提取隐藏在数据中的信息、发现新的见解，并支持决策制定和问题解决。可视化分析通过图表、图形等视觉元素展示数据的属性和关系，从而使人们能够更深入地洞察数据。这些视觉工具包括线图、散点图、柱状图、饼图、地图、热力图，等等。通过调整图表的颜色、形状、大小、排列等参数，可视化分析可以突出显示数据之间的差异和相似性，揭示数据背后的规律和趋势。

由此可知，可视化分析在数据理解、见解发现、决策支持以及团队协作方面具有重要的作用。它帮助人们更好地理解数据，发现数据中的潜在信息，并将数据的见解传达给他人，从而推动数据驱动的决策和业务发展。由于在第 4 章会详细介绍数据可视化，所以本节将不做过多讲解。

3.3.2 统计推断

统计推断是数据分析的重要分支，旨在从样本数据中推断出总体特征的情况。其中，假设检验和方差分析是统计推断中常用的两种方法。它们可以帮助人们从样本数据中推断出有关总体特征的情况，并验证某些条件的真实性或可靠性。它们在许多领域中都是非常有用和重要的工具，可以帮助人们做出更准确和可信的决策。接下来从假设检验和方差分析两方面来进行统计推断的具体讲解。

3.3.2.1 假设检验

假设检验是一种重要的统计方法，用于确定一个关于总体参数的假设可以被接受还是被拒绝。它可以帮助人们评估观察结果是否与零假设（H0）相符，或者是否需要拒绝该假设。零假设是指某个总体参数的值等于一个特定的值，或者两个组之间不存在显著差异等。假设检验可以应用于多种领域，如医疗、金融、工程等。

在进行假设检验时，通常需要遵循以下步骤。

1. 建立零假设和备择假设

首先明确研究问题，并建立零假设和备择假设（H1 或 Ha）。零假设是对研究问题的一种假设，我们希望通过数据来接受或拒绝它。备择假设则是与零假设相反的一个假设，通常是我们希望得到支持的结论。

2. 选择合适的检验方法

应根据数据类型和问题的特点选择合适的假设检验方法。常见的假设检验方法有 t 检验、方差分析、卡方检验、相关性检验等。不同的检验方法适用于不同的情况和数据类型。

3. 确定显著性水平

在进行假设检验之前，需要确定显著性水平（α），通常选择 0.05 或 0.01 作为显著性水平。显著性水平表示当零假设成立时，我们允许出现的错误接受备择假设的概率。一般情况下，显著性水平设置得越小，则要求获得越强的证据才能拒绝零假设。

4. 收集和整理数据

根据所研究的问题，收集并整理与问题相关的数据。确保数据的质量和可靠性，并进行数据清洗、缺失值处理等预处理工作。

5. 计算统计量

根据所选的检验方法，计算出对应的统计量。统计量的计算方式与具体的检验方法有关，可以使用统计软件或编程语言来实现。

6. 确定拒绝域和计算 P 值

在确定显著性水平的基础上，可以根据计算得到的统计量确定拒绝域。拒绝域是指在零假设成立的情况下，统计量落在该区域内的概率较小，从而拒绝零假设。同时，也可以计算出 P 值，即在零假设成立的情况下观察到的统计量，或更极端情况出现的概率。

7. 做出决策

通过比较 P 值与显著性水平，或将计算得到的统计量与拒绝域进行比较，做出接受还是拒绝零假设的决策。如果 P 值小于显著性水平，或者计算得到的统计量落在拒绝域内，则拒绝零假设，接受备择假设；如果 P 值大于显著性水平，或者计算得到的统计量未落在拒绝域内，则无法拒绝零假设。

8. 进行结果解释和报告

根据假设检验的结果，进行结果解释和报告。清晰地描述研究问题、零假设、备择假设、选用的检验方法、显著性水平、样本数据及其分析结果等，以便其他人能够理解和复现分析过程。

需要注意的是，在进行假设检验时，除具体的步骤外，还应该注意数据的合理性、样本大小的选择、假设前提的满足性等因素，以确保分析结果的可靠性和准确性。

以下是一个用 Python 执行假设检验的案例：

```python
import numpy as np
from scipy.stats import ttest_ind
# 假设我们有两组文章的关键词使用频率数据
group1_keywords = [10, 12, 9, 11, 13]  # 第一组文章的关键词使用频率
group2_keywords = [8, 9, 11, 10, 12]   # 第二组文章的关键词使用频率
# 执行独立样本 t 检验
t_statistic, p_value = ttest_ind(group1_keywords, group2_keywords)
# 输出结果
print(" 独立样本 t 检验结果：")
print("t 统计量： ", t_statistic)
print("p 值： ", p_value)
# 解释结果
if p_value < 0.05:
    print(" 在显著性水平为 0.05 下，拒绝零假设，即两组文章在该关键词使用频率上存在差异。")
else:
    print(" 在显著性水平为 0.05 下，无法拒绝零假设，即两组文章在该关键词使用频率上没有显著差异。")
```

这个例子中，我们使用了 numpy 和 scipy.stats 库进行假设检验。首先，我们分别给出两组文章的关键词使用频率数据。其次，使用 ttest_ind() 函数执行独立样本 t 检验，得到了 t 统计量和 P 值。最后，根据 P 值与显著性水平的比较，判断是否拒绝零假设，并解释结果。

需要注意的是，这只是一个示例，实际应用中可以根据具体需求调整代码和数据处理方式。同时，还可以通过绘制图表、计算效应大小等方法进一步分析和解释结果。

接下来我们再举例说明假设检验。以下是一个简单的 Python 程序，可以生成一个随机的医疗数据集，呈现其前 20 条记录，并将随机生成的医疗数据集保存到 CSV 文件中。

```python
import random
```

```python
import pandas as pd

# 生成一些假的数据
genders = ["Male", "Female"]
diagnoses = ["Heart Disease", "Cancer", "Diabetes", "Flu", "Common Cold"]
ages = [random.randint(18, 80) for i in range(100)]
weights = [random.normalvariate(65, 10) for i in range(100)]
heights = [random.normalvariate(1.7, 0.1) for i in range(100)]
blood_pressures = [random.normalvariate(120, 10) for i in range(100)]
cholesterol_levels = [random.normalvariate(180, 20) for i in range(100)]
glucose_levels = [random.normalvariate(5, 1) for i in range(100)]
diagnoses = [random.choice(diagnoses) for i in range(100)]
genders = [random.choice(genders) for i in range(100)]

# 将数据转换成 DataFrame 对象
data = pd.DataFrame({
    "gender": genders,
    "age": ages,
    "weight": weights,
    "height": heights,
    "blood_pressure": blood_pressures,
    "cholesterol": cholesterol_levels,
    "glucose": glucose_levels,
    "diagnosis": diagnoses
})

# 查看前 20 条记录
print(data.head(20))
# 将数据保存到 CSV 文件
data.to_csv("medical_data.csv", index=False)
```

接下来展示了如何使用 Python 来处理和分析医疗数据：

```python
import pandas as pd
```

```python
import matplotlib.pyplot as plt

# 读取医疗数据集
data = pd.read_csv("medical_data.csv")
# 查看数据集的前几行
print(" 医疗数据集头部：")
print(data.head())
# 统计每个诊断类别的样本数量
class_counts = data["diagnosis"].value_counts()
print("\n 每个诊断类别的样本数量：")
print(class_counts)
# 可视化各类别样本数量
plt.figure(figsize=(8, 6))
class_counts.plot(kind="bar")
plt.title(" 医疗数据集中各诊断类别的样本数量 ")
plt.xlabel(" 诊断类别 ")
plt.ylabel(" 样本数量 ")
plt.show()
# 计算年龄的统计指标
age_stats = data["age"].describe()
print("\n 年龄的统计指标：")
print(age_stats)
# 绘制年龄分布直方图
plt.figure(figsize=(8, 6))
data["age"].plot(kind="hist", bins=20)
plt.title(" 医疗数据集中年龄的分布 ")
plt.xlabel(" 年龄 ")
plt.ylabel(" 样本数量 ")
plt.show()
# 计算男性和女性的平均体重
mean_weight_male = data.loc[data["gender"] == "Male", "weight"].mean()
mean_weight_female = data.loc[data["gender"] == "Female", "weight"].mean()
print("\n 男性平均体重：", mean_weight_male)
print(" 女性平均体重：", mean_weight_female)
```

在这个例子中，首先使用 pandas 库的 read_csv 函数读取数据集，并使用 head 方法查看数据集的前几行。其次，使用 value_counts 方法统计每个诊断类别的样本数量，并使用条形图可视化各类别样本数量。再次，使用 describe 方法计算年龄的统计指标，并使用直方图展示年龄分布情况。最后，根据性别对体重进行筛选和计算平均值。需要注意的是，真实的医疗数据可能包含更多的特征和复杂性。在进行医疗数据分析时，应根据具体问题和数据类型选择合适的分析方法和工具，例如特征工程、异常值检测、相关性分析等。此外，由于医疗数据的隐私性等因素，必须确保遵守相关法律法规和保护措施，确保数据的安全。

3.3.2.2 方差分析

方差分析是一种统计方法，用于比较两个或多个组之间的均值是否有显著性差异。这种技术可以检验一个因变量在一个或多个分类变量上的均值差异是否显著，其中这个分类变量可以是任何类型的，例如性别、年龄、种类等。通过将组内变异和组间变异进行比较，方差分析可以判断它们之间是否存在显著差异。方差分析被广泛应用于实验设计和调查研究，是一种在数据分析中非常重要的统计方法。

方差分析可以用于比较多个组之间的均值差异，确定不同因素对观测变量的影响程度，解释不同因素之间的相互作用效应，并为决策提供可靠的依据。这种分析方法可以帮助我们深入了解数据背后的差异和关系，从而进行更准确的数据分析和推断，为决策制定提供科学依据。无论是在实验设计、医学研究还是工业品质管理等领域，方差分析都扮演着重要而不可或缺的角色。

接下来将用具体案例来说明方差分析。

下面给出一个用 Python 实现方差分析的案例。本例使用 scipy 库中的 stats 模块来进行数据分析。

假设我们有一个实验数据集，其中含有 3 个不同处理组的数据。我们的研究问题是：这 3 个处理组之间的均值是否有显著差异。

首先，读入数据并进行简单的描述性统计分析：

```
import pandas as pd
from scipy import stats

# 读入数据
data = pd.read_csv('data.csv')
# 描述性统计
print(data.describe())
```

输出结果如下:

```
        Group1      Group2      Group3
count   30.000000   30.000000   30.000000
mean    37.366667   48.466667   44.566667
std     14.360209   13.166684   11.050308
min     12.000000   22.000000   25.000000
25%     27.250000   39.250000   36.250000
50%     38.000000   50.500000   46.500000
75%     47.750000   58.750000   51.750000
max     63.000000   77.000000   68.000000
```

可以看到,三个处理组的均值和标准差存在一定差异。接下来,我们需要进行方差分析,来判断这些差异是否显著。

```python
# 进行方差分析
fvalue, pvalue = stats.f_oneway(data['Group1'], data['Group2'], data['Group3'])
print('F 值为:', fvalue)
print('P 值为:', pvalue)
```

输出结果如下:

```
F值为: 27.00247151243953
P值为: 4.433616710658685e-09
```

可以看到,F 值约为 27.00,P 值远小于 0.05 的显著性水平,表明三个处理组之间的均值存在显著差异。因此,我们可以进一步进行 Tukey 多重比较或交互作用分析等后续分析,来深入了解这些差异的来源和原因。通过 Python 实现方差分析可以快速、准确地对数据进行分析,并为决策提供科学依据。以下是完整的 Python 代码。

首先用以下代码生成 data.csv 数据:

```python
import pandas as pd
# 生成示例数据
data = {
    'Group1': [12, 34, 45, 23, 56],
```

```
    'Group2': [22, 44, 33, 55, 66],
    'Group3': [25, 38, 52, 41, 29]
}

# 创建 DataFrame 对象
df = pd.DataFrame(data)

# 保存数据为 CSV 文件
df.to_csv('data.csv', index=False)

print("data.csv 文件已生成 ")
```

接着用以下代码进行方差分析：

```
import pandas as pd
from scipy import stats

# 读入数据
data = pd.read_csv('data.csv')

# 描述性统计
print(data.describe())

# 进行方差分析
fvalue, pvalue = stats.f_oneway(data['Group1'], data['Group2'], data['Group3'])

print('F 值为：', fvalue)
print('P 值为：', pvalue)
```

3.3.3 机器学习

机器学习在数据分析中的重要性不言而喻。数据分析是一个涵盖多领域的学科，它涉及对大量复杂数据的处理和解释。而机器学习作为人工智能的一个关键分支，为数据分析提供了一种自动化的方法来发现这些数据中的模式、关系和趋势。

机器学习利用大规模数据集中的隐藏信息，为企业和组织提供更明智的决策和战略规划。它的基本概念是通过训练算法让计算机系统从经验中进行学习，以改善性能。机器学习算法构建数学模型，使用统计技术分析数据，并根据数据中的规律制定预测或决策。

机器学习的类型不仅包括监督学习和无监督学习，还有其他类型的机器学习方法，如强化学习、半监督学习和深度学习等，这些方法在不同的数据分析任务中发挥着重要作用。机器学习的发展和创新不断推动着数据分析的进步，为我们提供了更高效、准确和智能的数据处理和决策支持工具。接下来从监督学习和无监督学习两个方面对机器学习的数据分析进行讲解。

3.3.3.1 监督学习

监督学习作为机器学习的一个主要分支，旨在通过建立输入特征和目标输出之间的关系模型来进行预测。这种方法被广泛应用于销售预测、客户分类、风险评估等方面。监督学习的基本思想是根据已知输出来推断输入与输出之间的映射关系，从而使模型能够对未知数据进行准确的预测。

在基于监督学习的数据分析中，首先需要准备一个带有标签的训练数据集。这个数据集由输入特征和与之对应的目标输出组成。输入特征是数据的属性或特性，例如房屋的面积、价格的历史数据等；目标输出是我们希望预测或分类的结果，如房屋的实际售价、商品的类别等。

常见的基于监督学习的数据分析算法包括线性回归、逻辑回归、决策树、支持向量机和神经网络等。

（1）线性回归是一种用于预测连续值的算法，它通过在输入特征和目标输出之间建立线性关系的模型来进行预测。例如，可以使用线性回归来预测房屋价格。

（2）逻辑回归是一种用于分类问题的算法，它将输入特征映射为概率，并根据设定的阈值进行分类。例如，可以使用逻辑回归来进行垃圾邮件分类。

（3）决策树是一种基于树状结构的分类和回归算法，它通过一系列的判断条件将数据集分成不同的类别或预测值。决策树易于理解和解释，并且能够处理非线性关系。

（4）支持向量机是一种用于分类和回归问题的算法，它通过在输入特征空间中找到一个最优超平面来实现分类或预测。支持向量机对于高维数据和非线性关系具有较好的适应性。

（5）神经网络是一种模拟人脑神经元运作的算法，它由多个神经元和层级组成，并通过学习权重和连接来建立输入和输出之间的复杂关系。神经网络在处理大规模数据和复杂问题时表现优秀。

下面是一个用 Python 实现线性回归分析的示例代码：

```python
import numpy as np
import pandas as pd
import matplotlib.pyplot as plt
from sklearn.linear_model import LinearRegression
from sklearn.model_selection import train_test_split
from sklearn.metrics import mean_squared_error

# 创建一个包含学习时间和成绩的数据集
data = {'学习时间': [20, 15, 25, 30, 18, 22, 28, 17, 35, 27],
        '成绩': [60, 50, 70, 80, 55, 68, 75, 52, 90, 72]}
df = pd.DataFrame(data)

# 提取特征和标签
X = df[['学习时间']]
y = df['成绩']

# 划分训练集和测试集
X_train, X_test, y_train, y_test = train_test_split(X, y, test_size=0.2, random_state=42)

# 创建线性回归模型并进行训练
model = LinearRegression()
model.fit(X_train, y_train)

# 进行预测
y_pred = model.predict(X_test)

# 计算均方误差(MSE)
mse = mean_squared_error(y_test, y_pred)
print('均方误差(MSE):', mse)

# 可视化结果
plt.scatter(X_train, y_train, color='b', label='实际值')
plt.plot(X_test, y_pred, color='r', label='预测值')
plt.xlabel('学习时间')
```

```
plt.ylabel(' 成绩 ')
plt.title(' 学习时间与成绩之间的线性回归关系 ')
plt.legend()
plt.show()
```

在这个案例中,我们创建了一个包含学习时间和成绩的数据集,并将其分为训练集和测试集。然后,我们使用 LinearRegression 模型进行训练,并使用训练好的模型进行预测。最后,我们计算了均方误差并可视化了结果,以展示学习时间与成绩之间的线性回归关系。

请注意,这只是一个简单的示例,实际上,在真实场景中,可能需要更复杂的特征工程和模型调优等步骤来提高模型的性能和泛化能力。

下面是一个用 Python 实现逻辑回归分析的示例代码:

```
import numpy as np
import pandas as pd
import matplotlib.pyplot as plt
from sklearn.linear_model import LogisticRegression
from sklearn.model_selection import train_test_split
from sklearn.metrics import accuracy_score

# 创建一个包含学习时间、成绩和是否通过考试的数据集
data = {' 学习时间 ': [20, 15, 25, 30, 18, 22, 28, 17, 35, 27],
        ' 成绩 ': [60, 50, 70, 80, 55, 68, 75, 52, 90, 72],
        ' 是否通过考试 ': [0, 0, 1, 1, 0, 1, 1, 0, 1, 1]}
df = pd.DataFrame(data)

# 提取特征和标签
X = df[[' 学习时间 ', ' 成绩 ']]
y = df[' 是否通过考试 ']

# 划分训练集和测试集
X_train, X_test, y_train, y_test = train_test_split(X, y, test_size=0.2, random_state=42)

# 创建逻辑回归模型并进行训练
model = LogisticRegression()
```

```
model.fit(X_train, y_train)

# 进行预测
y_pred = model.predict(X_test)

# 计算准确率
accuracy = accuracy_score(y_test, y_pred)
print(' 准确率 :', accuracy)

# 可视化结果
plt.scatter(X_train[' 学习时间 '], X_train[' 成绩 '], c=y_train, cmap='viridis', label=' 实际值 ')
plt.xlabel(' 学习时间 ')
plt.ylabel(' 成绩 ')
plt.title(' 学习时间和成绩对是否通过考试的影响 ')
plt.legend()
plt.show()
```

在这个案例中,我们创建了一个包含学习时间、成绩和是否通过考试的数据集,并将其分为训练集和测试集。然后,我们使用 LogisticRegression 模型进行训练,并使用训练好的模型进行预测。最后,我们计算了准确率并可视化了结果,以展示学习时间和成绩对是否通过考试的影响。

需要注意的是,这只是一个简单的示例,实际上,在真实场景中,可能需要更多的特征工程和模型调优等步骤来提高模型的性能和准确性。同时,逻辑回归还可以输出类别概率,可以通过 predict_proba 方法获取每个样本被分类为不同类别的概率。

下面是一个用 Python 实现决策树分析的示例代码:

```
import numpy as np
import pandas as pd
from sklearn.tree import DecisionTreeClassifier, plot_tree

# 创建一个包含食材种类、价格、口感和是否购买的数据集
data = {' 食材种类 ': [' 蔬菜 ',' 蔬菜 ',' 肉类 ',' 肉类 ',' 水果 ',' 水果 ',' 海鲜 ',' 海鲜 '],
    ' 价格 ': [' 便宜 ',' 中等 ',' 中等 ',' 贵 ',' 中等 ',' 贵 ',' 中等 ',' 贵 '],
    ' 口感 ': [' 清淡 ',' 清淡 ',' 浓重 ',' 浓重 ',' 甜 ',' 酸甜 ',' 清淡 ',' 浓重 '],
```

```
              '是否购买':['是','否','是','否','否','否','是','否']}
df = pd.DataFrame(data)

# 将文本数据转换成数字，以便使用决策树模型
df = pd.get_dummies(df, columns=['食材种类','价格','口感'])

# 提取特征和标签
X = df.drop('是否购买', axis=1)
y = df['是否购买']

# 创建决策树模型并进行训练
model = DecisionTreeClassifier()
model.fit(X, y)

# 可视化结果
plot_tree(model, feature_names=X.columns, class_names=['否','是'], filled=True)
```

在这个案例中，我们创建了一个包含食材种类、价格、口感和是否购买的数据集。然后，我们使用 get_dummies 方法将文本数据转换为数字，并提取特征和标签。接下来，我们使用 DecisionTreeClassifier 模型进行训练，并可视化决策树结果，以帮助餐厅选购食材。

需要注意的是，这只是一个简单的示例，实际上，在真实场景中，可能需要更复杂的特征工程和模型调优等步骤来提高模型的性能和泛化能力。同时，决策树还可以输出特征的重要性，可以通过 feature_importances 属性查看每个特征的重要性程度。

3.3.3.2 无监督学习

无监督学习在数据分析中也扮演着重要的角色。与监督学习不同，无监督学习不依赖于预先标记的数据，而是利用未标记的数据来发现隐藏的模式和关系。聚类算法是无监督学习中常用的方法之一，它可以将相似的数据点分组到一个集群中，从而使我们能够了解数据的结构和分类。另一个常见的无监督学习方法是降维，它可以将高维数据转化为较低维度的表示，以便更好地可视化和理解数据。

无监督学习适用于数据分析中的聚类、降维和异常检测等任务。下面介绍 3 个常见的无监督学习方法及其在数据分析中的应用。

1. 聚类（Clustering）

聚类算法将相似的样本归为一类，目标是将数据集划分为具有相似特征的群组。常见的聚类算法包括 K 均值聚类、层次聚类和 DBSCAN 等。在数据分析中，聚类算法可以帮

助我们发现数据中的隐藏模式、发现群组关系以及进行用户分割等。例如，通过对顾客购物历史数据进行聚类，可以识别出不同类型的消费者群体，为市场定位和个性化营销提供支持。

2. 降维（Dimension Reduction）

降维算法可以将高维数据转换为低维表示，同时保留数据的重要信息。常见的降维方法包括主成分分析（PCA）和 t-SNE 等。在数据分析中，降维算法可以帮助我们理解数据的内在结构和关联性，简化数据集、可视化高维数据以及提高后续建模的效果。例如，在图像处理领域，可以使用 PCA 将高维图像特征转换为低维表示，以便进行图像分类或检索。

3. 异常检测（Anomaly Detection）

异常检测算法旨在识别与大多数样本不同的异常样本。常见的异常检测方法包括基于统计分布的方法、基于聚类的方法和孤立森林等。在数据分析中，异常检测可以帮助我们发现数据中的异常值、异常行为或潜在问题。例如，在网络安全领域，可以使用异常检测来识别网络攻击行为或异常访问模式。

基于无监督学习的数据分析通常涉及以下步骤。

1. 数据预处理

首先，对原始数据进行必要的清洗和预处理，包括处理缺失值、异常值和重复值，进行特征选择或变换，以及对数据进行标准化或归一化等操作。

2. 特征工程

根据具体问题和数据特点进行特征工程，以提取更有用的特征。可以使用统计方法、领域知识或其他技术来构建新的特征，例如聚合统计信息、文本建模和图像特征提取等。

3. 选择合适的无监督学习算法

根据数据分析的目标选择合适的无监督学习算法。常见的无监督学习算法包括聚类算法（如 K 均值聚类、层次聚类、DBSCAN）、降维算法（如 PCA、t-SNE）和异常检测算法（如基于统计分布的方法、基于聚类的方法、孤立森林）等。

4. 模型训练与评估

根据选定的算法，对预处理后的数据进行模型训练。根据具体的任务和数据特点，选择适当的模型参数和评估指标。例如，对于聚类任务，可以使用轮廓系数、Calinski-Harabasz 指数等评估模型的性能。

5. 结果解释与可视化

对于无监督学习任务，结果的解释和可视化通常是非常重要的。通过可视化技术如散点图、热力图、降维可视化等，可以更好地理解数据的结构、群组关系和异常情况。

6. 结果分析与应用

根据分析结果进行进一步的数据解读和业务应用。根据具体的问题，可以通过聚类结果进行用户分割、推荐系统优化、市场定位等应用；通过降维结果进行数据可视化、特征选择、建模等应用；通过异常检测结果进行风险识别、网络安全监测等应用。

需要注意的是，无监督学习是一个迭代的过程，可能需要多次尝试不同的算法和参数来达到最佳的数据分析效果。此外，特定问题的数据分析步骤可能因为具体情况而有所不同。因此，根据具体问题和数据的特点调整和优化分析步骤是非常重要的。

以下是一个基于无监督学习的数据分析 Python 案例，该案例演示如何使用 K-means 聚类算法对 Iris 数据集进行聚类。Iris 数据集是一个经典的分类问题数据集，由三种鸢尾花（Setosa、Versicolour、Virginica）的 4 个特征（花萼长度、花萼宽度、花瓣长度、花瓣宽度）组成。

```python
from sklearn.cluster import KMeans
from sklearn.datasets import load_iris
import matplotlib.pyplot as plt

# 载入数据集
iris = load_iris()
X = iris.data
y = iris.target

# 定义 K-means 模型并训练
kmeans_model = KMeans(n_clusters=3, random_state=0)
kmeans_model.fit(X)

# 可视化聚类结果
fig, ax = plt.subplots(figsize=(8, 6))
ax.scatter(X[kmeans_model.labels_ == 0, 2], X[kmeans_model.labels_ == 0, 3], s=50, label='Setosa')
ax.scatter(X[kmeans_model.labels_ == 1, 2], X[kmeans_model.labels_ == 1, 3], s=50, label='Versicolour')
ax.scatter(X[kmeans_model.labels_ == 2, 2], X[kmeans_model.labels_ == 2, 3], s=50, label='Virginica')
ax.scatter(kmeans_model.cluster_centers_[:, 2], kmeans_model.cluster_centers_[:, 3], s=300, c='red', label='Centroids')
plt.xlabel('Petal Length')
plt.ylabel('Petal Width')
```

```
plt.title('K-means Clustering for Iris Data')
plt.legend()
plt.show()
```

运行以上 Python 代码，即可对 Iris 数据集进行三类聚类，并绘制出聚类结果的可视化图形。其中，红色点表示聚类中心，不同颜色的散点表示不同类别的鸢尾花样本。

该案例展示了基于无监督学习算法 K-means 对数据集进行聚类分析的基本步骤，包括载入数据集、定义模型参数、训练模型、可视化聚类结果等。在实际应用中，可以根据具体问题和数据特征选择合适的无监督学习算法，并通过调整模型参数和优化结果解释方法来不断提高数据分析效果。

下面是一个基于聚类的用户行为分析的完整 Python 代码示例。请注意，由于缺少实际数据集，以下代码仅提供一种示范性的框架。

```
import pandas as pd
from sklearn.cluster import KMeans
import matplotlib.pyplot as plt


# 1. 数据准备和特征工程
# 假设有一份用户行为数据集 behavior.csv，包含用户 ID、活跃度和浏览量等字段
data = pd.read_csv("behavior.csv")


# 特征选择，例如只保留活跃度和浏览量两个特征
features = [" 活跃度 "," 浏览量 "]
X = data[features]


# 2. 模型训练和聚类分析
# 定义 K-means 模型并进行训练
kmeans = KMeans(n_clusters=3)  # 假设聚类数量为 3
kmeans.fit(X)


# 获取每个样本所属的聚类标签
labels = kmeans.labels_


# 3. 结果可视化
```

```
# 可视化聚类结果
plt.scatter(X[" 活跃度 "], X[" 浏览量 "], c=labels)
centers = kmeans.cluster_centers_
plt.scatter(centers[:, 0], centers[:, 1], marker='*', color='r')
plt.xlabel(" 活跃度 ")
plt.ylabel(" 浏览量 ")
plt.show()
```

请注意，上述代码中的数据准备和特征工程部分需要根据实际情况进行调整，确保使用的数据集和特征与实际场景相匹配。这个例子中使用了 behavior.csv 作为用户行为数据集，并选择了活跃度和浏览量作为特征进行聚类分析。

由于没有 behavior.csv，则可以通过以下代码随机生成。

可以通过随机生成数据来创建一个示例的 behavior.csv 文件。以下是一个简单的示例代码，生成了一些随机的用户行为数据，并将其保存到 behavior.csv 文件中。

```
import pandas as pd
import numpy as np

np.random.seed(0)

# 生成随机的用户行为数据
num_users = 1000

# 模拟活跃度数据在 0~10 之间的随机数
activity = np.random.randint(0, 11, size=num_users)

# 模拟浏览量数据在 0~100 之间的随机数
pageviews = np.random.randint(0, 101, size=num_users)

# 创建 DataFrame 对象
data = pd.DataFrame({
    " 用户 ID": range(1, num_users + 1),
    " 活跃度 ": activity,
    " 浏览量 ": pageviews
```

})

# 保存数据到 CSV 文件
data.to_csv("behavior.csv", index=False)

运行以上代码会生成一个包含随机用户行为数据的 behavior.csv 文件,可以根据需要调整生成数据的规模和范围,以满足特定的需求。

3.4 实际应用示例

3.4.1 商业数据分析

商业数据分析是指利用数据分析方法和技术对商业领域中的数据进行解析、挖掘和应用的过程。商业数据分析可以帮助企业更好地了解市场、优化运营、支持决策、提升客户体验,并发现新的商机。在当今数字化时代,商业数据分析已成为企业成功的关键要素之一。它在商业决策中发挥着重要作用,并具有以下几个方面的意义。

1. 洞察市场趋势和竞争情报

通过对市场数据的分析,可以获取关于消费者行为、市场趋势、竞争对手活动等方面的洞察。这些洞察可以帮助企业了解市场需求,优化产品定位和市场战略,以保持竞争力。

2. 优化商业运营和业绩提升

商业数据分析可以帮助企业识别运营中的问题和瓶颈,并提供解决方案。通过对销售数据、生产数据、供应链数据等的分析,可以找到提高效率、降低成本的方法,优化资源配置,并最终提升业绩和盈利能力。

3. 支持决策制定和风险管理

商业数据分析可以为企业提供决策制定的依据和参考。通过对历史数据和预测模型的分析,可以评估不同决策方案的风险和潜在影响,帮助企业做出明智的决策,并降低风险。

4. 提升客户体验和服务质量

商业数据分析可以帮助企业了解客户需求、行为特征和偏好,从而提供更好的产品和服务。通过对客户数据的分析,可以实现个性化推荐、定制化营销,提高客户满意度和忠诚度。

大数据技术及应用

5. 创新和发现新机会

商业数据分析可以揭示隐藏的模式和趋势，帮助企业发现新的商机和创新点。通过对大数据、社交媒体数据等的分析，可以发现新的市场需求、产品可能性或业务机会，推动企业创新和发展。

接下来从销售预测和市场营销两个方面来具体介绍商业数据分析。

3.4.1.1 销售预测

当涉及商业数据分析时，销售预测是其中一个重要的应用领域。销售预测旨在根据历史销售数据和其他相关因素，对未来销售进行预测和估计。这一过程可以帮助企业制定销售策略、预测需求、控制库存以及优化供应链。销售预测是商业数据分析中的一个重要环节，它可以帮助企业做出更明智的决策，提高市场竞争力，并实现更好的业绩。通过利用不同的分析方法和技术，结合领域知识和经验，可以获得更准确可靠的销售预测结果。

下面是一些常见的可用于销售预测的商业数据分析方法和技术。

1. 时间序列分析

时间序列分析基于观察到的历史销售数据的模式和趋势，使用统计方法来预测未来的销售量。常见的时间序列模型包括移动平均法、指数平滑法和自回归积分滑动平均模型（ARIMA）。

2. 回归分析

回归分析通过探索销售数据与其他相关因素之间的关系，如广告投入、季节性、经济指标等，建立数学模型来预测销售量。线性回归、多变量回归和逻辑回归等方法常用于回归分析。

3. 机器学习

机器学习算法可以根据历史销售数据和其他相关特征，训练模型来预测未来销售。常用的机器学习算法包括决策树、随机森林、支持向量机和神经网络等。

4. 市场细分和聚类

通过对客户和市场进行细分和聚类分析，可以了解不同市场细分的需求特征和行为模式，进而预测每个细分市场的销售趋势和表现。

5. 时间和季节性调整

时间和季节性因素对销售量有着重要影响。通过对历史数据进行时间和季节性调整，可以更准确地预测未来销售趋势。

6. 数据挖掘和大数据分析

利用数据挖掘和大数据分析技术，可以从庞大的数据集中发现隐藏的模式、关联规则和趋势，为销售预测提供更准确的依据。

7. 推荐系统

推荐系统基于用户过去的购买行为和偏好，利用协同过滤、关联规则等方法，向用户推荐相关产品和服务，从而提高销售量。

值得注意的是，销售预测并不是一成不变的，而是需要持续监测和更新的。因此，在进行销售预测时，应该不断评估模型的准确性，并根据实际情况进行调整和改进。

以下用一个实际的 Python 案例来讲解商业数据分析中的销售预测。由于这里并没有实际的数据，所以通过以下 Python 代码随机生成一个销售数据集。可以使用 numpy 库来生成一个随机的销售数据集。下面是一个示例代码。

```
import pandas as pd
import numpy as np

# 设置随机种子，以确保结果可重现
np.random.seed(0)

# 生成随机销售数据
num_samples = 100  # 数据样本数量
features = ['特征1', '特征2', '特征3']  # 特征列名称
sales = np.random.randint(100, 1000, size=(num_samples, len(features)))  # 随机生成销售量
data = pd.DataFrame(sales, columns=features)  # 创建 DataFrame

# 添加目标变量
data['销售量'] = np.random.randint(500, 2000, size=num_samples)

# 打印数据集
print(data.head())

# 保存数据集到 CSV 文件
data.to_csv('sales.csv', index=False)
```

在这个示例中，首先生成了 100 个样本的销售数据集，其中包含 3 个特征列（特征 1、特征 2、特征 3），以及一个目标变量列（销售量）。然后使用 np.random.randint() 函数生成随机的销售量数据，并将它们存储在一个 pandas DataFrame 中。最后，我们将数据保存到名为 sales.csv 的 CSV 文件中。

可以根据实际需要修改生成数据的样本数量、特征列以及其他参数。在实际应用中，可能需要根据业务场景和数据特点来生成更具代表性的销售数据集。

当使用 Python 进行销售预测时，有很多常用的库和工具可以帮助我们实现。以下是一个简单的销售预测案例，使用了 Python 中的 pandas、scikit-learn 和 matplotlib 库。

```python
import pandas as pd
from sklearn.model_selection import train_test_split
from sklearn.linear_model import LinearRegression
import matplotlib.pyplot as plt

# 读取销售数据
data = pd.read_csv('sales.csv')

# 数据探索
print(data.head())

# 准备特征和目标变量
X = data[['特征1', '特征2', '特征3']]  # 特征列
y = data['销售量']  # 目标变量

# 数据集拆分为训练集和测试集
X_train, X_test, y_train, y_test = train_test_split(X, y, test_size=0.2, random_state=0)

# 模型训练与预测
model = LinearRegression()
model.fit(X_train, y_train)
y_pred = model.predict(X_test)

# 可视化预测结果
plt.scatter(y_test, y_pred)
plt.xlabel('实际销售量')
plt.ylabel('预测销售量')
plt.title('销售预测结果')
plt.show()
```

在这个案例中，首先，使用 pandas 库读取销售数据，并进行了一些简单的数据探索。

其次，选择了特定的特征列作为模型的输入（可以根据实际情况选择不同的特征），将销售量作为目标变量。再次，使用 train_test_split() 函数将数据集划分为训练集和测试集。从次，使用 LinearRegression 模型进行训练，并使用测试集进行销售量的预测。最后，使用 matplotlib 库绘制了实际销售量和预测销售量之间的散点图。

请注意，这只是一个简单的示例，真实的销售预测可能需要更复杂的模型和更多的特征工程。另外也可以尝试其他的算法和技术，例如决策树、随机森林、神经网络等，以找到最适合的方法。

3.4.1.2 市场营销

当涉及市场营销方面的商业数据分析时，它主要涉及对与市场营销活动相关的数据进行收集、整理、分析和解释的过程。商业数据分析在市场营销领域中的应用非常广泛，它可以帮助企业了解市场趋势、顾客需求、竞争环境以及市场活动效果等。

下面是一些常见的商业数据分析技术和方法，以及它们在市场营销中的应用。

1. 数据收集与整理

商业数据分析的第一步是收集相关的数据，并对其进行整理和清洗。这些数据可以来自各种渠道，例如销售记录、顾客问卷调查、社交媒体活动等。

2. 市场细分与目标定位

通过对市场数据的分析，可以将市场细分为不同的目标群体。这有助于企业更好地了解不同群体的需求和偏好，并制定针对性的市场营销策略。

3. 顾客行为分析

商业数据分析可以帮助企业了解顾客的购买行为、消费习惯以及忠诚度等。通过分析顾客行为数据，企业可以设计更有效的促销活动、个性化营销和客户关系管理（Customer Relationship Management，CRM）策略。

4. 市场趋势和竞争分析

通过分析市场数据和竞争对手的行为，企业可以了解市场趋势、竞争状况以及关键竞争优势。这有助于企业制定战略决策，并调整营销策略以提高市场份额。

5. ROI（投资回报率）分析

商业数据分析可以帮助企业评估市场活动的效果和回报。通过分析销售数据、广告投放数据等，企业可以计算不同市场活动的 ROI，并优化资源配置。

6. 预测与规划

商业数据分析还可以通过建立预测模型来预测市场需求、销售趋势和产品需求量等。这有助于企业进行供应链管理、库存规划和市场营销策略的制定。

7. 数据可视化

商业数据分析结果通常通过数据可视化的方式呈现，例如使用图表、报表、仪表盘等。数据可视化有助于企业快速理解和传达数据分析的结果，支持决策过程。

需要注意的是，商业数据分析并非只限于以上几个方面，它还可以根据企业的具体需求和市场环境进行定制。商业数据分析需要结合业务背景和目标来进行，以获取有价值的见解并支持决策制定。

以下是一个简单的 Python 程序，可用于生成模拟的市场营销数据并将其保存到 CSV 文件中。

```python
import pandas as pd
import numpy as np

# 随机生成购买日期和销售金额数据
dates = pd.date_range('2021-01-01', '2021-12-31', freq='D')
sales = np.random.randint(100, 1000, size=len(dates))

# 创建 DataFrame 对象
df = pd.DataFrame({'购买日期': dates, '销售金额': sales})

# 将购买日期转换为字符串类型
df['购买日期'] = df['购买日期'].dt.strftime('%Y-%m-%d')

# 将数据保存到 CSV 文件中
df.to_csv('market_data.csv', index=False)
```

该程序使用 Pandas 和 NumPy 库随机生成了模拟的购买日期和销售金额数据，并创建了一个包含这些数据的 DataFrame 对象。然后，将购买日期转换为字符串类型，并将数据保存到名为"market_data.csv"的 CSV 文件中，以备后续使用。

请注意，由于这只是模拟数据，因此其分布和特征与实际市场数据可能存在差异。在实际商业数据分析项目中，应该使用真实的市场数据进行分析。

当使用 Python 进行市场营销数据分析时，有许多常用的库和工具可供选择，例如 Pandas、NumPy、Matplotlib、Seaborn 等。下面是一个简单的 Python 实现案例，展示了如何使用 Pandas 库进行市场营销数据分析。

```python
import pandas as pd
import matplotlib.pyplot as plt
# 读取数据文件
```

```
data = pd.read_csv('market_data.csv')

# 查看数据概览
print(data.head())

# 数据清洗与整理
# 假设我们只关注销售金额和购买日期两列数据
cleaned_data = data[[' 销售金额 ', ' 购买日期 ']]

# 将购买日期转换为日期类型
cleaned_data[' 购买日期 '] = pd.to_datetime(cleaned_data[' 购买日期 '])

# 添加一列月份
cleaned_data[' 月份 '] = cleaned_data[' 购买日期 '].dt.month

# 添加一列年份
cleaned_data[' 年份 '] = cleaned_data[' 购买日期 '].dt.year

# 数据分析与可视化
# 按月份统计销售总额
monthly_sales = cleaned_data.groupby(' 月份 ')[' 销售金额 '].sum()

# 生成折线图
plt.plot(monthly_sales.index, monthly_sales.values)
plt.xlabel(' 月份 ')
plt.ylabel(' 销售总额 ')
plt.title(' 每月销售总额趋势 ')
plt.show()
```

以上代码演示了一个简单的市场营销数据分析过程。首先，使用 Pandas 库读取数据文件，并对数据进行清洗和整理，只保留了关注的销售金额和购买日期两列数据，并添加了月份和年份信息。其次，使用 groupby() 函数按月份进行分组，并计算每个月的销售总额。最后，使用 Matplotlib 库生成折线图，展示了每月销售总额的趋势。

请注意，这只是一个简单的示例，实际的商业数据分析项目通常会更加复杂，并涉及更多的数据处理、分析和可视化技术。根据具体的需求，可能需要进一步学习和使用其他库和方法来完成更复杂的市场营销数据分析任务。

3.4.1.3 财务数据排名

量化投资是金融数据分析的一个重要方向，通过量化投资案例，根据公司的财务报表及财务指标数据的基本情况，利用数学模型进行综合评价，采用数量化的方法，对上市公司的基本情况进行综合评价，从而选出优质的上市公司。下面将从案例数据收集、数据清洗、数据分析与模型构建、基于总体规模与投资效率指标的上市公司综合评价选择出前10名的优质上市公司。这样的选股策略可以帮助投资者在复杂的市场环境中做出更为理性和客观的投资决策。

在这种方法中，投资者通常会利用大量的财务交易数据来分析上市公司的基本情况，以期找到潜在的投资机会。本案例是根据财务数据，选择前10名优质上市公司为选股策略。

1. 数据收集

根据量化投资的原理，选择一系列能够反映公司基本情况的指标，这些指标可以根据投资者的偏好进行调整，形成一个量化模型。

首先，利用Tushare金融大数据社区提供的数据，我们可以收集上市公司的财务交易数据，包括股票基本信息、利润表、资产负债表和财务指标表中的关键指标。从利润表中获取营业收入、营业利润、利润总额和净利润等数据；从资产负债表中获取资产总计和固定资产净额等数据；从财务指标表中获取净资产收益率、每股净资产、每股资本公积和每股收益等数据。

最后，我们将所选指标的数据整合到一个Excel表格文件中，并进行必要的数据清洗操作，以确保数据的准确性和完整性。

读取2016年的数据，其中第0列为标识列股票代码，代码如下。

```
import pandas as pd
data=pd.read_Excel('Data.xlsx')
```

2. 数据清洗

（1）筛选指标值大于0的数据。对上市公司评价，首先选择指标值大于0的公司，指标值小于0的公司可能存在公司资产为负值或利润为负值等问题，这类的数据首先排除在外。筛选指标值大于0的数据的代码如下。

```
data=data[data>0]
```

（2）去掉空值。空值（即NAN值）应去掉，同时公司指标取值缺失的数据也建议排除在外，代码如下。

```
data=data.dropna()
```

（3）数据标准化。数据的单位存在不统一或存在有些数据的取值很大、有些数据的取值很小的情况，因此需要对数据做标准化处理。注意标准化的数据需要去掉第 0 列（标识列股票代码），这里数据标准化方法采用均值 - 方差规范化方法，代码如下。

```
from sklearn.preprocessing import StandardScaler
print(data.shape)
if data.shape[0] > 0:
    X=data.iloc[:,2:]
    scaler = StandardScaler() # 标准化转换，将数据转换为标准差为 1 的数据集（有一个缺点，就是容易受到异常点的影响）
    scaler.fit(X)
    X=scaler.transform(X)
```

3. 数据分析与模型构建

利用选取的指标数据，建立量化模型，通过数学和统计分析，对上市公司进行综合评价。本案例使用主成分分析，对标准化之后的指标数据 X 做主成分分析，提取其主成分，要求累计贡献率在 0.95 以上，代码如下。

```
from sklearn.decomposition import PCA
    pca=PCA(n_components=0.95)
    Y=pca.fit_transform(X)
gxl=pca.explained_variance_ratio_
```

4. 选股策略

综合得分等于提取的各个主成分与其贡献率的加权求和，代码如下。

```
import numpy as np
    F=np.zeros((len(Y)))
    for i in range(len(gxl)):
        f=Y[:,i]*gxl[i]
        F=F+f
```

为了方便排名，采用序列作为排名结果存储数据结构。排名有两种方式：第一种索引为股票代码，方便后续计算收益率；第二种索引为股票中文简称，方便查看其排名结果。

第一种方法代码如下。

```
fs1=pd.Series(F,index=data['ts_code'].values)
Fscore1=fs1.sort_values(ascending=False)
```

第二种方法需要首先获取主成分分析指标数据对应的上市公司名称，可以通过 data 数据（经过处理的财务指标数据）中的股票代码关联股票基本信息表 stkcode.xlsx 筛选获得。表格如图 3-6 所示。

B	C	D	E	F
ts_code	symbol	name	area	industry
000001.SZ	000001	平安银行	深圳	银行
000002.SZ	000002	万科A	深圳	全国地产
000004.SZ	000004	国农科技	深圳	生物制药
000005.SZ	000005	世纪星源	深圳	环境保护
000006.SZ	000006	深振业A	深圳	区域地产
000007.SZ	000007	全新好	深圳	酒店餐饮
000008.SZ	000008	神州高铁	北京	运输设备
000009.SZ	000009	中国宝安	深圳	综合类
000010.SZ	000010	*ST美丽	深圳	建筑工程
000011.SZ	000011	深物业A	深圳	区域地产
000012.SZ	000012	南玻A	深圳	玻璃
000014.SZ	000014	沙河股份	深圳	全国地产
000016.SZ	000016	深康佳A	深圳	家用电器
000017.SZ	000017	深中华A	深圳	文教休闲
000019.SZ	000019	深粮控股	深圳	其他商业
000020.SZ	000020	深华发A	深圳	元器件
000021.SZ	000021	深科技	深圳	IT设备
000023.SZ	000023	深天地A	深圳	其他建材
000025.SZ	000025	特力A	深圳	汽车服务

图 3-6 股票代码关联股票基本信息表

其中字段依次标识股票代码、股票标志、股票名称、地区、行业，代码如下。

```
stk=pd.read_Excel('stkcode.xlsx')
stk=pd.Series(stk['name'].values,index=stk['ts_code'].values)
valid_ts_codes = data['ts_code'][data['ts_code'].isin(stk.index)]
stk1 = stk.loc[valid_ts_codes.values]
```

以综合得分 F 为值，上市公司名称作为索引，构建序列，并按值做降序排列，以观察其排名结果，代码如下。

```
fs2=pd.Series(F,index=stk1.values)
Fscore2=fs2.sort_values(ascending=False)
```

最终得到两种方式的股票分析结果，如图 3-7 所示（图只显示部分）。

```
(3767, 12)
鼎信通讯       29.072242
佳隆股份       24.069384
惠发食品       19.500921
*ST新海      18.869809
科信技术       16.870387
中国石油       13.656619
尚荣医疗       10.751913
协鑫集成        8.240274
激智科技        7.707602
明阳电路        7.407644
dtype: float64
```

```
(3767, 12)
鼎信通讯       29.072242
佳隆股份       24.069384
惠发食品       19.500921
*ST新海      18.869809
科信技术       16.870387
              ...
通威股份       -0.910474
戴维医疗       -0.920628
银信科技       -0.950032
东方财富       -1.153100
中国电建       -1.293760
Length: 3708, dtype: float64
```

图 3-7　股票分析结果

根据综合评分或排名，选择前 10 名的上市公司作为投资组合的候选。可以设定阈值或权重，以确保选股策略符合投资者的风险偏好和目标收益。

3.4.2　社会数据分析

社会数据分析是指使用统计和数学方法对社会科学数据进行分析的过程。社会科学数据可以包括经济、政治、教育、医疗等方面的数据，通过对这些数据进行分析，可以揭示出各种社会现象的规律性和趋势性，例如人口结构、收入分布、教育水平、健康状况等。

在社会数据分析中，通常需要进行以下几个步骤。

1. 数据获取

首先需要收集社会科学数据，可以通过问卷调查、实验、观察等方式获取。

2. 数据清洗和整理

接下来需要对数据进行清洗和整理，包括去除空值、异常值和重复值，并对数据进行标准化和归一化处理。

3. 数据探索性分析

通过绘制直方图、散点图、箱线图等方式探索数据的分布、关联和异常情况,以便更好地理解数据。

4. 统计分析

利用统计学方法,如描述性统计、推断性统计、回归分析等对数据进行分析和建模,揭示数据背后的规律性和趋势性。

5. 结果展示

最后,将分析结果以报告、图表等形式展示出来,让其他人能够更好地理解数据和分析结果。

社会数据分析在诸多领域都有应用,例如政府、企业、教育等。政府可以利用社会数据分析来制定有效的政策和规划,企业可以利用社会数据分析来了解市场和竞争对手的情况,教育机构可以利用社会数据分析来改善教学方法和提高学生表现。

3.4.2.1 城市人口数据分析

假设我们有一组关于某个城市人口的数据集,其中包含了每个居民的年龄、性别和教育水平等信息。我们想要分析这些人口数据,了解该城市的人口结构和教育水平分布情况。

首先,在 CSV 文件中输入如表 3-3 所示的人口结构和教育水平分布数据。

表 3-3 人口结构和教育水平分布数据

年龄	性别	教育水平
25	男	大专
30	女	本科
35	男	硕士
40	女	硕士
45	男	本科
50	女	博士
55	男	硕士
60	女	本科
65	男	硕士
70	女	博士

然后,使用以下 Python 代码读取数据集并进行相应的数据处理和分析。

```
import pandas as pd
import matplotlib.pyplot as plt
```

```python
# 读取数据集
data = pd.read_csv('population_data.csv')

# 统计不同年龄段的人数
age_counts = data['年龄'].value_counts().sort_index()

# 统计不同性别的人数
gender_counts = data['性别'].value_counts()

# 统计不同教育水平的人数
education_counts = data['教育水平'].value_counts()

# 绘制柱状图
plt.figure(figsize=(10, 5))

plt.subplot(1, 3, 1)
plt.bar(age_counts.index, age_counts.values)
plt.xlabel('年龄')
plt.ylabel('人数')
plt.title('不同年龄段的人口分布')

plt.subplot(1, 3, 2)
plt.bar(gender_counts.index, gender_counts.values)
plt.xlabel('性别')
plt.ylabel('人数')
plt.title('不同性别的人口分布')

plt.subplot(1, 3, 3)
plt.bar(education_counts.index, education_counts.values)
plt.xlabel('教育水平')
plt.ylabel('人数')
plt.title('不同教育水平的人口分布')
```

plt.tight_layout()

# 显示图形
plt.show()

运行上述代码后,将看到绘制的柱状图显示了不同年龄段、不同性别和不同教育水平的人口分布情况。这些图形可以帮助我们更好地理解该城市的人口结构和教育水平分布情况,为相关决策提供参考。

以上是一个简单的社会数据分析示例,可以根据自己的数据和需求进行更复杂的分析和可视化操作,例如分析不同职业群体的收入水平、不同区域的人口密度等。

下面是一个关于社交媒体数据分析的案例。

假设我们有一组包含用户 ID、发布时间和喜欢数的社交媒体帖子数据集。我们想要分析帖子的发布趋势,并了解哪些帖子受欢迎程度较高。

首先,在 CSV 文件中输入如表 3-4 所示的数据。

表 3-4 社交数据表结构

用户 ID	发布时间	喜欢数
001	2023-01-01 10:30	100
002	2023-01-01 15:45	200
003	2023-01-02 09:20	50
004	2023-01-02 14:10	80
005	2023-01-03 11:05	150
006	2023-01-03 16:30	250
007	2023-01-04 08:40	120
008	2023-01-04 13:15	180
009	2023-01-05 10:55	90
010	2023-01-05 17:20	300

然后,使用以下 Python 代码读取数据集并进行相应的数据处理和分析。

```
import pandas as pd
import matplotlib.pyplot as plt

# 读取数据集
```

```python
data = pd.read_csv('social_media_data.csv')

# 将发布时间列转换为 DateTime 格式
data['发布时间'] = pd.to_datetime(data['发布时间'])

# 提取日期和小时信息
data['日期'] = data['发布时间'].dt.date
data['小时'] = data['发布时间'].dt.hour

# 按日期统计帖子发布量
daily_counts = data.groupby('日期').size()

# 按小时统计帖子发布量
hourly_counts = data.groupby('小时').size()

# 按喜欢数排序，获取受欢迎程度较高的帖子
popular_posts = data.sort_values(by='喜欢数', ascending=False).head(5)

# 绘制折线图
plt.figure(figsize=(10, 5))

plt.subplot(1, 2, 1)
plt.plot(daily_counts.index, daily_counts.values)
plt.xlabel('日期')
plt.ylabel('帖子数量')
plt.title('每日帖子发布量')

plt.subplot(1, 2, 2)
plt.plot(hourly_counts.index, hourly_counts.values)
plt.xlabel('小时')
plt.ylabel('帖子数量')
plt.title('每小时帖子发布量')

plt.tight_layout()
```

大数据技术及应用

```
# 打印受欢迎程度较高的帖子信息
print(' 受欢迎程度较高的帖子：')
print(popular_posts[[' 用户 ID', ' 发布时间 ', ' 喜欢数 ']])
# 显示图形
plt.show()
```

运行上述代码后，将看到绘制的折线图显示了每日和每小时帖子的发布量情况，如图 3-8 所示。这些图形可以帮助我们了解帖子的发布趋势，从而优化社交媒体推广策略。同时，还会打印出受欢迎程度较高的帖子的相关信息，以便我们了解哪些帖子表现较好。

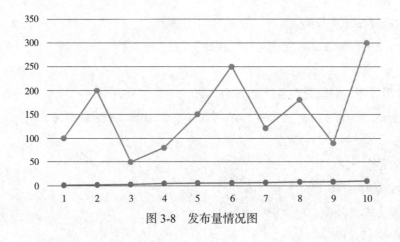

图 3-8　发布量情况图

以上是一个简单的社交媒体数据分析示例，可以根据自己的数据和需求进行更复杂的分析和可视化操作，例如分析用户互动情况、研究影响帖子受欢迎程度的因素等。

3.4.2.2　图书数据集分析

通过深入的图书数据集分析，可以为读者提供更好的选书建议。同时，对于出版社和作者，提供了改进和优化的方向。例如，可以根据读者对作者的喜好、出版社的评分情况等，进行策略性的图书推广、出版规划等决策。整个案例旨在通过科学的数据分析方法，挖掘出数据中有价值的信息，为相关决策提供可靠的依据。这不仅可以提高读者的阅读体验，还有助于书籍产业链的持续改进和发展。

在进行数据分析之前，首先导入必要的 Python 模块，如 Pandas、Numpy、Matplotlib 等，以及设置合适的数据展示格式。对从某瓣读书中爬取的书单信息进行初步整理，加载数据并检查数据结构，确保包含了关键的特征信息如书名、作者、出版社、出版时间、页数、价格、ISBN、评分等。（注意本案例来源于网络）

```
import pandas as pd
import numpy as np
import matplotlib.pyplot as plt

# 加载数据
book_data = pd.read_csv('book_data.csv')

# 检查数据结构
print(book_data.head())
print(book_data.info())
```

1. 数据清洗

（1）查重处理。使用 ISBN 作为唯一指标进行数据去重操作，保证每本书在数据集中只出现一次，避免重复计算和统计，代码如下。

```
book_data = book_data.drop_duplicates(subset='ISBN', keep='first')
```

（2）缺失值处理。针对缺失值，采用适当的填充策略或删除缺失数据，确保数据的完整性和可靠性，代码如下。

```
book_data = book_data.fillna({' 价格 ': book_data[' 价格 '].mean()})
```

（3）异常值处理。利用统计方法或可视化工具检测和处理数据中的异常值，确保分析结果不受异常值的影响，代码如下。

```
book_data = book_data[(book_data[' 评 分 '] >= lower_bound) & (book_data[' 评 分 '] <= upper_bound)]
```

2. 数据整体情况分析

对数据整体情况进行描述性统计，包括平均值、中位数、标准差、数据分布等。使用可视化工具展示数据分布，例如绘制直方图、箱线图等，以深入了解数据的基本特征，代码如下。

```
print(book_data.describe())
```

（1）评分和作品数量高的作者。利用统计分析或可视化工具，找出在评分和作品数量方面表现突出的作者，代码如下。

```
top_authors = book_data.groupby(' 作 者 ').agg({' 评 分 ': 'mean', 'ISBN': 'count'}).sort_values(by='ISBN', ascending=False).head(10)
print(top_authors)
```

（2）评分与评论数量关联性分析。使用相关性分析，例如 Pearson 相关系数，研究评分与评论数量之间的关系，代码如下。

```
correlation = book_data[[' 评分 ', ' 评论数量 ']].corr()
print(correlation)
```

（3）推荐书籍。基于多个因素，如评分、评论数量、作者知名度等，提取出一些值得推荐的书籍，代码如下。

```
recommended_books = book_data[(book_data[' 评分 '] > 4.5) & (book_data[' 评论数量 '] > 100)]
print(recommended_books[[' 书名 ', ' 作者 ', ' 评分 ', ' 评论数量 ']])
```

3. 深入分析后的具体决策

（1）个性化推荐系统。基于读者的历史阅读记录、评分偏好等信息，建立个性化推荐系统。这可以帮助读者发现更符合他们口味的新作品，提高阅读体验。

（2）作者关联推荐。分析读者对某一作者的喜好，并向其推荐类似风格或相同作者的其他作品，促使读者发现更多感兴趣的书籍。

4. 作者和出版社优化方向

（1）作者影响力分析。基于作者的作品评分、评论数量等指标，评估作者的整体影响力。这有助于出版社更有针对性地推动知名作者的作品，提高整体销售业绩。

（2）出版社评分情况分析。深入分析不同出版社的评分分布和读者评价，为出版社提供改进方向。高评分出版社可以在宣传中突出这一优势，而低评分的出版社则可以通过改进编辑、推广等方面提升形象。

5. 策略性图书推广和出版规划

（1）热门主题分析。通过关键词和主题的分析，了解当前读者关注的热门话题和题材。出版社可以根据这些信息调整图书推广策略，推出更符合市场需求的作品。

（2）作品更新优化。针对同一作者多次更新版本的情况，分析读者对更新版本的反馈。出版社可以根据数据决策是否继续进行版本更新，以确保更好地满足读者需求。此案例代码如下。

①导入数据源，如图 3-9 所示。

```
Index(['书名','作者','出版社','出版时间','数','价格','ISBN','评分',
       '评论数量','Unnamed: 9'],
      dtype='object')
<class 'pandas.core.frame.DataFrame'>
RangeIndex: 60671 entries, 0 to 60670
Data columns (total 9 columns):
 #   Column   Non-Null Count  Dtype
---  ------   --------------  -----
 0   书名       60671 non-null  object
 1   作者       60668 non-null  object
 2   出版社      60671 non-null  object
 3   出版时间     60671 non-null  object
 4   数        60671 non-null  object
 5   价格       60656 non-null  object
 6   ISBN     60671 non-null  object
 7   评分       60671 non-null  float64
 8   评论数量     60671 non-null  object
dtypes: float64(1), object(8)
memory usage: 4.2+ MB
None
```

图 3-9 数据源

```
import pandas as pd
import numpy as np
import matplotlib.pyplot as plt
import seaborn as sns
import random
plt.rcParams['font.sans-serif'] = ['SimHei']

data = pd.read_csv('fake_data.csv',header=0,encoding='utf-8')
print(data.head())

pd.set_option('expand_frame_repr', False)
pd.set_option('display.unicode.east_asian_width', True)

print(data.columns)
data = data.iloc[:,:-1]
print(data.info())
```

```
def distribution(column):
    x = data[column].value_counts().head(3).index
    y = data[column].value_counts().head(3).values
    df1 = pd.DataFrame(y,index=x).transpose()

    sns.barplot(data=df1)
    plt.title(' 图 %d:%s'%(i+1,column))
    plt.subplots_adjust(wspace=0.5,hspace=0.5)

for i in range(9):
    plt.subplot(3,3,i+1)
    distribution(data.columns[i])

plt.show()
```

根据运行结果，数据源文件的数据结构为 60671 行 9 列。然而，我们发现部分特征存在缺失，因此需要进一步清理和整理。具体处理措施如下。

● "书名"字段问题。

针对存在 ISBN 值为"9787508652825"的书籍，但书名显示错误的情况，由于数量较少且存在以日期格式命名的书籍，我们选择不做处理。

● "出版社"字段问题。

存在同一家出版社但多种字符描述的情况，同时也存在非出版社名称的字符串。由于缺乏出版社详细清单，难以筛选和重命名，默认将它们都视为不同的出版社进行处理。

● "数量"和"价格"字段问题。

在这两个字段中存在"None"字符串，同时也有一些描述不是数字的字符串。我们将通过筛选是否可转换为数值来判断，从而区分哪些需要删除。

这些数据清洗策略的目标是解决数据中的异常值和不规范表示，以提高数据的质量和可用性。通过逐一处理每个特征的问题，我们致力于确保清洗后的数据集更加准确、可靠，为后续的数据分析提供更有力的基础。具体处理代码如下。

```
data_clear_1 = data.drop(data[data[' 书名 '] == ' 点击上传封面图片 '].index)
data_clear_2 = data_clear_1.dropna(subset=[' 作者 '])
```

```
drop_col_list = ['作者', '出版社', '价格', 'ISBN', '数']
for i in drop_col_list:
    data_clear_2 = data_clear_2.drop(data_clear_2.loc[data_clear_2[i] == 'None'].index).reset_index(drop=True)


date_list = pd.date_range('1/1/2001', '12/31/2010')
for j in range(len(data_clear_2)):
    data_clear_2.iloc[j, 3] = random.choice(date_list)


data_clear_2.replace('None', 0, inplace=True)
data_clear_2['评论数量'] = data_clear_2['评论数量'].astype('int')


data_clear_2['数'] = data_clear_2['数'].apply(pd.to_numeric, errors='coerce').fillna(0.0).astype('int')
data_clear_2 = data_clear_2.drop(data_clear_2.loc[data_clear_2['数'] == 0].index).reset_index(drop=True)


str_list = []
for i in range(len(data_clear_2['价格'])):
    if pd.to_numeric(data_clear_2.iloc[i, 5], errors='ignore'):
        data_clear_2.iloc[i, 5] = pd.to_numeric(data_clear_2.iloc[i, 5], errors='ignore')
    else:
        str_list.append(i)


data_clear_3 = data_clear_2.drop(str_list).reset_index(drop=True)
data_clear_3 = data_clear_3.iloc[1:]
data_clear_3['价格'] = data_clear_3['价格'].apply(pd.to_numeric, errors='coerce').fillna(0.0).astype('float')


data_clear_3['出版时间'] = pd.to_datetime(data_clear_3['出版时间']).dt.floor('d')


print(data_clear_3.info())
print('-' * 100)
print(data_clear_3.describe())
```

经过以上问题处理，数据量由 60671 行缩减到 51770 行，共删除了 8901 行数据，如图 3-10 和图 3-11 所示。在上述数据清洗过程中，参与分类计算的“出版时间”“数量”“价格”“评论数量”均被转换为整数或浮点数的数据类型。

```
<class 'pandas.core.frame.DataFrame'>
RangeIndex: 51770 entries, 1 to 51770
Data columns (total 10 columns):
 #   Column      Non-Null Count  Dtype
---  ------      --------------  -----
 0   书名          51770 non-null  object
 1   作者          51770 non-null  object
 2   出版社         51770 non-null  object
 3   出版时间        51770 non-null  datetime64[ns]
 4   数           51770 non-null  int32
 5   价格          51770 non-null  float64
 6   ISBM        51770 non-null  object
 7   评分          51770 non-null  float64
 8   评论数量        51770 non-null  int32
 9   Unnamed: 9  240 non-null    object
dtypes: datetime64[ns](1), float64(2), int32(2), object(5)
memory usage: 3.6+ MB
None
```

图 3-10　数据信息

	数	价格	评分	评论数量
count	51770.000000	51770.000000	51770.000000	51770.000000
mean	365.103863	54.233583	7.298828	738.514275
std	1436.305840	79.873552	2.432522	4174.875694
min	1.000000	0.000000	0.000000	0.000000
25%	216.000000	24.800000	7.300000	28.000000
50%	278.000000	33.000000	8.000000	85.000000
75%	375.000000	49.000000	8.500000	307.000000
max	240000.000000	999.000000	10.000000	209602.000000

图 3-11　数据记录

②“书名”列中同名书籍的作者统计。

在对“书名”列进行分类并统计“作者”数量的过程中，观察发现同一书名可能存在多个作者，或者同一作者的信息以不同字符表达方式呈现。通过筛选数量最多的前 5 个书单的作者，发现它们实际上都归属于同一作者，仅字符表达方式不同。然而，由于实际情况存在两本书名字相同的情况，以“书名”作为分类统计并无实际意义。

在进行数据分析时，需要综合考虑多个因素，包括作者的不同表达方式和实际情况中同名书籍的存在。在后续的分析中，我们将继续关注这一问题，并采取适当的方法来确保数据的准确性和可信度。具体处理代码如下。

```
data_col_1_bar = data_clear_3.groupby(' 书名 ').agg({' 作者 ':'count'}).sort_values(by=' 作者 ',ascending=False).head().reset_index()
g = sns.barplot(x=' 书名 ',y=' 作者 ',data=data_col_1_bar)
for i,row in data_col_1_bar.iterrows():
    g.text(row.name,row. 作者 ,row. 作者 ,ha='center',c='black')

data_col_1_name_max = data_clear_3[data_clear_3[' 书名 '].isin(data_col_1_bar[' 书名 '].values)].sort_values(by=' 书名 ').reset_index(drop=True).iloc[:,:2]
print(data_col_1_name_max)
```

③删除重复数据的处理策略。

为避免由于“书名”的问题导致部分数据偏高，决定以“书名”作为唯一字段进行处理。具体操作是删除重复数据，仅保留每个“书名”的第一行数据。需要注意的是，该处理方式会将同名书籍也一并删除。因此，为了保持分析的准确性，将以“无同名书籍”作为假设条件来查看删除重复书名后，统计各字段的非重复数据（见图 3-12）。

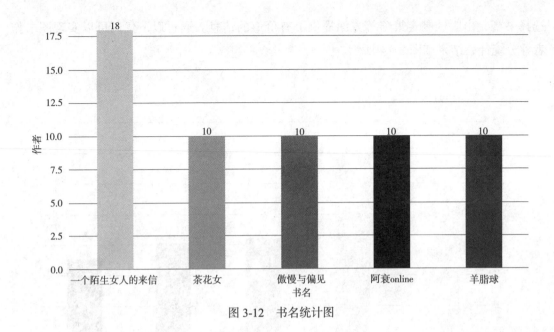

图 3-12　书名统计图

```
data_drop_dup_bookname = data_clear_3.drop_duplicates(subset=' 书名 ', keep='first').reset_index(drop=True)

print(data_drop_dup_bookname.nunique())
```

观察如图 3-13 所示的数据信息图，发现"书名"有 49333 行数据，而"作者"仅有 34412 行数据。由此可知，数据源中存在部分书籍属于同一作者的情况。这个处理策略有助于减少数据中的重复信息，确保在后续的分析中得到更可靠的结果。

④统计删除重复书名后各字段非重复数据。

在删除重复书名后，观察数据，"书名"有 49333 行数据，但'作者'仅有 34412 行数据。由此可知，数据源中存在部分书籍为同一作者的情况。

按照作者分类，统计前 5 个作者发行的书籍。其中，前 5 个作者分别为"亦舒""鲁迅""王小波""古龙""郑渊洁"。

例如，在"鲁迅"的书籍中，评分最高的为《鲁迅全集》，评分为 9.5 分。

通过上述分析，读者可以更好地了解每位作者的作品情况，找出他们的代表作以及最受欢迎的作品。这为读者

```
书名           49333
作者           34412
出版社          4003
出版时间        3652
数             1749
价格           1232
ISBM          357
评分            64
评论数量        4193
Unnamed: 9     2
dtype: int64
```

图 3-13　数据信息图

选择书籍、出版社制定策略等方面提供了有价值的信息。通过以下代码可以实现图书作者评分统计，结果如图 3-14 所示。

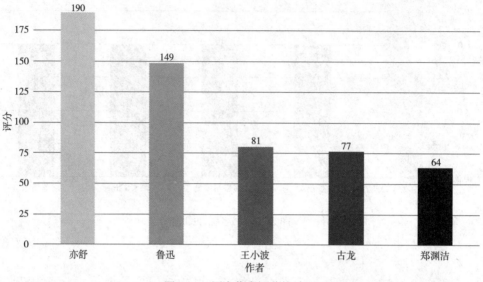

图 3-14　图书作者评分统计图

```
data_author = data_drop_dup_bookname.groupby('作者').agg({'书名': 'count'})\
.sort_values('书名',ascending=False).head(5).reset_index()
g2 = sns.barplot(x='作者', y='书名', data=data_author)
for i, row in data_author.iterrows():
    g2.text(row.name, row.书名, row.书名, ha='center', c='black')
```

⑤按出版社数量统计前 5 个出版社的书籍情况。

在"无同名书籍"的假设条件下，按出版社数量分类统计前 5 个出版社发行的书籍情况，如图 3-15 所示。发行最多的出版社为"中信出版社"，共发行 1463 本书籍。其中，评分最高的书籍为《行动的勇气》，评分高达 9.9 分。此外，该出版社旗下的《货币战争》有 37909 条评论数量，是该出版社评论数量最多的书籍。

其次发行最多的出版社为"人民文学出版社"，共发行 972 本书籍。其中，评分最高的书籍为《戚蓼生序本石头记》，评分达到 10 分。另外，《围城》有 178288 条评论数量，是该出版社评论数量最多的书籍。

通过图 3-15 分析有助于读者了解各个出版社的发行情况以及旗下一些备受关注的书籍。这为读者选择书籍、出版社优化出版策略等方面提供了有价值的信息。

⑥按年份和月份分类统计发行量。

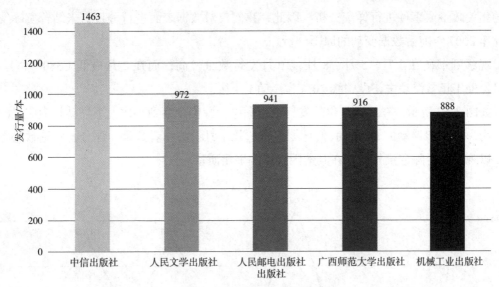

图 3-15　出版社前 5 统计图

发行书籍数量最高的是 2001 年（5079 本），最低为 2004 年（4858 本），两者差值为 221 本。从 2001 年至 2007 年，数据呈规律型显著浮动，2007 年后发行数量逐渐缓慢上升。

由于时间已被替换为随机抽取 2001-1-1 至 2010-12-31 之间的日期，因此每次执行代码时间都将随机改变。按年份图书发行量统计图如图 3-16 所示。

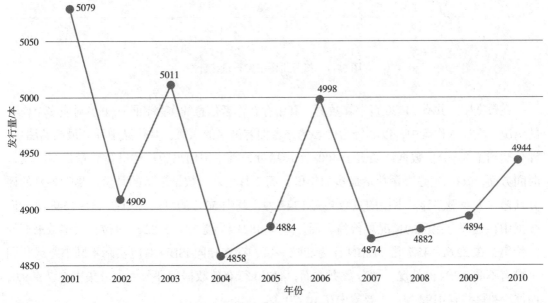

图 3-16　按年份图书发行量统计图

由于书籍数据由 34412 个国内外作者所组成，影响数据的浮动原因并非由单一作者数据所造成，需考虑外部因素的影响。由于出版时间是随机数据替换而来，难以对照 2007

年的相关政策或事件进行详细分析。因此，我们仅对数据表面进行分析，未结合实际发行情况作 2007 年前后数据变动的原因分析。

观察到书籍在 1 月、5 月、8 月、10 月发行数量较高，而在 2 月最低（3800 本）。其余月份处于正常浮动中，设中线 20% 为浮动上下限。

如图 3-17 所示，在结合月份的发行数据图中，我们观察到环比上下浮动较为明显的情况。为深入了解浮动的原因，我们计划追查这几个月份的作者数量、评分、评论数量等信息，以观察是否除数量外还存在其他因素影响书籍质量。

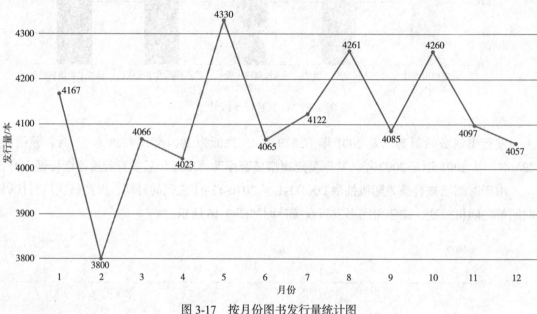

图 3-17　按月份图书发行量统计图

在数据中，共有 51770 行书籍数据，其中存在作者信息的多列和同一书名对应多个作者的情况。在这些作者中，以亦舒为代表的作者拥有最多的书籍，其作品中评分最高的图书，评分达到了 8.6 分。数据还涵盖了 4003 个出版社，其中中信出版社的书籍数量最多。发行时间方面，2007 年是书籍数量最多的年份，而 2 月是发行数量最多的月份，尽管各月的评分均值并无明显差异。书籍的页数共有 1749 种，其中 50% 的页数分布在 441~1548 页，但数据中存在部分混乱的情况。价格方面，共有 48219 行数据，1232 个价位，大多数书籍的定价集中在 22.62~45.7 元。ISBN 作为非唯一值，存在相同 ISBN 对应实际不同书籍或相同书籍有不同 ISBN 的情况。评分数据方面，44713 行有效数据中评分大部分集中在 7.1~9.0，而评论数量共有 4192 类，主要集中在 10~20 个。

为了更详细地了解数据，可计划提取 20 位作者评分最高的书籍，并增加评论数量字段进行排名。考虑到评分相同的情况，最终保留了 14 本书籍。在进一步筛选中进行了一些数据处理，比如删除了书籍数小于 25、价格小于 0.5、评分为 0.00 以及评论数量为 0 的数据行。

在推荐书籍时，可以设定一系列标准，包括作者为发行书籍数前 10000 名，出版社为发行书籍数前 1000 名，价格高于总体价格 30%（22.62 元），评分高于 7.1 分，评论数量不低于 10 个。最终，根据评分高低筛选出前百名的书籍进行推荐。

数据分析为图书行业提供了深刻的市场洞察和战略指导，使其能够更好地适应快速变化的市场环境。通过对销售数据、读者喜好、市场趋势和作者影响力等方面的深入分析，图书行业可以实现更智能、灵活和高效的图书产业链管理，提高市场竞争力，同时为读者提供更丰富的阅读体验。这一数据驱动的决策模式为图书产业链的改进和发展提供了可靠的科学依据。

本章介绍了数据分析的基本概念、应用领域、意义、数据预处理的方法、数据分析的方法以及实际应用示例。通过本章学习，读者能够了解数据分析的基本概念和应用领域，掌握数据预处理和分析的方法，并能够运用这些知识解决实际问题。

1. 在数据分析中，什么是异常值？（　　　）
A. 数值比其他值大或小　　　　　　B. 数值与其他值相似
C. 数值具有特殊意义　　　　　　　D. 数值与数据集中的其他值明显不同

2. 在数据分析中，什么是数据清洗？（　　　）
A. 去除重复数据　　　　　　　　　B. 将数据转换为所需格式
C. 确保数据中没有缺失值　　　　　D. 所有上述

3. 什么是聚类分析？（　　　）
A. 基于相似性将数据分组　　　　　B. 通过建立模型来预测结果
C. 对数据进行排序和分类　　　　　D. 所有上述

4. 什么是特征选择？（　　）
A. 从数据集中选择最有价值的特征　　B. 将所有特征都用于分析
C. 将相关特征合并为一个特征　　　　D. 所有上述

5. 在数据分析中，什么是回归分析？（　　）
A. 预测未来结果　　　　　　　　　　B. 发现变量之间的关系
C. 将数据分成不同的组　　　　　　　D. 所有上述

6. 什么是分类器？（　　）
A. 支持向量机　　　　　　　　　　　B. 随机森林
C. 决策树　　　　　　　　　　　　　D. 所有上述

7. 什么是特征提取？（　　）
A. 从数据中提取有用的信息　　　　　B. 将多个特征合并为一个特征
C. 将不相关的特征去除　　　　　　　D. 所有上述

8. 什么是假设检验？（　　）
A. 检验两个变量是否相关　　　　　　B. 确定一个假设是否可以被拒绝或接受
C. 检查数据是否符合正态分布　　　　D. 所有上述

9. 在数据分析中，什么是监督学习？（　　）
A. 通过已有的数据集训练模型　　　　B. 通过人为干预来改进模型
C. 通过增加数据集大小来训练模型　　D. 所有上述

10. 什么是主成分分析？（　　）
A. 减少特征数量　　　　　　　　　　B. 将数据转换为新的坐标系
C. 降低数据复杂性　　　　　　　　　D. 所有上述

第 4 章 数据可视化技术

导读

数据可视化是将抽象的数据通过图表、图形等形式转化为直观易懂的展示方式,帮助人们更好地理解数据、发现趋势、做出决策。它在商业、科学、政府等领域有着广泛应用,通过遵循数据清洁、选择合适形式、注重设计美学等原则,可以实现准确有效的数据传达。随着技术的发展,数据可视化技术不断创新,未来将更智能、个性化,并与增强现实和虚拟现实技术融合。本章将全面介绍数据可视化的理论、方法和应用,帮助读者掌握数据可视化技能,实现更好的数据分析和决策支持。

学习目标

1. 了解数据可视化设计原则。
2. 知道数据可视化工具和 Python 库。
3. 掌握 Excel 数据可视化的图表功能。
4. 熟悉 Python 数据可视化流程,掌握 Python 数据可视化方法,能根据需求使用各种库进行数据可视化。

1. 熟悉和运用数据可视化工具。
2. 掌握数据可视化工具 Python 库，如 Matplotlib、Seaborn 等。

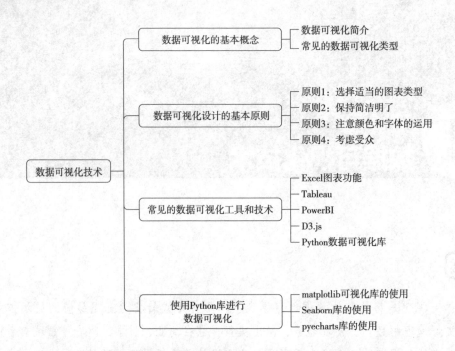

4.1 数据可视化的基本概念

本节将介绍数据可视化的基本概念，并列举常见的数据可视化类型。数据可视化是指通过图表、图形、地图等方式将数据呈现出来，以帮助人们更好地理解数据的含义和规律。它是将抽象的数字转化为直观的可视元素的过程，可以使复杂的数据变得易于理解和解释。数据可视化在信息时代发挥着重要作用。

4.1.1 数据可视化简介

数据可视化是通过图表、图形、地图等形式，将数据转化为可视化的信息展示方式，

图 4-1 展示了数据可视化效果图。数据可视化帮助人们更直观地理解和发现数据中的规律、趋势和关联性,数据可视化不仅限于静态图表,还包括交互式和动态图表,以及虚拟现实中的可视化应用。

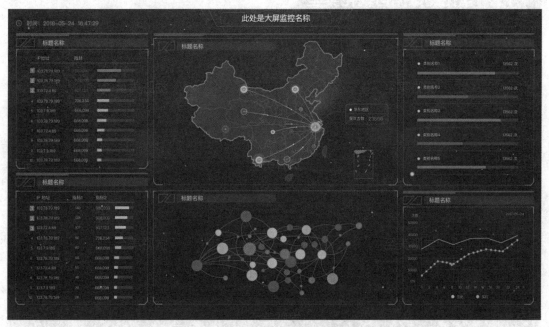

图 4-1　数据可视化效果图

数据可视化的发展历史可以追溯到古代,随着计算机技术和数据科学的不断进步,数据可视化技术在近年来得到了显著的发展和普及。以下是数据可视化的主要发展里程碑。

17 世纪,英国数学家威廉·普莱斯利(William Playfair)被认为是第一个使用统计图表的人,他创造了多种类型的图表,包括折线图、饼图和柱状图,用于展示经济和统计数据。

19 世纪,统计学家开始使用统计表来描述社会和经济现象,并推动了社会统计学的发展。

20 世纪,计算机技术的发展对数据可视化起到了重要的推动作用。20 世纪 60 年代和 70 年代,图形终端和计算机图形学的出现使得数据可视化具备了实时的交互能力。1987 年,统计软件 SAS 发布了第一个图形统计软件,为数据可视化提供了强大的工具支持。

21 世纪初,随着互联网和大数据时代的到来,数据可视化技术开始蓬勃发展。2001 年,美国《纽约时报》发布了一系列基于互动式图表的新闻报道,引起了广泛关注。这一事件激发了数据新闻领域的兴起,将数据可视化与新闻传播相结合,使得数据可视化更加丰富、多样化。

当前,数据可视化已经成为数据科学和商业智能的核心工具之一。随着数据可视化技术的不断创新和进步,人们可以使用各种现代化的工具和框架来创建复杂、交互式的可视化作品。同时，数据可视化也逐渐向移动设备和虚拟现实等新领域延伸，为用户提供更丰富、直观的数据体验。

4.1.2 常见的数据可视化类型

数据可视化有许多类型，不同类型的数据可视化都有自己的优点和缺点，需要根据不同的数据类型和分析目的选择合适的可视化类型。同时，需要注意避免使用过于复杂或不直观的可视化类型，以及避免图表的误导性和主观性。图 4-2 展示了一些常见的数据可视化类型的效果，下面针对一些数据可视化的主要类型进行介绍。

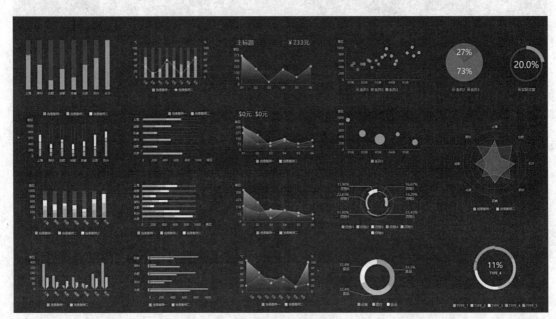

图 4-2 常见的数据可视化类型的效果

（1）条形图（bar chart）。条形图是用于比较项目间数量差异的最常用和基础的图表类型之一。适用于数据之间存在相对大小关系的情况，例如比较销售额或收益等。条形图的优点在于展示数据清晰、简单易懂，缺点是不适合展示过多数据或数据变化趋势。

（2）折线图（line chart）。折线图是一种将数据按顺序用点和线连接起来形成的图表类型，适用于展示连续性数据，例如时间序列数据。折线图的优点在于可以展示数据的趋势变化，缺点是不能同时显示多组数据。

（3）散点图（scatter plot）。散点图是用于表示两个变量之间关系的图表类型，其中数据以点的形式显示在坐标轴上，适用于发现数据之间的相关性。散点图的优点在于能够展示数据之间的相关性或分布情况，缺点是不能同时处理多个变量。

（4）饼图（pie chart）。饼图是一种圆形图表，根据不同数据的比例将圆形分成若干份，适用于展示百分比和相对大小关系等情况。饼图的优点在于能够直观展示数据的比例关系，缺点是不能展示过多项数据。

（5）气泡图（bubble chart）。气泡图是散点图的一种变体，其中每个数据点代表一个三维变量，通过点的大小表示第三个变量的大小，适用于同时展示多个变量之间的关系。气泡图的优点在于能够同时展示多组数据之间的相关性和趋势，缺点是不能展示大量数据。

（6）热力图（heat map）。热力图是一种使用渐变的颜色来表示数据密度和分布情况的图表类型，适用于展示大批量数据的分布情况和趋势。热力图的优点在于能够直观展示数据分布的密度和趋势，缺点是不能处理连续性数据。

（7）地图（map）。地图是一种将数据按地理位置显示在地图上的可视化类型，适用于展示地理空间的数据分布和相关性。地图的优点在于能够展示数据地理空间上的特征和趋势，缺点是需要有地理信息进行展示。

图表是一种可视化工具，可以用来展示数据和信息。在制作图表时，需要考虑想展示什么，以及使用什么样的图表类型和结构来表达观点或展示数据。同时，也需要考虑图表的颜色、字体、标签、比例等因素，以确保图表的易读性和易懂性。图 4-3 展示了各种图

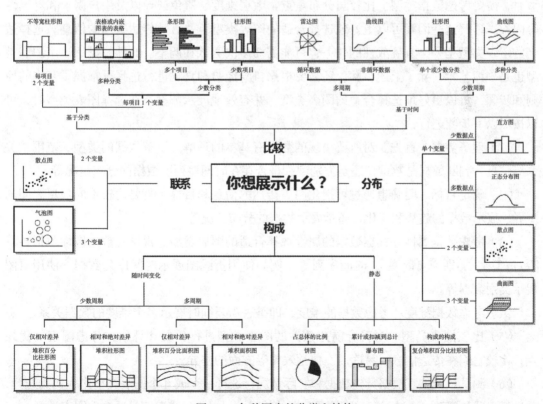

图 4-3 各种图表的分类和结构

表的分类和结构,包括饼图、柱形图、折线图、散点图等。每个图表类型都有其特点和适用场景,需要根据具体情况选择合适的图表类型。总的来说,这个图的目的是提供一个图表制作的思维指南和具体制作方法的提示,帮助读者更好地利用图表这一工具来传递信息和表达观点。

4.2 数据可视化设计的基本原则

本节将介绍数据可视化设计的基本原则,包括选择适当的图表类型、保持简洁明了、注意颜色和字体的运用以及考虑受众。

4.2.1 原则1:选择适当的图表类型

不同的数据类型和目的需要选择不同的图表类型。例如,使用折线图来显示趋势、使用柱状图来比较不同类别的数据、使用散点图来展示变量之间的相关性等。在选择图表类型时,需要考虑数据类型、比较与分布重点、数据维度、避免误导以及用户需求和易读性等因素。理解这些因素可以更好地选择合适的图表类型,并有效传达数据的信息。选择适当的图表类型是一个有挑战性的任务,可能需要多次尝试和调整。此外,灵活运用图表类型也是一门艺术,除了上述步骤,还需要根据自身经验和直觉进行选择。掌握了基本的原则和步骤,可以更好地选择合适的图表类型,并有效地展示数据。在选择图表类型时,可以按照以下步骤进行:

(1)理解数据。首先要对所要呈现的数据有基本的理解。了解数据的类型、范围、关系等信息,判断数据是数量型还是类别型、是否存在时间序列、数据的分布情况等。

(2)确定目标。明确想通过可视化图表传达的信息和目标,是要比较不同项目之间的差异、展示数据的趋势和变化,还是展示数据的分布情况等。

(3)考虑数据属性。根据数据的属性选择合适的图表类型。常见的数据属性包括数量(数值型)、类别(离散型)、时间序列等。例如使用折线图展示时间序列数据,使用饼图展示类别数据等。

(4)考虑数据维度。考虑数据的维度,即是否需要同时展示多个维度的数据关系。

(5)比较图表类型。对符合前述条件的图表类型进行比较和评估,考虑图表的优缺点,比较它们在传达信息、易读性、视觉效果等方面的差异。

(6)测试和调整。根据具体数据和实际情况,选择一个或几个图表类型作为初始选择,并进行测试和调整。通过观察实际呈现数据的效果,可以进一步确定最适合的图表类型。

（7）选择最佳图表类型。根据测试和调整的结果，选择最佳的图表类型来呈现数据。确保图表能够清晰有效地传达所要表达的信息，并与受众的需求相匹配。

4.2.2　原则2：保持简洁明了

数据可视化应该尽可能简洁明了，避免过多的装饰和不必要的信息。要注意图表的标题、标签、刻度和图例等元素的清晰和简洁，以便读者能够快速理解图表的含义。简洁的数据可视化不仅能提高可读性，还能使读者更快速、准确地理解数据的含义。可以通过以下步骤来实现数据可视化的简洁明了。

（1）精选数据。为避免过多的数据点或冗余信息，只选择与目标和主题直接相关的数据。

（2）简化图表类型。选择最适合、最简洁的图表类型来呈现数据，避免使用复杂的图表类型或过多的图表元素，以免分散读者的注意力和理解力。简单的图表类型通常能更好地传达数据的核心信息。

（3）消除无关注点的元素。消除不必要的背景、线条、网格、阴影等元素，将焦点集中在数据本身上。减少视觉噪声，使读者更容易专注于数据的含义。

（4）使用清晰的标签和标题。确保图表上的标签和标题清晰明了。标签应包括正确的数值、类别或事件，并采用易懂的词语或术语。标题应简洁地概括图表的主要信息或结论。

（5）优化颜色和字体。选择几种凸显数据的鲜明颜色，避免使用过多的颜色，以免造成混淆和干扰。同时，选择易读的字体，并确保字体大小合适，以便读者能够轻松阅读相关信息。

（6）突出重点。使用适当的注解、高亮或其他视觉手段来突出重要的数据点、趋势或关系。突出重点能使读者更容易抓住图表中的关键信息。

（7）保持布局整洁。确保图表元素的布局整洁有序。间距适当、对齐正确、比例协调等都能帮助图表看起来更加清晰和易读。

（8）清晰的交互和动画。如果使用交互或动画效果，需确保其能够提供额外的信息或增强用户体验。避免过度复杂的交互和动画分散读者注意力。

简洁明了的数据可视化是一种有效的沟通工具，能够帮助读者快速、准确地理解数据。通过精选数据、简化图表类型、消除无关注点的元素、使用清晰的标签和标题、优化颜色和字体、突出重点、保持布局整洁以及清晰的交互和动画等步骤，可以实现简洁明了的数据可视化，并提高信息传播的效率。图4-4就展现了简洁明了的可视化效果。

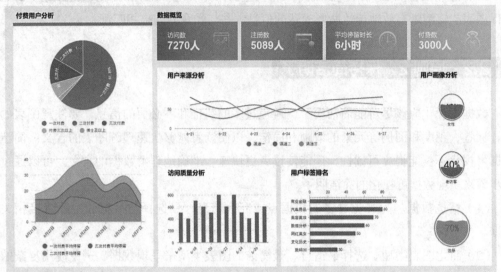

图 4-4　简洁明了的可视化效果

4.2.3　原则 3：注意颜色和字体的运用

在做数据可视化的时候，颜色的选择应该符合视觉感知的原则，尽量使用明亮且对比度强的颜色来突出重点。同时，要确保颜色的使用有一致性和可读性。字体的选择应该清晰易读，保持一致性。可以根据数据可视化的主题和受众来选择合适的字体类型和大小。颜色和字体在数据可视化中扮演着非常重要的角色，可以帮助读者更好地理解和抓住关键信息。可以通过以下步骤来注意颜色和字体的运用。

（1）选择适当的颜色。选择代表性强、易辨认并且符合情感的颜色。避免使用太多的颜色和过于鲜艳的颜色。可以使用在线工具如 Adobe Color（见图 4-5）或 ColorBrewer 等来选择正确的颜色。

（2）统一使用颜色。确保在整个图表中使用一致的颜色，例如同样的数据类型使用相同的颜色。这有助于避免混乱和误导，并使数据更加易于比较和对比。图 4-6 为 RGB 标准配色表。

（3）避免颜色过分比较。避免使用颜色作为数据的唯一比较标准。如果必须使用颜色，应该确保颜色和图表上其他元素的比较方式相似，以免使读者产生困惑。

（4）使用清晰而易读的字体。选择易读的字体并确保字体大小适中（通常在 12~16 磅）。使用一致的字体并在当前图表中使用统一的字体风格（如粗体或斜体）。

（5）避免过多的字体和字号。避免在同一图表中使用过多的字体和字号，这可能会导致视觉混乱并使读者很难理解数据，应该尽量保持简单和一致性的风格。

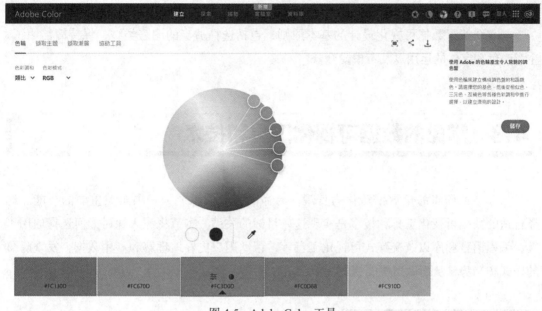

图 4-5 Adobe Color 工具

（6）使用颜色和字体来突出重点。使用适当的颜色和字体突出图表中重要的数据点或趋势。同时应该避免过度强调，以免混淆读者。

（7）测试和调整。最后，应该在实际中测试和调整颜色和字体的使用。通过展示图表给不同的群体来评估颜色和字体的效果，并询问他们对图表的理解程度和整个可视化效果。

RGB标准配色表							
R	G	B	配色	R	G	B	配色
226	35	26		0	164	220	
16	77	96		242	60	19	
26	127	156		242	160	7	
233	77	96		1	99	146	
64	161	237		96	166	46	
222	156	83		82	89	107	
128	79	25		189	12	36	
34	180	191		0	0	0	
107	107	107		0	176	80	
1	184	170		0	81	108	

图 4-6 RGB 标准配色表

通过以上步骤，可以更加准确地运用颜色和字体来呈现数据。选择正确的颜色和字体能够让数据可视化更具吸引力和易读性，向读者传递更加清晰和准确的数据信息。

4.2.4 原则 4：考虑受众

在设计数据可视化时，要考虑受众的背景知识和需求。不同的受众可能对数据可视化的理解能力和需求有所差异。因此，需要根据受众的特点来确定图表的复杂度、语言和交互性等方面的设计。在进行数据可视化时，考虑受众是非常重要的。不同的受众可能会有不同的需求和背景知识，因此选择适当的图表类型、布局、颜色和字体是非常关键的。

正确的设计和呈现方式可以让受众更容易理解信息和数据，从而提高数据分析的效率和准确性。

本节介绍了数据可视化设计的基本原则，包括选择适当的图表类型、保持简洁明了、注意颜色和字体的运用以及考虑受众。

4.3 常见的数据可视化工具和技术

如今，如何将海量数据转化为直观、易懂的视觉信息成为一项至关重要的技能。选择合适的数据可视化工具和技术是实现这一目标的关键。本节将深入探讨如何选择通用工具、编程语言和库以及交互式可视化工具等，帮助用户更好地理解和利用数据，发现隐藏的模式和趋势，从而做出更明智的决策。

4.3.1 Excel 图表功能

Excel 是一种常见的数据处理和可视化工具，它提供了各种图表类型来展示数据。使用 Excel 的图表功能，可以创建柱形图、折线图、饼图、散点图等多种图表类型，并进行一些基本的格式调整和数据处理。Excel 是一种广泛使用的电子表格软件，它内置了丰富的数据可视化功能，可以帮助用户快速创建各种类型的图表，从而更好地展示和分析数据，图 4-7 为 Excel 数据可视化效果图。

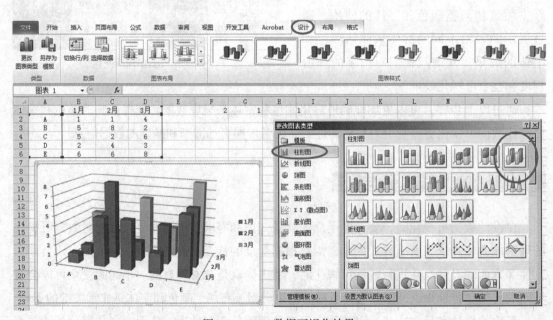

图 4-7　Excel 数据可视化效果

Excel 图表功能是一种简单易用的数据可视化工具，适用于各种类型的数据分析和展示。虽然 Excel 图表功能相对简单，但对于一些基本的数据可视化需求，它仍然是一个非常有用的工具。Excel 数据可视化的优点如下。

（1）用户友好性。Excel 提供了直观且易于使用的界面，可以通过简单的拖动、选择和调整来创建各种图表，无须编写代码或进行复杂的配置。

（2）多样的图表类型。Excel 提供了丰富的图表类型，包括柱形图、折线图、饼图、散点图、热力图等。

（3）数据处理能力。用户可以使用 Excel 的公式、函数和筛选器等工具对数据进行处理、计算和筛选。

（4）交互性。Excel 的数据可视化可以通过添加交互功能增强用户体验。数据透视表、筛选器和条件格式等功能，可以为用户提供交互式的控制和数据切片。

Excel 作为一款强大的数据分析工具，其数据可视化功能同样不容小觑。接下来，我们将展示一些 Excel 数据可视化的示例，帮助读者了解如何利用 Excel 将数据转化为直观、易懂的图表，从而更好地洞察数据背后的信息和趋势。

4.3.1.1 企业工资计算与数据透视图

图 4-8 是某企业部分员工的工资统计表，表格中有职工号、姓名、性别、职称、部门等多列内容。

接下来要通过公式与函数计算每位员工的基本工资、代扣社会保险、代扣住房公积金、代扣其他、应发合计工资、实发合计工资，计算标准如下：

（1）基本工资：高级工程师 8000，工程师 5000，助理工程师 3000。

（2）应发合计工资 = 基本工资 + 绩效工资 + 生活补贴。

（3）代扣社会保险 = 基本工资 ×8%。

	A	B	C	D	E	F	G	H	I	J	K	L	M	N	O	P
1	职工号	姓名	性别	职称	部门	基本工资	绩效工资	生活补贴	应发合计工资	房租	水电费	旷工天数	代扣社会保	代扣住房公积	代扣其他	实发合计工资
2	100201	王一一	男	工程师	工程部		682	50			8	4	0			
3	100301	高文德	女	高级工程师	设计部		1338.51	66			17.89	10	1			
4	100101	陈秀	女	助理工程师	管理部		535.36	50			2.5	8.74	3			
5	100303	王小荣	男	助理工程师	设计部		412.5	50			2.5	0	4			
6	100204	张培培	女	工程师	工程部		1105.8	58			17	0	1			
7	100306	樊凤霞	女	高级工程师	设计部		1056	50			28	9	0			
8	100206	纪梅	女	工程师	工程部		913.67	50			11	6	0			
9	100105	李英	男	工程师	管理部		502.84	50			6	3	0			
10	100302	闫玉	女	助理工程师	设计部		1337.25	50			12	6	0			
11	100307	徐天	男	工程师	设计部		1366	50			12	6	0			
12	100203	汪婷	女	工程师	工程部		1653.9	50			8	7.9	0			
13	100305	杨杰	男	助理工程师	设计部		912	50			8	4	0			
14	100102	马华	男	高级工程师	管理部		521	50			8	4	4			
15	100207	李明辉	男	工程师	工程部		1320	50			8	6	3			
16	100106	任爱敏	男	助理工程师	管理部		511.6	50			8	3.74	0			
17	100205	琳红	女	工程师	工程部		1524.22	70			20	6.9	0			
18	100108	刘慧	女	工程师	管理部		784.57	50			10	5	0			
19	100304	于宏	男	助理工程师	设计部		658.98	50			10	5	0			
20	100103	申伟娜	女	助理工程师	管理部		829.88	50			10	5	0			
21	100107	朱玉	男	高级工程师	管理部		910.15	50			10	5	2			
22	100308	李国强	男	工程师	设计部		1118.49	50			18	9	3			
23	100202	乌兰	女	工程师	工程部		1520.15	50			18	9	0			
24	100305	张凤凤	女	助理工程师	设计部		631.42	50			10	4	1			
25	100104	于涛	男	工程师	管理部		1094.84	50			10	5	0			

图 4-8 工资统计表

大数据技术及应用

（4）代扣住房公积金 = 基本工资 ×6%。

（5）代扣其他为每旷工一天扣 20。

（6）实发合计工资 = 应发合计工资 – 房租 – 水电费 – 代扣社会保险 – 代扣住房公积金 – 代扣其他。

（7）应发合计工资和实发合计工资保留小数点后两位。

根据以上要求，使用公式和函数计算后得到的结果如图 4-9 所示。

按部门对实发合计工资进行分类汇总，效果如图 4-10 所示。

再根据以上数据做一个数据透视表，对各部分的男士和女士的实发合计工资进行求和汇总。根据数据透视表，制作一张数据透视图，最终效果如图 4-11 所示。

	A	B	C	D	E	F	G	H	I	J	K	L	M	N	O	P
1	职工号	姓名	性别	职称	部门	基本工资	绩效工资	生活补贴	应发合计工资	房租	水电费	旷工天数	代扣社会保险	代扣住房公积	代扣其他	实发合计工资
2	100201	王一一	男	工程师	工程部	5000	682	50	5732	8	4	0	400	300	0	5020
3	100301	高文德	女	高级工程师	设计部	8000	1338.51	66	9404.51	17.89	10	1	640	480	20	8236.62
4	100101	陈秀	女	助理工程师	管理部	3000	535.36	50	3585.36	2.5	8.74	3	240	180	60	3094.12
5	100303	王小荣	男	助理工程师	设计部	3000	412.5	50	3462.5	2.5	0	4	240	180	80	2960
6	100204	张培培	女	工程师	工程部	5000	1105.8	58	6163.8	17	0	1	400	300	20	5426.8
7	100306	樊凤霞	女	高级工程师	设计部	8000	1056	50	9106	28	9	0	640	480	0	7949
8	100206	纪梅	女	工程师	工程部	5000	913.67	50	5963.67	11	6	0	400	300	0	5246.67
9	100105	李英	男	工程师	管理部	5000	502.84	50	5552.84	6	3	0	400	300	0	4843.84
10	100208	闫玉	男	助理工程师	工程部	3000	1337.25	50	4387.25	12	6	0	240	180	0	3949.25
11	100307	徐天	男	工程师	设计部	5000	1366	50	6416	12	6	0	400	300	0	5698
12	100203	汪婷	女	助理工程师	工程部	3000	1653.9	50	4703.9	18	7.9	0	240	180	0	4258
13	100302	杨杰	男	助理工程师	设计部	3000	912	50	3962	8	4	0	240	180	0	3530
14	100102	马华	男	高级工程师	管理部	8000	521	50	8571	8	4	4	640	480	80	7359
15	100207	李明辉	男	工程师	工程部	5000	1320	50	6370	12	6	2	400	300	40	5612
16	100106	任爱敏	女	工程师	管理部	3000	511.6	50	3561.6	8	3.74	0	240	180	0	3129.86
17	100205	琳红	女	工程师	工程部	5000	1524.22	70	6594.22	20	6.9	0	400	300	0	5867.32
18	100108	刘慧	女	助理工程师	管理部	3000	784.57	50	3834.57	10	5	0	240	180	0	3399.57
19	100304	于宏	男	工程师	设计部	5000	658.98	50	3708.98	8	4	0	240	180	0	3276.98
20	100103	中伟娜	女	助理工程师	管理部	3000	829.88	50	3879.88	10	5	1	240	180	20	3424.88
21	100107	朱玉	男	高级工程师	管理部	8000	910.15	50	8960.15	10	5	2	640	480	40	7785.15
22	100308	李国强	男	工程师	设计部	5000	1118.49	50	6168.49	18	9	3	400	300	60	5381.49
23	100202	乌兰	女	工程师	工程部	5000	1520.15	50	6570.15	18	8	0	400	300	0	5844.15
24	100305	张凤凤	女	助理工程师	设计部	3000	631.24	50	3681.24	10	4	0	240	180	0	3247.24
25	100104	于海	男	工程师	管理部	5000	1094.84	50	6144.84	10	5	1	400	300	20	5409.84

图 4-9　计算结果

		A	B	C	D	E	F	G	H	I	J	K	L	M	N	O	P
	1	职工号	姓名	性别	职称	部门	基本工资	绩效工资	生活补贴	应发合计工资	房租	水电费	旷工天数	代扣社会保险	代扣住房公积	代扣其他	实发合计工资
	2	100101	陈秀	女	助理工程师	管理部	3000	535.36	50	3585.36	2.5	8.74	3	240	180	60	3094.12
	3	100102	马华	男	高级工程师	管理部	8000	521	50	8571	8	4	4	640	480	80	7359
	4	100103	中伟娜	女	助理工程师	管理部	3000	829.88	50	3879.88	10	5	1	240	180	20	3424.88
	5	100104	于海	男	工程师	管理部	5000	1094.84	50	6144.84	10	5	1	400	300	20	5409.84
	6	100105	李英	男	工程师	管理部	5000	502.84	50	5552.84	6	3	0	400	300	0	4843.84
	7	100106	任爱敏	女	工程师	管理部	3000	511.6	50	3561.6	8	3.74	0	240	180	0	3129.86
	8	100107	朱玉	男	高级工程师	管理部	8000	910.15	50	8960.15	10	5	2	640	480	40	7785.15
	9	100108	刘慧	女	助理工程师	管理部	3000	784.57	50	3834.57	10	5	0	240	180	0	3399.57
	10					管理部 汇总											38446.26
	11	100201	王一一	男	工程师	工程部	5000	682	50	5732	8	4	0	400	300	0	5020
	12	100202	乌兰	女	工程师	工程部	5000	1520.15	50	6570.15	18	8	0	400	300	0	5844.15
	13	100203	汪婷	女	助理工程师	工程部	3000	1653.9	50	4703.9	18	7.9	0	240	180	0	4258
	14	100204	张培培	女	工程师	工程部	5000	1105.8	58	6163.8	17	0	1	400	300	20	5426.8
	15	100205	琳红	女	工程师	工程部	5000	1524.22	70	6594.22	20	6.9	0	400	300	0	5867.32
	16	100206	纪梅	女	工程师	工程部	5000	913.67	50	5963.67	11	6	0	400	300	0	5246.67
	17	100207	李明辉	男	工程师	工程部	5000	1320	50	6370	12	6	2	400	300	40	5612
	18	100208	闫玉	男	助理工程师	工程部	3000	1337.25	50	4387.25	12	6	0	240	180	0	3949.25
	19					工程部 汇总											41224.19
	20	100301	高文德	女	高级工程师	设计部	8000	1338.51	66	9404.51	17.89	10	1	640	480	20	8236.62
	21	100302	杨杰	男	助理工程师	设计部	3000	912	50	3962	8	4	0	240	180	0	3530
	22	100303	王小荣	男	助理工程师	设计部	3000	412.5	50	3462.5	2.5	0	4	240	180	80	2960
	23	100304	于宏	男	工程师	设计部	5000	658.98	50	3708.98	8	4	0	240	180	0	3276.98
	24	100305	张凤凤	女	助理工程师	设计部	3000	631.24	50	3681.24	10	4	0	240	180	0	3247.24
	25	100306	樊凤霞	女	高级工程师	设计部	8000	1056	50	9106	28	9	0	640	480	0	7949
	26	100307	徐天	男	工程师	设计部	5000	1366	50	6416	12	6	0	400	300	0	5698
	27	100308	李国强	男	工程师	设计部	5000	1118.49	50	6168.49	18	9	3	400	300	60	5381.49
	28					设计部 汇总											40279.33
	29					总计											119949.8

图 4-10　分类汇总

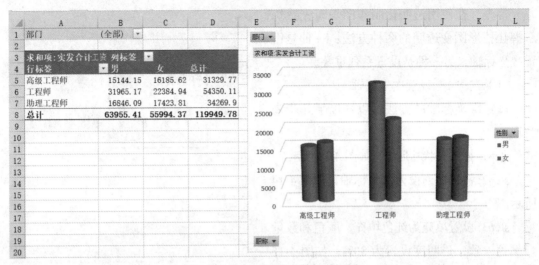

图 4-11 数据透视表和数据透视图

4.3.1.2 Excel 可视化案例

Excel 中的柱形图大家都知道怎么做,那么如何用柱形图构造各种可视化图表呢?今天来讲一种思路——让柱形图透明化。从这个思路可以引申出很多美化的可视化图表。以下列举了 2 种透明化的方法和 7 种通过透明化的思路制作图表的案例(案例来源于 CSDN),具体效果如图 4-12 所示。

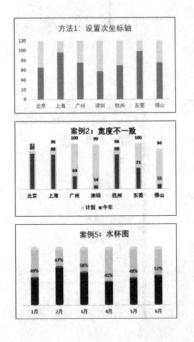
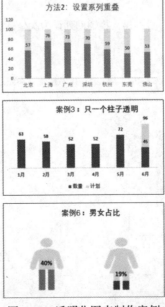
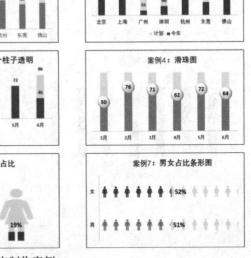

图 4-12 透明化图表制作案例

首先，在使用透明化制作图表时先熟练掌握让柱形图变透明的两种方法：一种是设置次坐标轴，另一种是设置系列重叠。

（1）方法1：设置次坐标轴。

设置次坐标轴的方法可以从以下几步来实现。

step1：插入簇状柱形图，如图4-13所示。

step2：将辅助列设为次坐标轴，如图4-14所示。

step3：设置填充为纯色填充，颜色和数量列颜色一致，透明度设置为80%，如图4-15所示。

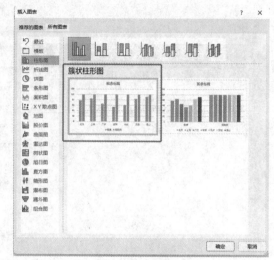

图4-13　插入簇状柱形图

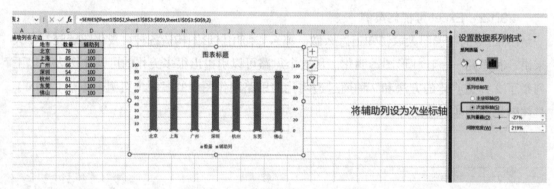

图4-14　将辅助列设为次坐标轴

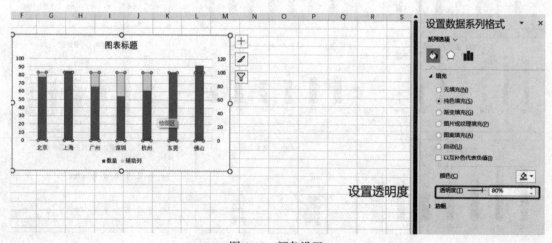

图4-15　颜色设置

通过以上设置后，最终效果如图 4-16 所示。

（2）方法 2：设置系列重叠。

设置系列重叠的具体步骤如下。

step1: 插入簇状柱形图。

在 Excel 中，选择合适的图表类型，并插入一个簇状柱形图。簇状柱形图是一种显示多个数据系列的柱形图，每个数据系列被放置在垂直方向上，并且彼此之间不重叠，如图 4-17 所示。

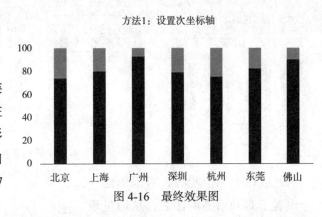

图 4-16 最终效果图

step2: 设置数据系列重叠为 100%。

在簇状柱形图中，右击其中一个数据系列，在弹出的快捷菜单中选择"设置数据系列格式"选项。在弹出的窗格中，找到"系列重叠"选项，并将其设置为 100%。这样做可以让每个数据系列在图表中完全重叠，以创建更丰富的视觉效果，如图 4-18 所示。

step3: 调整颜色。

在 Excel 中，可以调整每个数据系列的颜色，使其与整个图表的配色方案相匹配。确保主次坐标轴的颜色一致，以保持整体的一致性，如图 4-19 所示。

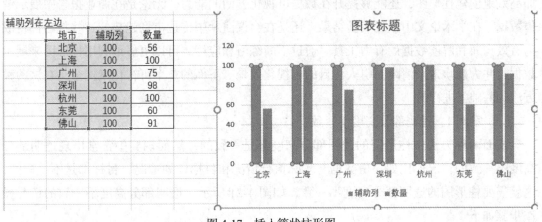

图 4-17 插入簇状柱形图

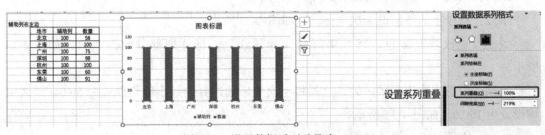

图 4-18 设置数据系列重叠为 100%

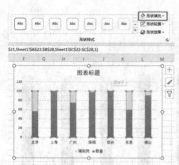
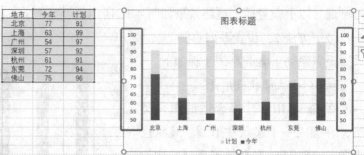

图 4-19 调整颜色

通过以上三个步骤,可以创建一个设置了系列重叠的图表,从而呈现出如图 4-20 所示的效果。这种效果可以使得各个数据系列在图表中更加清晰可见,同时也能够增强数据的对比度和可读性。这种方法在展示多个相关数据系列时非常实用,特别适用于想要突出显示某些数据时。

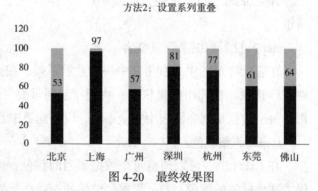

图 4-20 最终效果图

熟练掌握这两种方法不仅可以更加高效地创建柱形图,还能够提升在数据可视化方面的能力。无论是在商业报告中展示销售数据、在学术论文中呈现实验结果,还是在会议演示中传达市场趋势,这些技巧都将成为有效沟通和解读数据的有力工具。通过不断练习和应用,可以更好地利用柱形图来展示数据,并为观众带来清晰而引人注目的可视化效果。下面的 7 个可视化案例全是在这两种方法的基础上进行的。

(3)案例 1:透明部分高度不一致。

前面两种方法中柱形图的透明部分高度都是一致的,然而现实中常常出现透明部分高度不一致的情况,比如一份数据有实际执行情况和目标计划情况,目标都是不一样的,这就需要柱形图的透明部分高度不一致,如图 4-21 所示。透明部分高度不一致的情况操作步骤如下。

step1:插入一个簇状柱形图,如图 4-22 所示。

step2:将今年的数据设为次坐标轴,如图 4-23 所示。

step3:更改填充颜色,将今年部分改为深红色,将计划部分改为浅色,如图 4-24 所示。

step4:设置主次坐标轴一致,这里将主次坐标轴边界的最小值均设置为 50.0,最大值均设置为 100.0,如图 4-25 所示。

step5:微调一下,结果如图 4-26 所示。

第 4 章 数据可视化技术

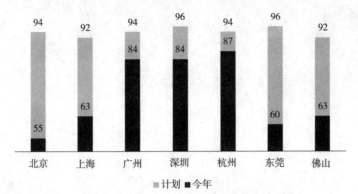

图 4-21 透明部分高度不一致的效果图

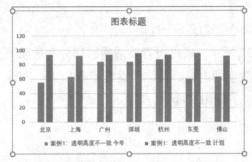

图 4-22 插入簇状柱形图

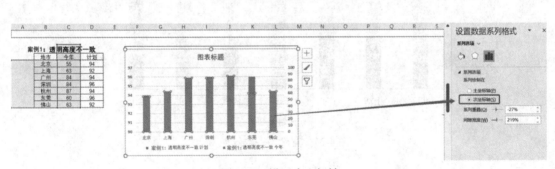

图 4-23 设置次坐标轴

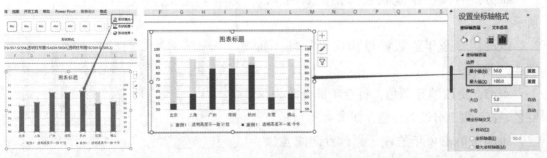

图 4-24 更改填充颜色　　　　　　图 4-25 设置主次坐标轴

199

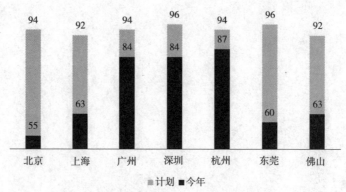

图 4-26 透明高度不一致效果图

（4）案例 2：宽度不一致。

如图 4-27 所示，通过设置不透明的部分和透明部分柱子的宽度不一致可以更好地凸显不透明部分数据的内容，具体的设置步骤如下。案例 2 的步骤的前三步与案例 1 一致，只需要多设置一下间隙宽度。

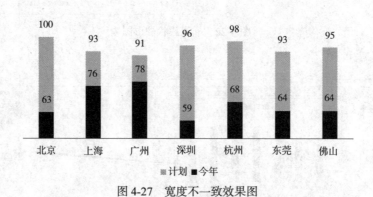

图 4-27 宽度不一致效果图

step1：插入一个簇状柱形图，如图 4-28 所示。

step2：将今年的数据设为次坐标轴，如图 4-29 所示。

step3：更改填充颜色，将今年部分改为深红色，将计划部分改为浅色，如图 4-30 所示。

step4：单击今年的柱子，设置间隙宽度，这里设置为 420%，效果如图 4-31 所示。

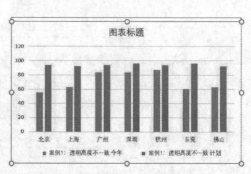

图 4-28 插入簇状柱形图

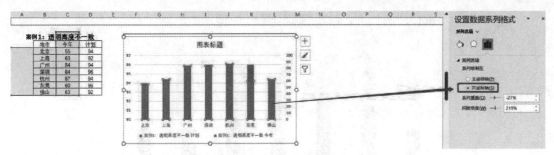

图 4-29　设置次坐标轴

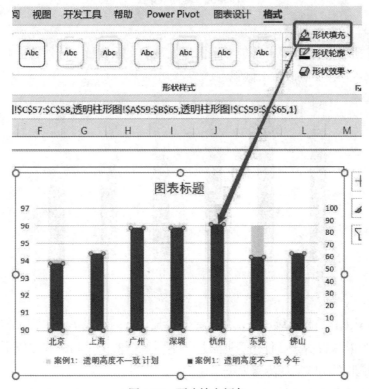

图 4-30　更改填充颜色

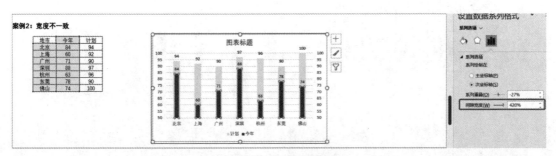

图 4-31　设置间隙宽度

step5：对图形进行微调一下，最终效果图如图 4-32 所示。

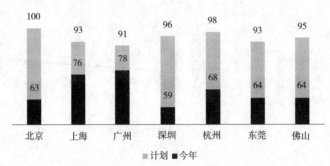

图 4-32　最终效果图

（5）案例 3：滑珠柱形图。

如果要让柱形图更加直观，并能够在图形上显示实际数量和计划数量对比的一个滑珠柱形图（见图 4-33），那应该怎么做呢？

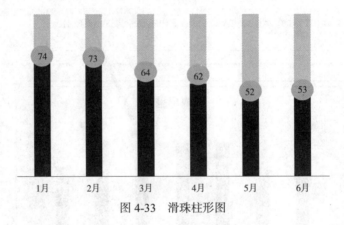

图 4-33　滑珠柱形图

滑珠柱形图由一系列连续的柱形组成，每个柱形的高度表示一个特定的数据点，这些数据点用一个个滑珠表示。这种图表通常用于显示数据的变化趋势和比较不同数据集之间的差异。滑珠柱形图具体实现步骤如下。

step1：在数量和计划区域插入簇状柱形图，如图 4-34 所示。

案例4：滑珠图

月份	数量	计划	辅助列点
1月	76	100	76
2月	51	100	51
3月	58	100	58
4月	69	100	69
5月	69	100	69
6月	65	100	65

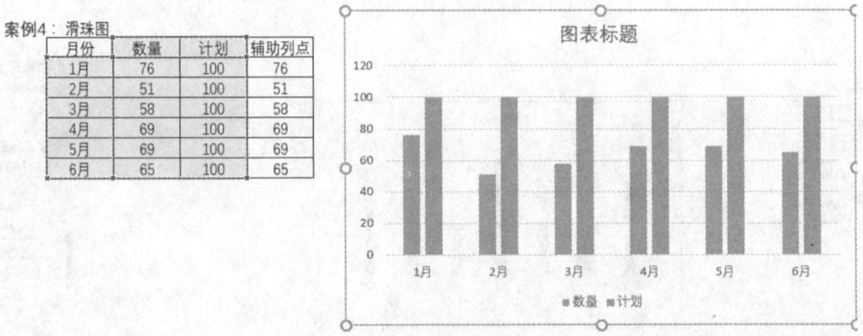

图 4-34　插入簇状柱形图

step2：次坐标轴绘制出透明柱子，如图 4-35 所示。

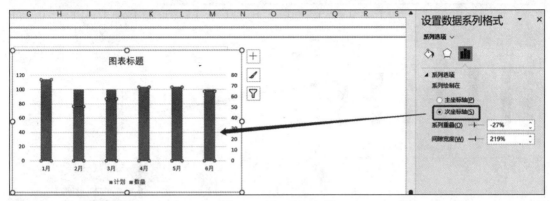

图 4-35　设置次坐标轴

step3：将辅助列点数据复制到图表中，右键单击辅助引点数据，更改数据系列格式，将辅助列点所在图表改为散点图，如图 4-36 所示。

step4：右键单击滑珠，设置数据系列格式，将标记设置为内置，设置大小为 20，颜色填充为和透明柱子一个颜色，如图 4-37 所示。

step5: 再设置滑珠的格式效果，将形状效果设置为棱台模式，让它有三维立体的感觉，如图 4-38 所示，最后设置完成效果如图 4-39 所示。

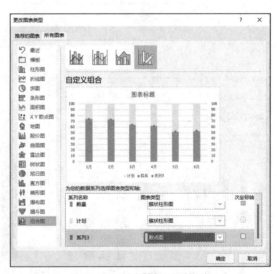

图 4-36　更改数据系列格式

（6）案例 4：男女占比。

通过前面插入圆柱体形状的例子，也可以联想到插入各种形状就有了不同的图形，比如图 4-40 所示这个男女占比效果的图，作图的关键在于形状的层叠并缩放。接下来讲解具体的操作步骤。

step1：做一个辅助列，插入簇状柱形图，通过设置系列重叠的方法让图表变为透明柱形图的样式，如图 4-41 所示。

step2：双击"男"系列的透明柱子部分，复制透明"男小人"，粘贴到"男透明柱子"，如图 4-42 所示。和前面复制粘贴不同的是，这里的两个柱子形状都是不同的，所以要一个一个设置。同样地，再将蓝色"男小人"复制粘贴到相应位置，如图 4-43 所示。再单击形状，在设置数据点格式中选层叠并缩放即可，如图 4-44 所示。其他例子如图 4-45~图 4-47 所示。

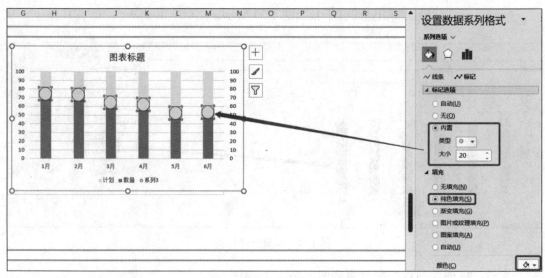

图 4-37 设置数据系列格式

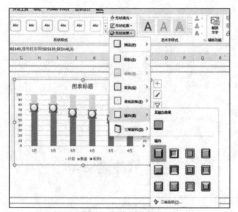

图 4-38 设置滑珠的格式效果

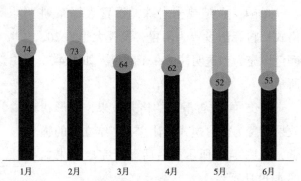

图 4-39 滑珠图效果图

案例6：男女占比

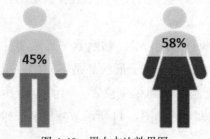

图 4-40 男女占比效果图

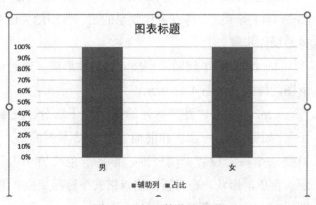

图 4-41 插入簇状柱形图

第 4 章 数据可视化技术

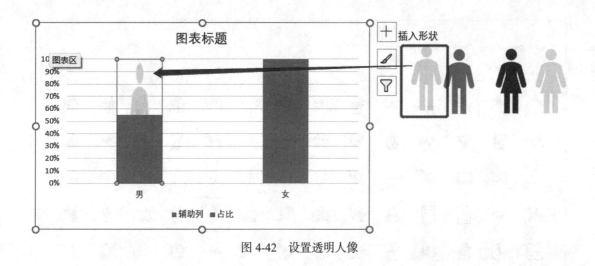

图 4-42　设置透明人像

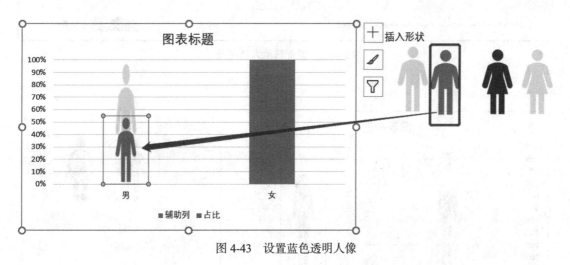

图 4-43　设置蓝色透明人像

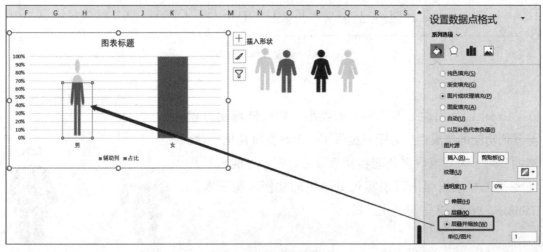

图 4-44　设置层叠缩放

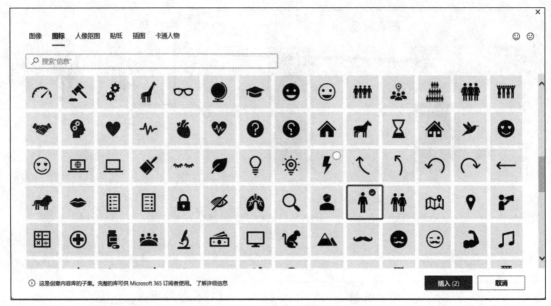

图 4-45　设置其他人物图像

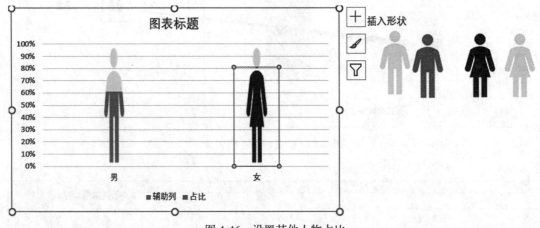

图 4-46　设置其他人物占比

案例6：男女占比

Excel 的易用性、丰富的图表类型、数据处理能力和与其他功能的集成性，为用户提供了一个数据可视化平台。然而，对于大规模数据处理和复杂数据分析，可能需要其他专业工具或编程语言来实现更高级的功能。接下来讲 Tableau、PowerBI 等可视化工具。

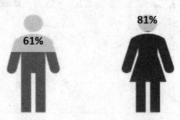

图 4-47　男女占比效果图

4.3.2 Tableau

Tableau 是一款简单易上手的可视化工具，适合各个领域和行业的数据分析和可视化工作。它可以从各种数据源中提取数据，通过简单的拖放操作生成各种精美的图表和仪表盘，帮助用户快速理解数据、发现规律和做出决策。Tableau 具有高效易用、可视化效果好、可扩展性强等优点，被广泛应用于商业智能、数据分析、数据科学等领域。无论是初学者还是专业数据分析师，Tableau 都能够满足他们的需求，提供出色的数据可视化体验。

4.3.2.1 Tableau 简介

Tableau 是一款专业的商业智能和数据可视化软件，它可以帮助用户快速地将数据转化为交互式的可视化图表和仪表盘，图 4-48 为 Tableau 界面。Tableau 成立于 2003 年，由 Chris Stolte、Pat Hanrahan 和 Christian Chabot 共同创建，它源自斯坦福大学的一个计算机科学项目，旨在改善分析流程并让人们能够通过可视化更轻松地使用数据。Tableau 作为现代商业智能市场的产品，能够使人们更加轻松地探索和管理数据，更快地发现和共享可以改变企业和世界的见解。Tableau 凭借人人可用的直观可视化分析，打破了商业智能（Business Intelligence，BI）行业的原有格局。它改变了使用数据解决问题的方式，使个人和组织能够充分利用自己的数据。Tableau 是一款"轻"BI 工具，它可以使用拖放界面可视化任何数据，还可以探索不同的视图，甚至可以轻松地将多个数据库组合在一起，而且不需要任何复杂的脚本。同时，通过内存数据引擎，Tableau 可以大大提高数据访问效率。

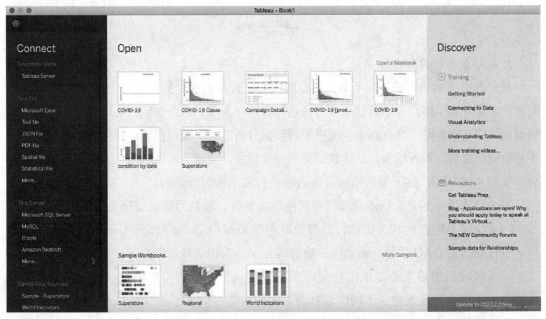

图 4-48　Tableau 界面

4.3.2.2 Tableau 案例：搭建 Tableau 经营分析看板

本案例来源于互联网。此处引入以便展示 Tableau 数据可视化效果。网址：https://baijiahao.baidu.com/s?id=16979363664019101338&wfr=spider&for=pc。

1. 案例数据说明

案例数据源于 Tableau 自带超市数据的《订单表》，为使经营分析更全面，将超市数据当作是线上超市，增加《目标表》《用户表》和《流量表》，表关系如图 4-49 所示。

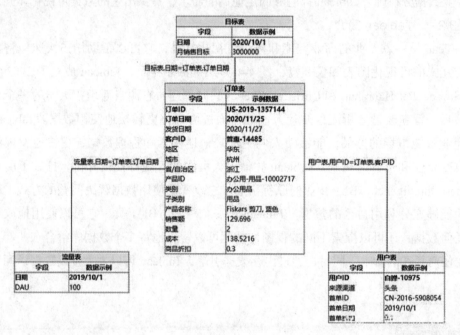

图 4-49 表关系

2. 规划看板结构和内容

规划看板结构和内容是一个组织数据的过程，旨在通过对数据进行分类、整理和解释，帮助企业更好地了解自身经营状况、市场趋势和用户需求，从而制定相应的战略和决策。规划看板结构和内容是一个有利于企业决策的数据分析过程，通过搭建可视化的看板，让数据更加生动、直观。看板结构从总体到细分共分为销售、流量、区域、用户、品类和商品六部分，如图 4-50 所示。接下来对这六部分内容进行简单的解释说明。

（1）销售展示的是最能体现部门业绩情况的数据，包括目标达成率及总体销售。

（2）流量是销售的相关指标，此部分既包括 DAU（Daily Active User，日活跃用户数量）也包括衡量 DAU 质量的购买用户数和转化率，为销售变动归因。

（3）区域指的是无论是从用户角度来看还是从企业经营角度来看，区域间都具有很大差异。从用户角度来看，不同区域有着不同的风俗习惯、生活节奏、人口构成、经济水平、购物偏好，这些因素直接导致了不同区域需要不同的商品选择和运营方式；从企业经

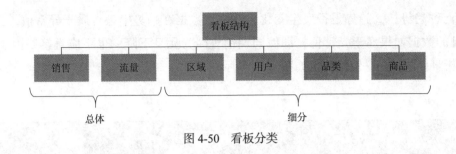

图 4-50 看板分类

营角度来看，不同区域的经营成本、投资收益、战略定位都不同。

（4）用户指的是此部分主要看新客，即拉新效果。新客不仅影响每天的销售变动，更是长期销售增长的源泉。

（5）品类部分包括品类销售分布及销售额相关指标的变化，以定位引起销售额变动的主要品类。

（6）商品部分需要找出影响最大的商品，无论是在整体销售中的权重，还是对整体销售变动的影响。

3. 搭建 Tableau 看板及分析

在搭建 Tableau 看板之前，首先需要定义一些派生指标。这些指标有助于更好地分析和理解数据。以下是一些派生指标的定义。

（1）实际支付金额。实际支付金额是指在销售过程中，考虑到商品折扣和首单折扣后的实际付款金额。实际支付金额 = 销售额 ×（1- 商品折扣 - 首单折扣）。

（2）毛利额 = 毛利额是指销售额减去商品成本后的金额，它反映了企业从销售中获得的利润。毛利额 = 实际支付金额 - 商品成本。

（3）毛利率。毛利率是指毛利额占实际支付金额的比例，它用于评估企业的盈利能力和效率。毛利率 = 毛利额 / 实际支付金额。

（4）转化率。转化率是指购买人数占 DAU 的比例，它衡量了广告、促销等营销活动对用户购买行为的影响力。转化率 = 购买人数 /DAU。

在搭建 Tableau 看板之后，可以将这些派生指标应用于数据分析。例如，在销售看板中，可以使用实际支付金额和毛利额来评估企业的销售情况和盈利能力。通过比较不同品类的平均单价和单均销量，可以了解到哪些品类对销售额的贡献最大，并采取相应的销售策略。此外，还可以使用转化率来评估广告和促销活动的效果，从而优化营销策略。接下来从销售分析、流量分析、区域分析、用户分析、品类分析、商品分析等内容具体讲解 Tableau 的使用。

（1）销售分析。达成率指的是与指定日期进度进行对比的结果，如果达成率偏低且不在预料中，则需要分析其原因。销售指标：12 月 31 日销售额和订单量均为 7 日最低，考虑即将元旦，可能受假期影响，需要查看同期数据确定是否存在此现象。毛利率中隐含着给用户的优惠，与销售额一般呈负相关。销售趋势：趋势图用于观察三个方面：①数据长期处于何种趋势；②趋势是否发生变化；③昨日数据在趋势中是否属于异常值，比如 12 月 31 日的数据如果属于异常值，即使同期销售因为元旦下降，也不应直接归因于假期。经营分析日报看板——销售分析如图 4-51 所示。

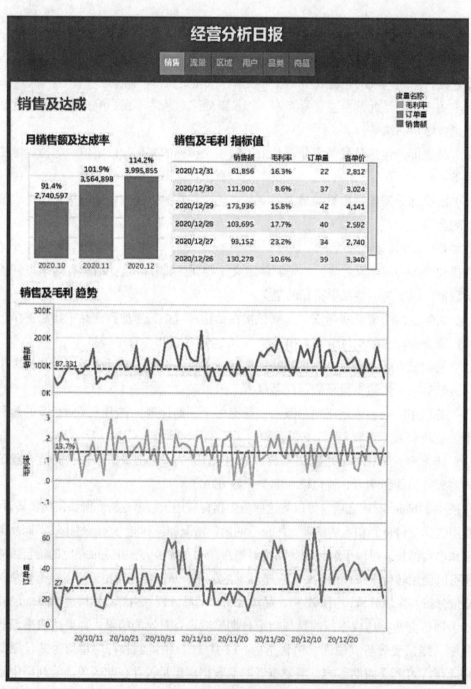

图 4-51　经营分析日报看板——销售分析

（2）流量分析。用户及流量指标指的是12月31日呈现用户数与DAU均低的现象，同时用户数与图4-51中的订单量差异较小，说明一个用户每天多次下单的情况较少，销售下降是由购买人数下降导致的，购买人数下降是由DAU及转化率共同下降导致的。值得注意的是，转化率连续5天下降，需要结合用户线上行为分析找出原因。用户趋势：用户数趋势同样看三个方面：①长期趋势；②趋势变化；③昨日数据是否有异常流量转化趋势。DAU反映了市场热度，和对外投放力度相关；转化率反映了用户购买意愿，和业务侧动作相关。经营分析日报看板——流量分析如图4-52所示。

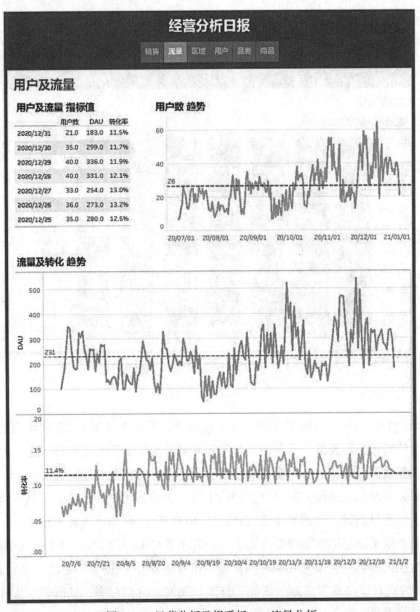

图4-52　经营分析日报看板——流量分析

（3）区域分析。销售额分布用于观察整体销售的变化是否由区域变化导致；订单量分布剔除掉了客单价因素，通过分析订单量与销售额的分布或分布变化是否相同，可以判断归因是往订单方向、用户方向，还是商品或品类方向。城市分布：从"城市指标筛选"中交替点击销售额和订单量，通过观察地图中城市和气泡大小的变化，可以获得更深层次的归因，比如气泡大的城市是否是认知中的高销售城市？销售突然增高的区域是分散于多个城市还是集中于个别城市？是否有销售额气泡很大但订单量气泡很小的城市？经营分析日报看板——区域分析如图4-53所示。

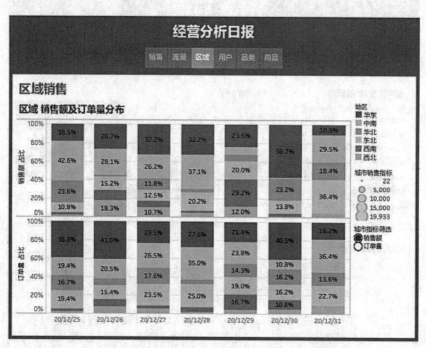

图4-53　经营分析日报看板——区域分析

（4）用户分析。案例趋势图显示，新客占比持续下降至几乎为0，说明后期已无外部投放也无自然增长，需要进一步分析是新访客流量的问题还是转化率的问题。12月底几乎无新客，因此数据按月展示。①新客占比用于了解主要获客来源，如有渠道uv，则应计算渠道转化率，衡量渠道质量，并结合用户线上行为分析优化空间。②渠道新客数用于了解新客体量，并衡量新客占比的参考价值，比如2020年12月知乎新客占比67%，但新客数仅2人，无法说明该渠道重要程度增加了。渠道新客Cohort：Cohort译为"同期群"，用于分析某一时期的新客数在未来相同时间段后的留存率差异。比如发现12月30日的新客在12月31日的次日留存率明显高于或低于其他日期的次日留存率，就需要深入分析是哪些原因导致这一现象。经营分析日报看板——用户分析如图4-54所示。

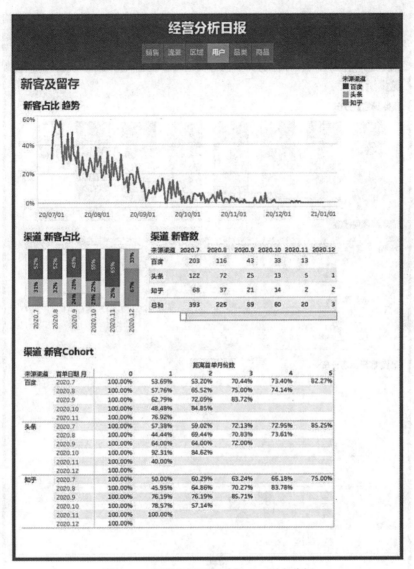

图 4-54　经营分析日报看板——用户分析

（5）品类分析。品类销售额分布是用于定位哪些品类导致整体销售额的变化。品类销售指标值在此表可上卷到类别，也可下钻到子类别，通过销售额的相关指标定位分析方向。品类昨日销售分布是销售额和订单量的四象限及单均销量的气泡，用于分析子类别在销售中所起的作用。高销售额代表销售贡献大，高订单量代表需求大或流量撬动大，比如图中的"椅子"，订单量属于中上但销售额远高于其他品类，说明客单价高，结合气泡相对较大，说明其销售额高受一单多量的影响，可以进一步分析这一现象是否正常，如果正常，是否能扩大用户群。经营分析日报看板——品类分析如图 4-55 所示。

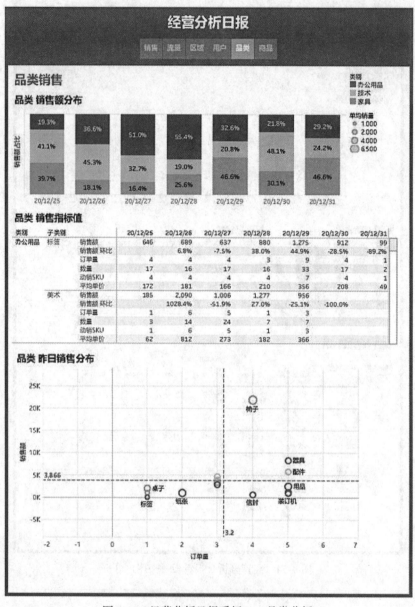

图 4-55　经营分析日报看板——品类分析

（6）商品分析。在这里首先对销售额/订单量 TOP10 进行分析。前 4 个表用于定位哪些商品在当日属于畅销品，需要关注"长期霸榜品"和"新晋畅销品"，前者是最受用户认可的口碑商品，后者是具有增长潜力的商品。其次分析销售额环比增幅 TOP10 的商品。后 2 个表用于定位环比变化最大的商品，关注单品变化对整体销售变化的影响程度、变化是否异常、由哪些原因导致，好的原因是否可以推广，坏的原因是否可以避免。经营分析日报看板——商品分析如图 4-56 所示。

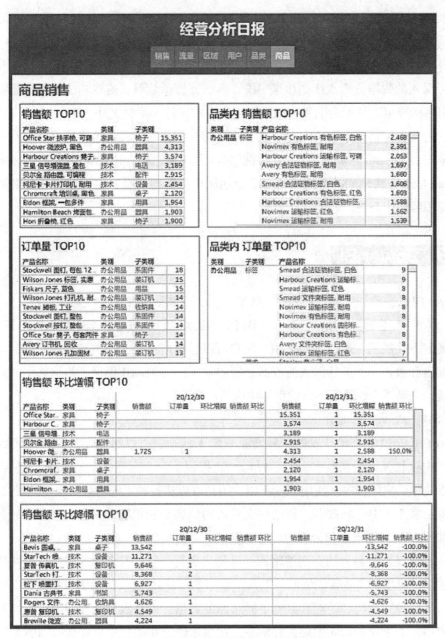

图 4-56　经营分析日报看板——商品分析

　　从上面案例可以知道 Tableau 是一款强大的数据可视化和分析工具，它能够帮助用户轻松地连接各种数据源并将数据转化为易于理解和吸引人的图表、图形和仪表盘。用户可以通过直观的拖放操作来构建交互式的数据可视化，从而更好地理解数据背后的故事，并做出正确的商业决策。使用 Tableau，用户可以轻松地探索大规模数据集，发现数据中隐藏的模式和趋势。其丰富的可视化功能和灵活的设计工具使用户可以创建各种类型的图表,包括折线图、柱形图、散点图、地图等,从而满足不同类型的数据分析需求。

另外,Tableau 还提供了强大的数据分析功能,用户可以利用内置的计算功能和派生指标来进行深入的数据分析,比如计算字段、集成分析函数等。这些功能使用户能够在数据中发现更多的见解,从而为业务决策提供更有力的支持。除此之外,Tableau 还支持与不同数据源的连接,包括数据库、Excel、文本文件等,用户可以轻松地将数据整合在一起进行分析。同时,Tableau 还提供了丰富的数据共享和发布功能,用户可以通过 Tableau Server 或 Tableau Online 将他们的分析结果分享给团队中的其他成员,也可以将分析结果嵌入到网页或应用程序中与更广泛的受众分享。

4.3.3 Power BI

Power BI 是一款强大而灵活的商业智能工具,它将数据驱动的决策和可视化完美结合。无论是个人用户还是企业用户,Power BI 都能帮助他们从海量数据中提取有价值的信息,并以直观的方式展示。通过 Power BI,用户可以轻松地连接、清洗和转换数据,构建交互式的仪表盘和报表,并进行深入的数据分析和预测。Power BI 提供了简单易用的界面和丰富的功能,帮助用户在数据驱动的世界中取得成功。

4.3.3.1 Power BI 简介

Power BI 是微软公司开发的一种商业智能工具,它可以帮助用户轻松地将数据可视化,并从中获得深入的洞察和分析。Power BI 提供了一个完整的生态系统,包括桌面版、在线版以及移动应用程序。使用 Power BI,用户可以从各种不同的数据源(如 Excel、SQL Server 和云服务)中提取数据,并创建交互式的仪表盘和报表。许多组织都在使用 Power BI 来帮助他们更好地理解和分析他们的数据。

Power BI 还具有强大的查询编辑器、自动化刷新、数据安全性等特点,这些特点使其成为一款广泛应用于商业智能领域的工具。学习 Power BI 可以帮助用户掌握数据可视化和分析的基本原理和技巧、处理和整合不同来源的数据,提高数据处理能力、了解商业智能工具的使用,为未来的职业发展做好准备,在学术研究和项目中更好地展示数据结果和洞察,加强团队合作和数据共享能力。Power BI 是一种非常强大的商业智能工具,它为用户提供了许多不同的方式来理解和分析数据。对于学生来说,学会使用 Power BI 可以帮助他们更好地处理和分析数据,这对于未来的职业发展也是非常有帮助的,图 4-57 为 Power BI 的操作界面。

4.3.3.2 Power BI 基本操作

在 Power BI 中,您可以使用简单的操作绘制表格和图形,从而更好地理解和分析数据。接下来就从绘制表和绘制图形两个方面来详细介绍 Power BI 基本操作。

第4章　数据可视化技术

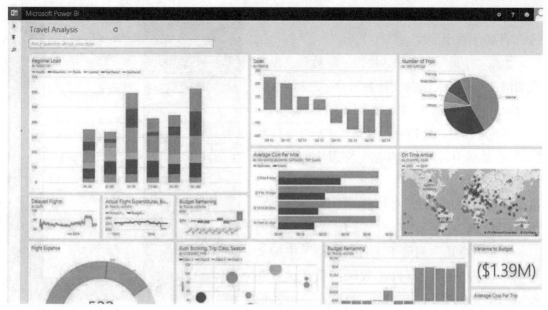

图 4-57　Power BI 的操作界面

1. 绘制表

在 Power BI 中导入数据时，导入的数据将以表格的形式显示。Power BI 的表是由行和列组成的，类似于 Excel 中的工作表。在 Power BI 中可以创建多个表格，并且可以在不同的表格之间建立关系。这些关系可以将不同的表格连接起来，并对它们进行更深入的数据分析。每个表都包含以下几个部分。

（1）列。每个表都有一些列，对应着表格中的字段或属性。用户可以自定义列的数据类型、格式、公式等属性。

（2）行。每个表都包含多行数据，每一行代表一个记录或事实。用户可以添加、编辑和删除行数据。

（3）主键。每个表都必须有一个主键，用于唯一标识每一行数据。主键通常是一个或多个列，它们的值不能重复。

（4）外键。当使用多个表格时，需要通过外键来建立表格之间的关系。外键是指在一个表中引用另一个表的主键，以便建立关联并进行数据分析。

在 Power BI 中使用表格可以快速查看表格中的数据，了解数据的结构和内容，对表格中的数据进行筛选、排序、聚合等操作，以便分析数据。使用 DAX 语言创建自定义计算字段和指标，以便更深入地分析数据，建立表格之间的关系，进行数据模型设计，以便高效地进行数据分析和可视化。Power BI 中表的操作如下。

（1）单击"可视化"窗格中的"表"图标，在报表视图会出现表的可视化效果。

（2）勾选并拖动相应字段。在"字段"窗格中，进行如下操作。

①在"字段"窗格中，依次勾选"部门""年龄"两个字段。

②在"字段"列表中，单击"年龄"字段右侧的倒三角符号，选择"计数"，可汇总该数据的数量，此处为部门人数，如图4-58所示。

③在"字段"窗格中，拖动"年龄"字段到"值"存储桶中，单击"年龄"字段右侧的倒三角符号，选择"平均值"，可汇总该数据的平均值，按同样的方法可汇总年龄的中值、最小值、最大值和标准偏差。

④在"格式"列表下，将"网格"中的文本大小设为"14"，其他参数保持默认值。在Power BI报表视图中，会显示各部门员工年龄的描述性统计表，如图4-59所示。

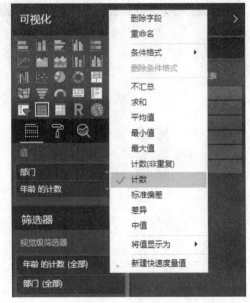

图4-58 表格计算

2. 绘制箱线图

在Power BI中，可以使用箱线图（Box and Whisker Plot）来可视化数据的分布情况和离群值。箱线图展示了数据的中位数、四分位数、最小值、最大值和离群值。下面是在Power BI中绘制箱线图的步骤。

（1）导入数据：首先，在Power BI中导入包含需要分析的数据的数据源，如Excel文件、数据库等。

（2）创建新报表：选择要在其中绘制箱线图的报表，并创建一个新的页面．

（3）添加箱线图视觉元素：在"可视化"面板中，找到箱线图视觉元素，将其拖放到报表页面上。

（4）设定数据字段：在"字段"面板中，选择要在箱线图中使用的数据字段。通常，

部门	年龄 的计数	年龄 的平均值	年龄 的中值	年龄 的最小值	年龄 的最大值	年龄 的标准偏差
财务部	9	25.11	24	21	33	4.09
行政部	19	26.74	27	21	37	4.43
人事部	9	27.00	27	22	35	3.83
生产部	45	26.84	25	21	37	4.87
销售部	47	26.60	26	21	38	4.20
研发部	31	28.48	28	20	38	5.36
总裁办	7	32.29	29	26	42	6.32
总计	167	27.21	27	20	42	4.90

图4-59 各部门员工年龄的描述性统计表

需要选择一个数值字段作为主要分析指标,以及一个分类字段用于分组数据。

(5)配置箱线图属性:在"可视化"面板中,可以配置箱线图的各种属性,如标题、颜色、轴标签等。还可以选择是否显示离群值、调整箱线图的宽度等。

(6)数据分析和解读:一旦配置完成,Power BI 将根据选择的数据字段生成箱线图。通过观察箱线图,可以分析数据的中位数、四分位数、离群值等信息,从而对数据的分布情况有更好的了解。可以使用 Power BI 提供的各种功能来进一步定制和交互箱线图。例如,可以添加过滤器、切片器,以便根据特定条件查看数据的箱线图。

通过绘制箱线图,可以直观地了解数据的分布情况、离群值和异常值。这有助于发现数据中的趋势、异常情况或异常群体,并从中获得有价值的洞察。接下来根据具体的数据来讲解 Power BI 箱线图的使用。

(1)导入箱线图控件,导入后的"可视化"窗格如图 4-60 所示。单击"可视化"窗格中的"箱线图"图标,在报表视图会出现箱线图的可视化效果。

(2)拖动相应字段。在"字段"窗格中勾选"部门""年龄""姓名"3 个字段,进行如下操作:

图 4-60 "可视化"窗格

①拖动"姓名"字段到"Axis"存储桶。
②拖动"部门"字段到"Axis category"存储桶。
③拖动"年龄"到"Value"存储桶。

(3)在 Power BI 报表视图中,会出现显示各部门年龄的箱线图,如图 4-61 所示。

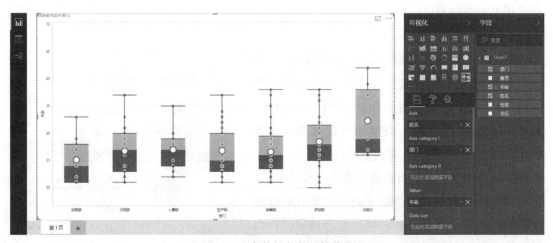

图 4-61 各部门年龄的箱线图

（4）调整箱线图。在"格式"列表下，进行如下操作：

①将"Mean""Dots"设置选项设为"关"的状态。

②将 Y-Axis、X-Axis 的 Text size 设为"14"，Title size 设为"14%"，其他参数保持默认。

③将"标题"设置选项设为"开"的状态，选项的标题文本设为"各部门员工年龄分布"，字体颜色设为"白色"，背景色设为"黑色"，对齐方式设为"居中"，文本大小设为"18"，其他参数保持默认值，如图4-62所示。

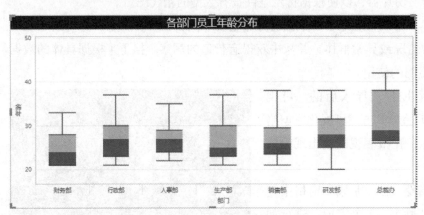

图 4-62　箱线图设置

4.3.4　D3.js

D3.js（Data-Driven Documents）是一款基于 JavaScript 的数据可视化库，它让用户可以使用 HTML、CSS 和 SVG 等标准，直观地展示数据。D3.js 不仅是一个图表库，更是一个强大的数据操作工具，它可以帮助用户以最小的代码量达到最大的效果。D3.js 提供了各种可视化组件和数据处理方法，使用户可以灵活地创建独特的可视化效果，从而将数据转化为深入思考和洞见。

4.3.4.1　D3.js 简介

D3.js 是一个基于数据驱动的 JavaScript 库，用于创建交互式、动态的数据可视化。它提供了强大的工具和 API，可以帮助开发人员使用 HTML、SVG 和 CSS 来创建各种类型的可视化图表。在 V4 版本后，D3.js 的 API 现在已经被拆分成一个个模块，可以根据自己的可视化需求进行按需加载。可以将 D3.js API 模块分为以下的几大类：DOM 操作、数据处理、数据分析转换、地理路径、行为等。图 4-63 显示了 D3.js 的 API 模块。

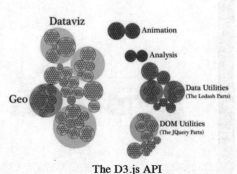

图 4-63　D3.js 的 API 模块

D3.js 核心在于使用绘图指令对数据进行转换，在源数据的基础上创建新的可绘制数据，生成 SVG 路径以及通过数据和方法在 DOM 中创建数据可视化元素（如轴）。

D3.js 可以用于创建各种类型的可视化图表，例如折线图、柱形图、散点图、饼图、力导向图等。同时，D3.js 也可以与其他 JavaScript 库和框架集成，例如 React、Angular 等。D3.js 是一个非常强大的数据可视化工具，可以帮助开发人员创建各种类型的交互式、动态的数据可视化图表。

D3.js 通过选择器和数据绑定的方式来操作 DOM 元素，从而实现数据可视化。具体来说，它使用以下方法来操作 DOM。

（1）选择器：D3.js 提供了类似于 jQuery 的选择器，可以选择指定的 DOM 元素。

（2）数据绑定：D3.js 将数据与 DOM 元素绑定，将数据映射到 DOM 元素上，从而实现数据可视化。

（3）数据更新：当数据发生变化时，D3.js 会自动更新 DOM 元素，以反映最新的数据。

（4）过渡效果：D3.js 支持过渡效果，可以让数据可视化更加生动、动态。

在 D3.js 中，坐标轴也是通过操作 DOM 元素来实现的。具体来说，D3.js 将坐标轴作为一个特殊的 DOM 元素来处理，并将其与数据进行绑定。然后，D3.js 使用比例尺（Scale）将数据映射到坐标轴上，从而实现数据的可视化。比如，对于一个柱形图，D3.js 可以将 x 轴和 y 轴分别作为两个特殊的 DOM 元素，并将它们与数据进行绑定。然后，D3.js 使用比例尺将数据映射到 x 轴和 y 轴上，从而实现数据的可视化。具体来说，D3.js 可以使用线性比例尺（Linear Scale）将数据映射到 x 轴上，使用序数比例尺（Ordinal Scale）将数据映射到 y 轴上。

D3.js 制作图表时都需要采取以下步骤。

（1）获取数据，查看数据结构并声明如何获取需要的值。

（2）设置图表尺寸，声明图表的参数（宽高之类的）。

（3）绘制画布，渲染图表区域。

（4）创建比例尺，为图表中的每个数据到物理像素创建比例尺。

（5）绘制数据，渲染数据元素。

（6）绘制其他部分，绘制坐标轴、标签和图例等。

（7）设置交互，添加事件监听、交互。

4.3.4.2 D3.js 可视化案例

接下来通过案例使用 D3.js 实现简单的柱状图，该柱状图用于可视化学生的学习情况数据。通过使用 HTML、CSS 和 JavaScript，以及 D3.js 库，我们可以轻松地创建出这样一个可交互的数据可视化效果。该柱状图展示了不同科目的平均分数，通过柱形的高度来表示分数的大小。同时，x 轴显示了各个科目的标签，y 轴表示分数的范围。您可以通过鼠标悬停在柱形上来改变颜色，以增强交互性。通过在代码中定义数据和设置比例尺，我们可以灵活地根据实际数据进行定制化的柱状图绘制。（案例来源于网址：https://tools.jiyik.com/try_code/d3_example）

```html
<!DOCTYPE html>
<html>
<head>
 <meta charset="utf-8">
 <title> 学生学习情况数据可视化 </title>
 <style>
  /* 样式定义 */
  .bar {
   fill: steelblue;
  }
  .bar:hover {
   fill: brown;
  }
  .axis--x path {
   display: none;
  }
  .axis--x text {
   font-size: 12px;
   text-anchor: middle;
  }
  .axis--y path,
  .axis--y line {
   fill: none;
   stroke: #000;
   shape-rendering: crispEdges;
  }
  .axis--y text {
   font-size: 12px;
  }
 </style>
```

```
</head>
<body>
 <h1>学生学习情况数据可视化 </h1>
 <svg width="500" height="300"></svg>
 <script src="https://d3js.org/d3.v5.min.js"></script>
 <script>
  // 数据定义
  var data = [
   { subject: '数学', averageScore: 85 },
   { subject: '英语', averageScore: 78 },
   { subject: '物理', averageScore: 92 },
   { subject: '化学', averageScore: 80 },
   { subject: '历史', averageScore: 70 }
  ];
  // 创建 SVG 容器
  var svg = d3.select("svg");
  // 定义柱状图的尺寸参数
  var margin = { top: 20, right: 30, bottom: 30, left: 50 };
  var width = +svg.attr("width") - margin.left - margin.right;
  var height = +svg.attr("height") - margin.top - margin.bottom;
  // 创建一个柱状图的 x 轴比例尺
  var x = d3.scaleBand().rangeRound([0, width]).padding(0.1);
  x.domain(data.map(function(d){ return d.subject;}));
  // 创建一个柱状图的 y 轴比例尺
  var y = d3.scaleLinear().rangeRound([height, 0]);
  y.domain([0, d3.max(data, function(d){ return d.averageScore;})]);
  // 添加柱形图的容器
  var g = svg.append("g")
        .attr("transform", "translate(" + margin.left + "," + margin.top + ")");
  // 绘制柱形图
  g.selectAll(".bar")
   .data(data)
   .enter().append("rect")
   .attr("class", "bar")
```

```
            .attr（"x", function（d）{ return x（d.subject）;}）
            .attr（"y", function（d）{ return y（d.averageScore）;}）
            .attr（"width", x.bandwidth（））
            .attr（"height", function（d）{ return height - y（d.averageScore）;}）;
        // 添加 x 轴
        g.append（"g"）
            .attr（"class", "axis axis--x"）
            .attr（"transform", "translate（0," + height + "）"）
            .call（d3.axisBottom（x））;
        // 添加 y 轴
        g.append（"g"）
            .attr（"class", "axis axis--y"）
            .call（d3.axisLeft（y）.ticks（5）.tickFormat（function（d）{ return d + "%";}））
            .append（"text"）
            .attr（"y", 6）
            .attr（"dy", "0.71em"）
            .attr（"text-anchor", "end"）
            .text（"平均分数"）;
    </script>
</body>
</html>
```

这段程序是一个基于 HTML、CSS 和 D3.js 的柱状图绘制示例。它展示了如何使用这些技术来创建一个具有数据可视化功能的网页。首先，在 HTML 中声明了文档类型，并在头部定义了页面标题和 CSS 样式。然后，在页面主体中创建了一个 SVG 容器，用于绘制柱状图。接下来，通过引入 D3.js 库，能够使用其中提供的丰富功能来操作 SVG 元素。

在 JavaScript 代码中，首先定义了用于绘制柱状图的数据。其次，使用 D3.js 提供的方法来创建比例尺，这些比例尺将数据映射到实际绘图区域的坐标轴上。最后，添加一个容器，用于存放柱形图的所有条形，并使用迭代的方式将数据中的每个条目绘制为一个矩形。还添加了 x 轴和 y 轴，并使用 D3.js 提供的方法来绘制刻度线和标签，通过以上代码实现的效果图如图 4-64 所示。

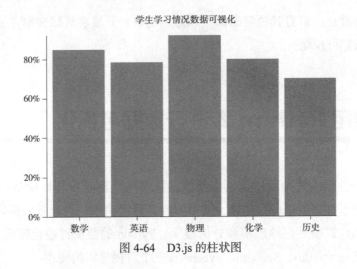

图 4-64　D3.js 的柱状图

4.3.5　Python 数据可视化库

Python 数据可视化库为开发者提供了丰富的工具和功能，帮助他们以直观、有吸引力的方式展示和交互地探索数据。这些库不仅能够处理各种类型的数据，还能生成多样化的图表、图形和可视化效果。

Python 数据可视化库是 Python 编程语言中用于创建图形化表示的工具，主要有 bokeh、pyecharts、matplotlib、Seaborn、plotly 等库，

图 4-65　Python 数据可视化库

如图 4-65 所示。这些库可以用于将数据转换为图表、图形和动画等形式，以便更好地理解和分析数据。以下是 Python 数据可视化库的简介。

（1）matplotlib。matplotlib 是 Python 中最流行的绘图库之一，它提供了各种类型的图表，例如线图、散点图、柱状图、饼图等。

（2）Seaborn。Seaborn 是一个基于 matplotlib 的高级数据可视化库，它提供了更高级的统计图表和更美观的默认设置。

（3）plotly。plotly 是一个交互式的数据可视化库，它可以生成交互式的图表和动画，并支持多种编程语言。

（4）bokeh。bokeh 是一个交互式的数据可视化库，它提供了许多交互式的工具，例如缩放、平移和选择等。

（5）Ggplot。Ggplot 是一个基于 R 语言中的 ggplot2 库的 Python 实现，它提供了一种类似于 ggplot2 的语法，可以轻松创建高质量的图表。

这些数据可视化库都有其独特的优点和适用场景，开发者可以根据需要选择最适合自己的库来进行数据可视化。

4.4 使用 Python 库进行数据可视化

Python 是一种强大的编程语言，也是数据科学和机器学习领域中最受欢迎的语言之一。Python 提供了许多数据可视化库，使得开发者可以快速轻松地将数据转换为图表、图形和动画等形式，以便更好地理解和分析数据。Python 的数据可视化库前文已经介绍过，接下来详细介绍 matplotlib、Seaborn、pyecharts 三个可视化库的使用。

4.4.1 matplotlib 可视化库的使用

matplotlib 是 Python 中最流行的可视化库之一，用于创建各种类型的静态、动态和交互式图表。它具有广泛的功能和灵活性，使得用户可以轻松地可视化数据。matplotlib 具有简单易用的 API，使创建图表变得简单而直观。它支持多种图表类型，包括线图、散点图、柱状图、饼图等。用户可以根据自己的需求选择合适的图表类型，并使用简洁的代码生成高质量的图表。matplotlib 还提供了丰富的定制选项，使用户能够对图表进行各种调整和美化。用户可以设置图表的标题、标签、颜色、线条样式等，还可以调整坐标轴、图例和网格等元素。这些定制选项使用户能够创建出符合自己需求的专业级图表。除了静态图表，matplotlib 还支持动态和交互式图表的创建，用户可以使用 matplotlib 的动画模块创建动画效果，例如实时数据的更新和变化。此外，matplotlib 也支持与用户的交互，用户可以通过鼠标单击、缩放、平移等操作来探索图表。matplotlib 还具有广泛的扩展性和兼容性。它可以与其他 Python 库和工具无缝集成，例如 NumPy、Pandas、SciPy 等，使数据分析和可视化更加便捷。此外，matplotlib 还支持导出图表为多种格式，包括 PNG、JPEG、PDF 等。

4.4.1.1 matplotlib 安装和导入

matplotlib 是一个用于创建各种类型图表和可视化的 Python 绘图库。要使用 matplotlib，首先需要进行安装和导入。安装 matplotlib 的过程非常简单，可以通过使用包管理器如 pip 或 conda 来安装 matplotlib。在命令行中运行适当的安装命令即可完成安装过程。例如，使用 pip 安装 matplotlib 的命令是 "pip install matplotlib"。通常使用清华源安装 matplotlib 的代码如下：

```
pip install -i https://pypi.tuna.tsinghua.edu.cn/simple matplotlib
```

这个命令使用了清华大学提供的镜像源，可以加速 matplotlib 的安装过程。其中，"-i" 选项指定了使用的镜像源 URL，"https://pypi.tuna.tsinghua.edu.cn/simple" 是清华大学提供的 PyPI 镜像源 URL。在这个 URL 后面加上 matplotlib 的名称即可开始安装过程。

请注意，使用清华源可以提高稳定性和安全性，因为它提供了一个备份源，以防止默认源不可用或被攻击。

如果您已经安装了 matplotlib，也可以使用类似的命令来升级到最新版本，代码如下：

```
pip install -i https://pypi.tuna.tsinghua.edu.cn/simple --upgrade matplotlib
```

这个命令将会升级已安装的 matplotlib 到最新版本。同样，使用清华源可以加快升级过程并提高安全性和稳定性。

安装完成后，需要导入 matplotlib 库才能在代码中使用它。通常，使用 import 语句将 matplotlib 导入到 Python 脚本中。常见的导入方式是使用 "import matplotlib.pyplot as plt"，其中 "pyplot" 是 matplotlib 的一个子模块，提供了绘图 API。一旦成功导入 matplotlib，就可以开始使用它来创建图表和可视化了。例如，可以使用 plt.plot() 函数创建折线图，使用 plt.bar() 函数创建柱状图，使用 plt.scatter() 函数创建散点图等。

此外，matplotlib 还有一些可选的配置设置，可以根据需要进行调整。例如，可以使用 plt.rcParams 来更改图表的默认样式和属性，如标题、标签、颜色等。

4.4.1.2 使用 matplotlib 创建简单的图表

在安装和导入 matplotlib 以后，就可以使用 matplotlib 的 API 来创建不同类型的图表。以下是几个常见的示例。

（1）折线图。这段代码创建了一个简单的折线图，如图 4-66 所示，其中 x 轴表示 1 到 5 的整数，y 轴表示 2 到 10 的整数。plt.plot() 函数用于绘制折线图，plt.xlabel() 和 plt.ylabel() 函数用于设置 x 轴和 y 轴的标签，plt.title() 函数用于设置图表的标题，plt.show() 函数用于显示图表。

（2）柱状图。这段代码创建了一个简单的柱状图，如图 4-67 所示，其中 x 轴表示不同的类别，y 轴表示每个类别对应的数量。plt.bar() 函数用于绘制柱状图。

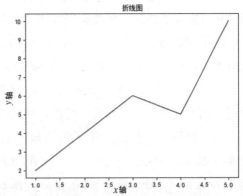

图 4-66　使用 matplotlib 绘制折线图

（3）散点图。这段代码创建了一个简单的散点图，如图 4-68 所示，其中 x 轴表示 1 到 8 的整数，y 轴表示 2 到 12 整数。plt.scatter() 函数用于绘制散点图。

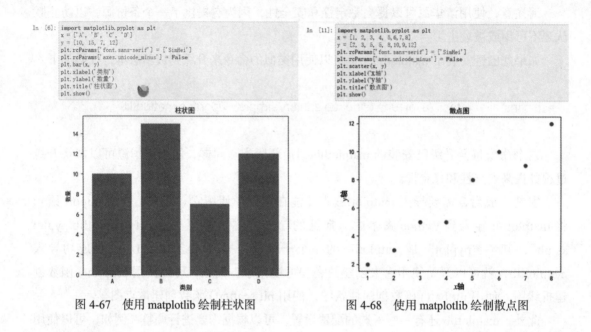

图 4-67　使用 matplotlib 绘制柱状图　　　　图 4-68　使用 matplotlib 绘制散点图

通过以上几个示例，可以看到使用 matplotlib 创建简单的图表的过程非常直观。只需提供数据和相应的绘图函数，然后设置一些可选的标签和标题即可。当然，这只是 matplotlib 功能的冰山一角。它还提供了许多其他类型的图表、自定义样式、图例、子图等功能，以满足更复杂的绘图需求。

4.4.1.3　matplotlib 自定义图表样式

自定义图表样式是 matplotlib 的一个强大功能，它允许通过修改颜色、线型、标记、图例等属性来创建独特和个性化的图表。matplotlib 提供了多种方法来自定义图表样式，包括使用预定义的样式、修改全局样式、在特定图表中设置样式等。

（1）使用预定义的样式。matplotlib 提供了一些预定义的样式，例如 ggplot、seaborn、bmh 等，可以直接应用于图表。图 4-69 是一个使用预定义的样式示例。

在这个示例中，使用 plt.style.use() 函数将样式设置为 ggplot，然后创建了一个折线图。通过使用不同的预定义样式，可以轻松地改变整个图表的外观。

（2）修改全局样式。除了使用预定义样式，还可以修改全局样式来自定义图表。如图 4-70 所示，在这个示例中，使用 plt.rcParams 来修改全局样式。通过设置不同的参数，例如 lines.linewidth、lines.color 和 axes.facecolor，可以自定义线条宽度、颜色以及图表的背景颜色。

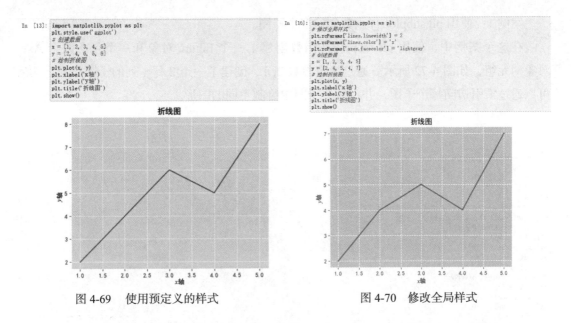

图 4-69 使用预定义的样式　　　　　　　　图 4-70 修改全局样式

（3）在特定图表中设置样式。除了修改全局样式，还可以在特定图表中设置样式。以下是一个示例，如图 4-71 所示。

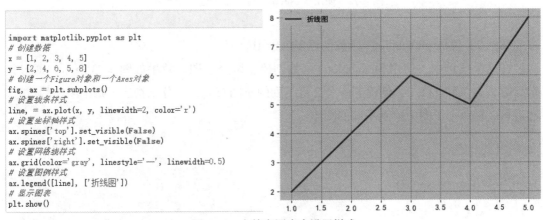

图 4-71 在特定图表中设置样式

在这个示例中，使用 plt.subplots() 函数创建了一个 Figure 对象和一个 Axes 对象。然后，可以通过修改 Axes 对象的属性来自定义图表样式，例如设置线条样式、坐标轴样式、网格线样式和图例样式。

通过以上示例，可以看到 matplotlib 提供了丰富的方法来自定义图表样式。通过修改预定义样式、全局样式或在特定图表中设置样式，可以创建出独特和个性化的图表。

4.4.1.4 matplotlib 多个子图和布局

matplotlib 提供了多种方法来创建多个子图，包括使用 plt.subplots() 函数和 plt.subplot() 函数。下面通过两个案例，分别介绍这两种方法。

案例1：使用plt.subplots()函数创建多个子图。

在这个案例中，使用plt.subplots()函数创建了一个Figure对象和一个包含两个Axes对象的元组，如图4-72所示。通过指定参数2, 1，创建了一个2行1列的子图布局。然后可以通过索引访问每个子图，并在每个子图中绘制不同的图形。

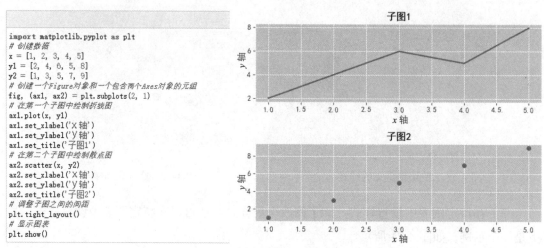

图4-72 使用plt.subplots()函数创建多个子图

案例2：使用plt.subplot()函数创建多个子图。

在这个案例中，使用plt.subplot()函数创建了两个子图，效果如图4-73所示。通过指定参数2, 1, 1和2, 1, 2，创建了一个2行1列的子图布局，并分别指定了每个子图的位置。然后可以在每个子图中绘制不同的图形。

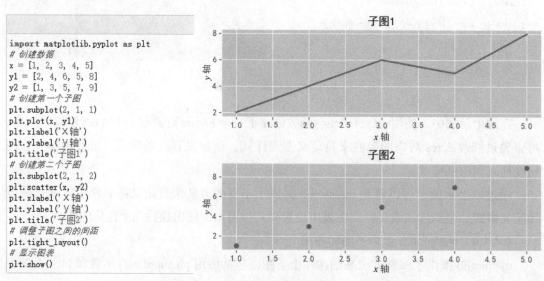

图4-73 使用plt.subplot()函数创建多个子图

除了基本的子图布局，matplotlib 还提供了更复杂的布局选项，例如网格布局和自定义位置布局。以下案例展示了如何使用网格布局创建多个子图。

案例 3：使用网格布局创建多个子图。

以下 Python 代码即通过使用网格布局创建多个子图。在这个案例中，使用 GridSpec 类创建了一个包含 3 行 2 列的网格布局。通过指定不同的索引，可以在网格中创建不同位置的子图。然后可以在每个子图中绘制不同的图形，具体的效果如图 4-74 所示。

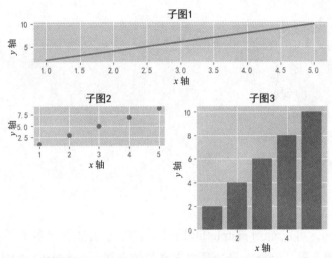

图 4-74　使用网格布局创建多个子图

```
import matplotlib.pyplot as plt
from matplotlib.gridspec import GridSpec
# 创建数据
x = [1, 2, 3, 4, 5]
y1 = [2, 4, 6, 8, 10]
y2 = [1, 3, 5, 7, 9]
# 创建一个包含 3 行 2 列的网格布局
gs = GridSpec（3, 2）
# 在第一行创建一个子图
ax1 = plt.subplot（gs[0, :]）
ax1.plot（x, y1）
ax1.set_xlabel（'x 轴'）
ax1.set_ylabel（'y 轴'）
ax1.set_title（' 子图 1'）
# 在第二行创建一个子图
```

```
ax2 = plt.subplot（gs[1, :-1]）
ax2.scatter（x, y2）
ax2.set_xlabel（'x 轴'）
ax2.set_ylabel（'y 轴'）
ax2.set_title（' 子图 2'）
# 在第三行创建一个子图
ax3 = plt.subplot（gs[1:, -1]）
ax3.bar（x, y1）
ax3.set_xlabel（'x 轴'）
ax3.set_ylabel（'y 轴'）
ax3.set_title（' 子图 3'）
# 调整子图之间的间距
plt.tight_layout（）
# 显示图表
plt.show（）
```

通过以上案例，可以看到 matplotlib 提供了多种方法来创建多个子图和自定义布局。无论是简单的行列布局、网格布局还是自定义位置布局，matplotlib 都能满足用户的需求。深入学习 matplotlib 的文档和示例，可以进一步掌握其创建多子图和自定义布局功能，并创造出更加丰富和复杂的图表。

4.4.1.5 matplotlib 保存和分享图表

当使用 matplotlib 创建图表后，通常希望将其保存为文件以便后续使用或分享给他人。matplotlib 提供了多种方法来保存图表，例如保存为图片文件（如 .PNG、.JPEG、.SVG）、.PDF 文件或其他格式。以下是保存图表的具体案例。

```
import matplotlib.pyplot as plt
# 创建数据
x = [1, 2, 3, 4, 5]
y = [2, 4, 6, 8, 10]
# 创建图表
plt.plot（x, y）
plt.xlabel（'x 轴'）
plt.ylabel（'y 轴'）
plt.title（' 示例图表 '）
```

```
# 保存为 PNG 图片
plt.savefig（'example.png'）
# 保存为 JPEG 图片，并指定图片质量
plt.savefig（'example.jpg', quality=90）
# 保存为 SVG 矢量图
plt.savefig（'example.svg'）
# 保存为 PDF 文件
plt.savefig（'example.pdf'）
# 显示图表
plt.show（）
```

在这个案例中，使用 matplotlib 创建了一个简单的折线图，并通过 savefig() 函数将其保存为不同格式的文件。通过指定文件名和文件类型，可以将图表保存为 .PNG、.JPEG、.SVG 图片或 .PDF 文件。如果需要调整图片质量，可以使用 quality 参数（仅适用于 .JPEG 格式）。除了保存图表，还可以使用 matplotlib 的其他功能来分享图表。例如，可以将图表嵌入到网页中，或者使用 matplotlib 的交互式功能在 Jupyter Notebook 中展示图表。以下是一个将图表嵌入到网页中的案例。

```
import matplotlib.pyplot as plt
from io import BytesIO
import base64
# 创建数据
x = [1, 2, 3, 4, 5]
y = [2, 4, 6, 8, 10]
# 创建图表
plt.plot（x, y）
plt.xlabel（'x 轴'）
plt.ylabel（'y 轴'）
plt.title（'示例图表'）
# 将图表保存为字节流
buffer = BytesIO（）
plt.savefig（buffer, format='png'）
buffer.seek（0）
# 将字节流转换为 Base64 编码的字符串
```

```
image_base64 = base64.b64encode（buffer.read（））.decode（'utf-8'）
# 生成 HTML 代码，将图表嵌入到网页中
html_code = f'<img src="data:image/png;base64,{image_base64}">'
# 在网页中显示图表
with open（'example.html', 'w'）as f:
    f.write（html_code）
```

在这个案例中，使用 BytesIO 和 Base64 模块将图表保存为字节流，并将字节流转换为 Base64 编码的字符串。然后可以将该字符串嵌入到 HTML 代码中，通过浏览器打开 HTML 文件即可查看图表。

通过以上案例，可以看到 matplotlib 提供了多种方法来保存和分享图表。无论是保存为文件还是嵌入到网页中，matplotlib 都能满足用户的需求。根据实际情况选择合适的保存和分享方式，可以更好地利用和传播图表数据。

4.4.1.6 matplotlib 实际应用案例

matplotlib 是一个功能强大的绘图库，广泛应用于各个领域，为数据可视化提供了丰富的工具和功能。在实际生活中，matplotlib 的应用案例非常丰富，包含科学研究、数据分析、金融、医学等多个领域。下面将介绍几个具体问题，并给出相应的代码实现。

（1）科学研究中的数据可视化。在科学研究中，数据可视化是非常重要的一环。matplotlib 可以帮助科学家将实验数据以直观的方式展示出来，从而更好地理解和分析数据。例如，假设有一组实验数据，表示温度随着时间推移的变化情况。下面是使用 matplotlib 绘制折线图的示例代码。

```
import matplotlib.pyplot as plt
# 定义时间和温度数据
time = [0, 1, 2, 3, 4, 5]
temperature = [25, 26, 28, 30, 29, 27]
# 创建一个新的绘图窗口
plt.figure（）
# 绘制折线图
plt.plot（time, temperature, color='blue', linestyle='-', linewidth=2, marker='o'）
# 添加标题和坐标轴标签
plt.title（'Temperature Variation'）
plt.xlabel（'Time'）
plt.ylabel（'Temperature（°C）'）
```

```
# 显示图像
plt.show()
```

上述代码中,定义了时间和温度数据,然后使用plt.plot()函数绘制了折线图,如图4-75所示。通过设置颜色、线条样式、线条宽度和数据点标记,可以自定义图表的外观。最后,使用plt.title()、plt.xlabel()和plt.ylabel()函数添加了标题和坐标轴标签,并使用plt.show()函数显示了图像。这样,科学家就可以通过折线图直观地观察到温度随时间变化的趋势。

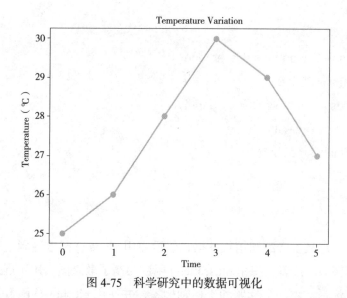

图4-75 科学研究中的数据可视化

(2)数据分析中的可视化。在数据分析中,matplotlib可以帮助分析师将复杂的数据以图表的形式展示出来,从而更好地理解数据的分布、趋势和关系。例如,假设有一组销售数据,包括不同产品的销售额和销售量。下面是使用matplotlib绘制柱形图和散点图的示例代码。

```
import matplotlib.pyplot as plt
# 定义产品和销售数据
products = ['A', 'B', 'C', 'D']
sales_amount = [1000, 1500, 800, 1200]
sales_quantity = [50, 70, 40, 60]
# 创建一个新的绘图窗口
plt.figure()
# 绘制柱状图
```

```
plt.bar（products, sales_amount）
# 添加标题和坐标轴标签
plt.title（'Sales Amount by Product'）
plt.xlabel（'Product'）
plt.ylabel（'Sales Amount'）
# 显示图像
plt.show（）
# 创建一个新的绘图窗口
plt.figure（）
# 绘制散点图
plt.scatter（sales_quantity, sales_amount）
# 添加标题和坐标轴标签
plt.title（'Sales Amount vs. Sales Quantity'）
plt.xlabel（'Sales Quantity'）
plt.ylabel（'Sales Amount'）
# 显示图像
plt.show（）
```

上述代码中，定义了产品和销售数据，然后使用 plt.bar() 函数绘制了柱状图，用于展示不同产品的销售额。接着，使用 plt.scatter() 函数绘制了散点图，用于展示销售量和销售额之间的关系。最后，添加了标题和坐标轴标签，并使用 plt.show() 函数显示了图像，效果如图 4-76 所示。这样，分析师可以通过柱状图直观地比较不同产品的销售额，通过散点图观察销售量和销售额之间的关系。

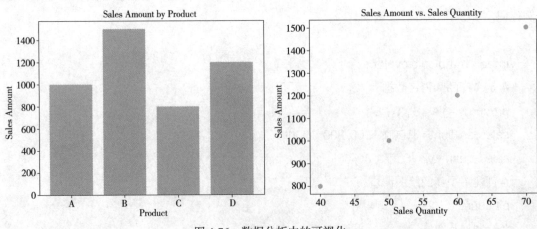

图 4-76　数据分析中的可视化

（3）金融领域中的数据可视化。在金融领域，matplotlib 可以帮助投资者和分析师更好地理解市场趋势和交易规律。例如，假设有一组股票价格数据，表示某只股票在过去一段时间内的价格走势。下面是使用 matplotlib 绘制股票价格走势图和 K 线图的示例代码：

```
import matplotlib.pyplot as plt
# 定义时间和股票价格数据
time = ['2022-01-01', '2022-01-02', '2022-01-03', '2022-01-04', '2022-01-05']
price = [100, 105, 98, 102, 110]
# 创建一个新的绘图窗口
plt.figure（）
# 绘制折线图
plt.plot（time, price, color='blue', linestyle='-', linewidth=2, marker='o'）
# 添加标题和坐标轴标签
plt.title（'Stock Price Variation'）
plt.xlabel（'Time'）
plt.ylabel（'Price'）
# 显示图像
plt.show（）
```

上述代码中，定义了时间和股票价格数据，然后使用 plt.plot() 函数绘制了折线图（见图 4-77），用于展示股票价格的变化趋势。最后添加了标题和坐标轴标签，并使用 plt.

图 4-77　折线图

show() 函数显示了图像。此外，matplotlib 还可以绘制 K 线图，用于展示股票的开盘价、收盘价、最高价和最低价等信息，以更全面地描述股票的价格走势。这里给出一个简单的 K 线图绘制示例代码。

```python
import matplotlib
import matplotlib.pyplot as plt
from mpl_finance import candlestick_ohlc
import pandas as pd
# 定义 K 线图数据
data = {'date': ['2022-01-01', '2022-01-02', '2022-01-03', '2022-01-04', '2022-01-05'],
    'open': [100, 105, 98, 102, 110],
    'high': [110, 115, 105, 108, 120],
    'low': [95, 100, 90, 98, 105],
    'close': [105, 108, 95, 105, 115]}
df = pd.DataFrame（data）
df['date'] = pd.to_datetime（df['date']）
df['date'] = df['date'].apply（lambda x: matplotlib.dates.date2num（x））
ohlc = df[['date', 'open', 'high', 'low', 'close']].values
# 创建一个新的绘图窗口
plt.figure（）
# 绘制 K 线图
candlestick_ohlc（plt.gca（）, ohlc, width=0.6, colorup='green', colordown='red'）
# 添加标题和坐标轴标签
plt.title（'Stock Price OHLC'）
plt.xlabel（'Time'）
plt.ylabel（'Price'）
# 设置 x 轴刻度格式
plt.gca（）.xaxis.set_major_formatter（matplotlib.dates.DateFormatter（'%Y-%m-%d'））
# 显示图像
plt.show（）
```

上述代码中，使用了 mpl_finance 模块中的 candlestick_ohlc() 函数来绘制 K 线图，如图 4-78 所示。首先，定义了 K 线图的数据，包括日期、开盘价、最高价、最低价和收盘价等信息。其次，将日期转换为 matplotlib 可识别的格式，并将数据转换为数组。再次，

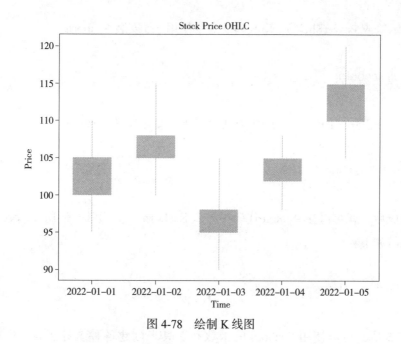

图 4-78　绘制 K 线图

使用 candlestick_ohlc() 函数绘制了 K 线图。最后，添加了标题和坐标轴标签，并设置了 x 轴刻度格式。这样，投资者和分析师可以通过股票价格走势图和 K 线图更好地理解市场趋势和交易规律。

以上是 matplotlib 在实际生活中解决具体问题的几个应用案例，并给出了相应的 Python 代码实现。这些案例展示了 matplotlib 在科学研究、数据分析和金融领域中的强大功能和灵活性。通过 matplotlib 提供的丰富工具和功能，用户可以根据自己的需求绘制各种类型的图表，从而更好地理解和展示数据。

4.4.2　Seaborn 库的使用

Seaborn 是一个基于 matplotlib 的 Python 可视化库，专注于统计数据可视化。它提供了一组高级接口和样式，可以使得绘图变得更加容易和美观。Seaborn 的主要功能包括数据可视化、数据探索和数据分析，它支持多种图表类型，如散点图、折线图、条形图、热力图、核密度图等，同时 Seaborn 也支持多种数据类型，如分类数据、时间序列数据、回归数据等。Seaborn 的优点在于它的美观性和易用性，它提供了一些预设的颜色和样式，可以让用户轻松地创建漂亮的图表。此外，它还提供了一些高级的功能，如数据子集的可视化、多个变量之间的关系可视化等。

4.4.2.1　Seaborn 的安装和导入

要安装 Seaborn 首先要确保已经安装好了 Python。如果还没有安装 Python，可以去官方网站下载并安装最新版本的 Python。安装好 Python 后，打开终端（Windows 用户可以使用命令提示符或 PowerShell），输入以下命令使用 pip 安装 Seaborn。

```
pip install seaborn
```

如果您正在使用 Anaconda，则可以通过以下命令来安装 Seaborn。

```
conda install seaborn
```

安装完成后，就可以在 Python 代码中导入 Seaborn 了。通常，使用 import 语句来导入这个库，代码如下：

```
import seaborn as sns
```

导入完成后，可以使用 Seaborn 的函数和工具来创建各种统计图表。例如可以使用 sns.lineplot() 函数创建线图，使用 sns.barplot() 函数创建条形图，除此之外，还有其他很多功能强大的函数。

需要注意的是，如果使用的是 Jupyter Notebook 或类似的交互式环境，可以在第一行使用 %matplotlib inline 命令进行设置，以便在 Notebook 中正确显示图表。

4.4.2.2 Seaborn 创建图表

Seaborn 提供了多种函数和工具，可以用于创建各种不同类型的统计图表。下面是 Seaborn 图表的几个常用创建方法示例。

（1）线图。使用 Seaborn 绘制线图的流程如下：首先，通过 import 语句导入 seaborn 和 matplotlib.pyplot 模块，分别用于创建可视化图表和显示图表。其次，定义两个列表 x 和 y，分别表示 x 轴和 y 轴的数据点；再次，使用 sns.lineplot() 函数创建一条线图，该函数接受两个参数 x 和 y，分别指定 x 和 y 轴的数据。在这个例子中，我们将 x 和 y 的数据传递给该函数。最后，使用 plt.show() 函数显示创建的图表，具体代码如下。

```
import seaborn as sns
import matplotlib.pyplot as plt
# 创建数据
x = [1, 2, 3, 4, 5]
y = [2, 4, 6, 5, 8]
# 使用 Seaborn 创建线图
sns.lineplot（x, y）
```

```
# 显示图表
plt.show()
```

通过以上代码可以绘制出如图 4-79 所示的线图。除了绘制基本线图，还可以考虑以下几点：改变线图的样式，Seaborn 提供了多种内置的样式，可以通过设置 sns.set_style 来改变图表的整体风格；添加图例和标签，使用 matplotlib 的函数，可以添加图例、标题、坐标轴标签等来增强图表的可读性；自定义颜色和线型，可以使用 sns.lineplot() 函数的参数来自定义线的颜色、线型、宽度等；可以在同一个图表中绘制多条线，只需提供多组 x 和 y 的数据即可；添加数据点和误差线，通过传递额外的参数给 sns.lineplot() 函数，可以添加数据点、置信区间或误差线等。

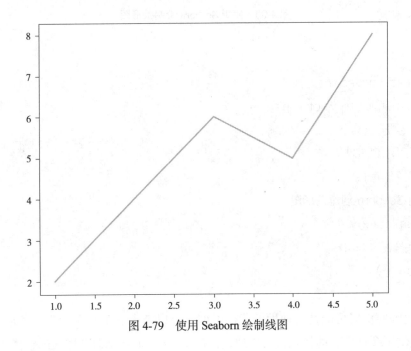

图 4-79　使用 Seaborn 绘制线图

（2）条形图。使用 Seaborn 和 matplotlib.pyplot 模块创建条形图的步骤如下：首先，通过 import 语句导入 Seaborn 和 matplotlib.pyplot 模块，分别用于创建可视化图表和显示图表。其次，定义两个列表 x 和 y，分别表示条形图的 x 轴和 y 轴的数据。在这个例子中，x 列表包含了标签 'A', 'B', 'C', 'D'，而 y 列表则包含了对应的数值。再次，使用 sns.barplot() 函数创建了一个条形图。该函数接受两个参数 x 和 y，分别指定 x 轴和 y 轴的数据。在这个例子中，将 x 和 y 的数据传递给该函数。最后，使用 plt.show() 函数显示创建的图表，如图 4-80 所示，代码如下。

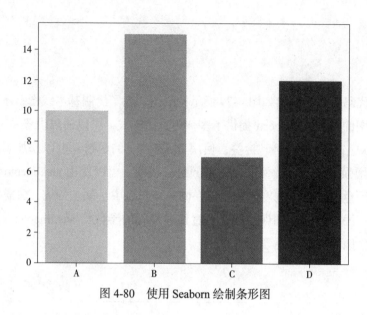

图 4-80 使用 Seaborn 绘制条形图

```
import seaborn as sns
import matplotlib.pyplot as plt
# 创建数据
x = ['A', 'B', 'C', 'D']
y = [10, 15, 7, 12]
# 使用 Seaborn 创建条形图
sns.barplot（x, y）
# 显示图表
plt.show（）
```

这段代码的扩展可能性与前面的代码类似，可以考虑以下几点：改变条形图的样式，Seaborn 提供了多种内置的样式，可以通过设置 sns.set_style 来改变图表的整体风格；自定义颜色和调色板，可以使用 sns.barplot() 函数的参数来自定义条形的颜色、调色板等；添加误差线或置信区间，通过传递额外的参数给 sns.barplot() 函数，可以添加误差线或置信区间来展示数据的不确定性；修改坐标轴标签和图表标题，使用 matplotlib 的函数，可以修改坐标轴标签和给图表添加标题来增强可读性；多个条形图并排显示，可以在同一个图表中绘制多个条形图，只需提供多组 x 和 y 的数据即可。

（3）散点图。本案例使用 Seaborn 和 matplotlib 库来创建并显示一个散点图。首先，通过 import 语句导入 Seaborn 和 matplotlib.pyplot 模块，分别用于创建可视化图表和显示图表。其次，定义两个列表 x 和 y，分别表示散点图的 x 轴和 y 轴的数据。在这个例子中，x

列表包含了数值 1 到 5，而 y 列表则包含了对应的数值。再次，使用 sns.scatterplot() 函数创建一个散点图。该函数接受两个参数 x 和 y，分别指定 x 轴和 y 轴的数据。在这个例子中，我们将 x 和 y 的数据传递给该函数。最后，使用 plt.show() 函数显示创建的图表，如图 4-81 所示，代码如下。

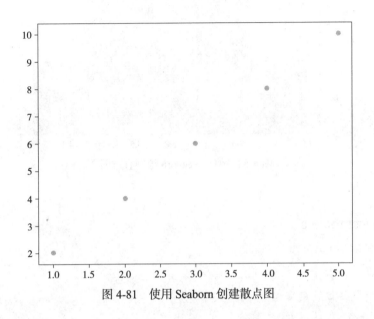

图 4-81　使用 Seaborn 创建散点图

```
import seaborn as sns
import matplotlib.pyplot as plt
# 创建数据
x = [1, 2, 3, 4, 5]
y = [2, 4, 6, 8, 10]
# 使用 Seaborn 创建散点图
sns.scatterplot（x, y）
# 显示图表
plt.show（）
```

（4）直方图。本案例使用 Seaborn 和 matplotlib 库来创建并显示一个直方图。首先，通过 import 语句导入 Seaborn 和 matplotlib.pyplot 模块，分别用于创建可视化图表和显示图表。其次，定义一个列表 data，表示直方图的数据。在这个例子中，data 列表包含了一组整数值。再次，使用 sns.histplot() 函数创建一个直方图。该函数接受一个参数 data，指定直方图的数据。在这个例子中，将 data 的数据传递给该函数。最后，使用 plt.show() 函数显示创建的图表，如图 4-82 所示，具体代码如下。

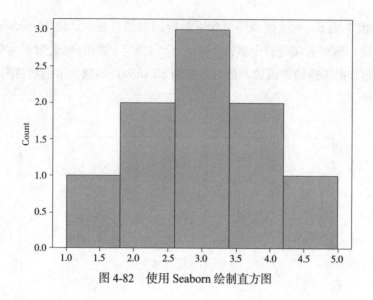

图 4-82 使用 Seaborn 绘制直方图

```
import seaborn as sns
import matplotlib.pyplot as plt
# 创建数据
data = [1, 2, 2, 3, 3, 3, 4, 4, 5]
# 使用 Seaborn 创建直方图
sns.histplot（data）
# 显示图表
plt.show（）
```

这些只是 Seaborn 提供的一小部分图表类型示例。Seaborn 还支持更多的图表类型，如盒图、热力图、小提琴图等。可以查阅 Seaborn 的官方文档以获取更多详细信息和示例代码。

4.4.2.3　Seaborn 的风格设置

Seaborn 提供了几种预设的美观风格供选择，可以帮助快速设置图表的样式。下面是一些常用的 Seaborn 风格设置方法。

1. 使用预设风格

下列代码创建了一个折线图，其中 x 轴的数据为 [1, 2, 3, 4, 5]，y 轴的数据为 [2, 4, 6, 8, 10]。首先，通过 import 语句导入 Seaborn 和 matplotlib.pyplot 模块。接下来，使用 sns.set_style() 函数将 Seaborn 的预设风格设置为白色网格（whitegrid）。然后，定义两个列表 x 和 y，分别表示折线图的 x 轴和 y 轴的数据。接下来，使用 sns.lineplot() 函数创建一个折线图，该函数接受两个参数 x 和 y，分别指定 x 轴和 y 轴的数据。在这个例子中，我们将 x 和 y 的数据传递给该函数。接着，使用 matplotlib 的函数来添加标题和标签，以增加图表的可读性。最后，使用 plt.show() 函数显示创建的图表，如图 4-83 所示，实现代码如下。

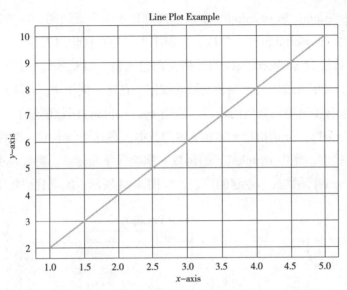

图 4-83　使用 Seaborn 的预设风格

```
import seaborn as sns
import matplotlib.pyplot as plt
# 设置 Seaborn 预设风格
sns.set_style("whitegrid")
# 创建数据
x = [1, 2, 3, 4, 5]
y = [2, 4, 6, 8, 10]
# 创建图表
sns.lineplot(x, y)
# 添加标题和标签
plt.title("Line Plot Example")
plt.xlabel("x-axis")
plt.ylabel("y-axis")
# 显示图表
plt.show()
```

Seaborn 提供了几种预设风格，包括 "darkgrid" "whitegrid" "dark" "white" "ticks"

等。通过调用 sns.set_style() 函数并传入相应的风格名称，可以将整个图表设置为相应的预设风格。

2. 临时修改风格

本案例使用 Seaborn 和 matplotlib 库来创建并显示一个折线图。首先，通过 import 语句导入 seaborn 和 matplotlib.pyplot 模块，分别用于创建可视化图表和显示图表。然后通过 sns.set_style() 函数设置 Seaborn 预设的风格为白色网格（darkgrid）。接下来，定义了两个列表 x 和 y，分别表示折线图的 x 轴和 y 轴的数据。在这个例子中，x 列表包含了数值 1 到 5，而 y 列表则包含了对应的数值的倍数。使用 sns.lineplot() 函数创建了一个折线图。该函数接受两个参数 x 和 y，分别指定 x 轴和 y 轴的数据。在这个例子中，我们将 x 和 y 的数据传递给该函数。接着，使用 matplotlib 的函数来添加标题和标签，更好地说明图表的含义。最后，使用 plt.show() 函数显示创建的图表，如图 4-84 所示，实现代码如下。

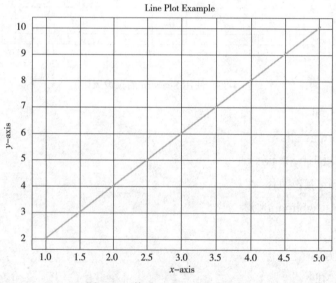

图 4-84　修改 Seaborn 显示风格

```
import seaborn as sns
import matplotlib.pyplot as plt
# 创建数据
x = [1, 2, 3, 4, 5]
y = [2, 4, 6, 8, 10]
# 创建图表前设置临时风格
with sns.axes_style（"darkgrid"）:
    # 创建图表
    sns.lineplot（x, y）
```

```
# 添加标题和标签
plt.title（"Line Plot Example"）
plt.xlabel（"x-axis"）
plt.ylabel（"y-axis"）
# 显示图表
plt.show（）
```

如果只想在某个特定的图表上应用不同的风格，可以使用 with 语句和 sns.axes_style() 函数来设置临时风格。在 with 语句块内创建的图表将使用指定的临时风格，而在之外创建的图表则不受影响。

3. 调整风格参数

本案例创建了一个折线图，其中 x 轴的数据为 [1, 2, 3, 4, 5]，y 轴的数据为 [2, 4, 6, 8, 10]。与之前示例不同的是，这里通过 sns.set_style() 函数传递了额外的风格参数。该函数接受两个参数：第一个参数是 Seaborn 预设的风格名称，第二个参数是一个字典，用于设置自定义的风格参数。在这个例子中，我们将字体族（font.family）设置为 Serif、字体大小（font.size）设置为 12。然后，定义两个列表 x 和 y，分别表示折线图的 x 轴和 y 轴的数据。接下来，使用 sns.lineplot() 函数创建一个折线图。该函数接受两个参数 x 和 y，分别指定 x 轴和 y 轴的数据。在这个例子中，我们将 x 和 y 的数据传递给该函数。接着，使用 matplotlib 的函数来添加标题和标签，以增加图表的可读性。最后，使用 plt.show() 函数显示创建的图表，如图 4-85 所示，实现代码如下。

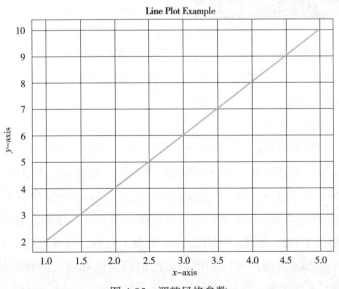

图 4-85　调整风格参数

```
import seaborn as sns
import matplotlib.pyplot as plt
# 修改风格参数
sns.set_style（"whitegrid", {"font.family": "serif", "font.size": 12}）
# 创建数据
x = [1, 2, 3, 4, 5]
y = [2, 4, 6, 8, 10]
# 创建图表
sns.lineplot（x, y）
# 添加标题和标签
plt.title（"Line Plot Example"）
plt.xlabel（"x-axis"）
plt.ylabel（"y-axis"）
# 显示图表
plt.show（）
```

除设置预设风格外，还可以通过调整风格参数来自定义 Seaborn 图表的外观。通过传递一个字典给 sns.set_style() 函数，可以指定各种风格参数，例如字体、字号等。需要注意的是，Seaborn 的风格设置将会影响使用 matplotlib 绘制的所有图表，因此在导入 Seaborn 之后的代码中设置风格是比较常见的做法。

4.4.3　pyecharts 库的使用

pyecharts 是一个功能强大、易于使用、具有高度灵活性和可扩展性的 Python 可视化库，非常适合用于数据分析、数据可视化、Web 应用程序等领域。接下来，将从简介、使用方法和常用图表可视化三个方面进行阐述。

4.4.3.1　pyecharts 简介

pyecharts 是一个基于 Echarts.js 的 Python 可视化库，它能够以非常便捷的方式生成各种交互式的图表。Echarts.js 是百度开发的一个数据可视化库，它提供了丰富的图表类型和交互功能，而 pyecharts 则是在 Python 中使用 Echarts.js 的封装库。pyecharts 提供了一系列的 API，可以用来创建常见的图表类型，比如折线图、柱状图、散点图、地图，等等。同时，pyecharts 也支持将图表导出为 HTML 文件，方便在 Web 页面上展示，或者直接在 Jupyter Notebook 中内嵌显示。通过 pyecharts，用户可以利用 Python 的简洁性和强大的数据处理能力，快速地生成各种美观、交互式的图表，是数据分析和可视化的利器。pyecharts 具有以下优点。

（1）强大的图表定制能力。pyecharts 提供了丰富的图表类型和配置选项，可以灵活地调整图表的样式、布局和交互行为，满足不同的可视化需求。

（2）简洁易用的 API。pyecharts 的 API 设计简单易懂，使用起来非常方便。用户只需要按照一定的数据格式提供数据，通过简单的函数调用即可生成想要的图表，无须编写复杂的 JavaScript 代码。

（3）多种数据源支持。pyecharts 支持多种数据源的输入，包括常见的数据结构（如列表、字典、Pandas DataFrame）以及数据库查询结果等，方便用户根据自己的数据来源进行可视化分析。

（4）交互式的图表展示。pyecharts 生成的图表具备交互性，用户可以通过鼠标交互、缩放、拖动等操作与图表进行互动，探索数据背后的更多信息，提升用户体验。

（5）良好的兼容性和扩展性。由于基于 Echarts.js，pyecharts 可以与其他基于 Echarts.js 的库无缝集成，并且支持直接导出为 HTML 文件，方便在 Web 页面上展示。此外，pyecharts 还支持 Jupyter Notebook 内嵌显示，方便数据分析过程中的可视化展示。

4.4.3.2　pyecharts 的使用方法

pyecharts 提供了简单易用的接口来创建各种类型的图表。下面是使用 Pyecharts 创建一个简单柱状图的示例。

（1）确保已安装 pyecharts 库，如果没有安装可以使用以下命令进行安装。

```
pip install pyecharts
```

（2）导入所需模块，下面是导入模块的代码。

```
from pyecharts import options as opts
from pyecharts.charts import Bar
```

（3）导入完模块之后就能创建数据和图表，接下来就可以通过以下代码实现创建图表。

```
# 创建示例数据
x_data = ["Apple", "Banana", "Orange"]
y_data = [30, 40, 25]
# 创建柱状图对象
bar_chart = Bar（）
# 添加 x 轴和 y 轴数据
```

```
bar_chart.add_xaxis（x_data）
bar_chart.add_yaxis（"Fruits",y_data）
```

（4）设置图表标题和其他样式，代码如下。

```
# 设置标题
bar_chart.set_global_opts（title_opts=opts.TitleOpts（title="Fruit Sales"））
```

（5）呈现出如图4-86所示的效果图，代码如下。

```
# 显示图表
bar_chart.render（"bar_chart.html"）
```

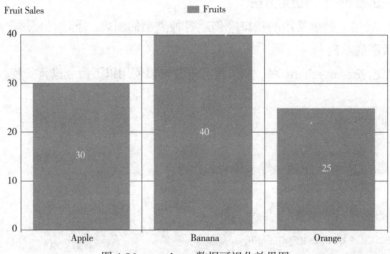

图 4-86　pyecharts 数据可视化效果图

　　在上述示例中，首先导入了所需的模块。其次，创建了示例数据，即水果名称和销售数量。再次，创建了柱状图对象，并使用 add_xaxis() 和 add_yaxis() 方法添加了 x 轴和 y 轴的数据。其中，add_xaxis() 用于添加 x 轴数据，add_yaxis() 用于添加 y 轴数据，第一个参数为系列名称。从次，使用 set_global_opts() 方法设置了图表的标题，通过 title_opts 参数传入标题选项。可以根据需要设置其他样式和配置。最后，使用 render() 方法将图表渲染为 HTML 文件。调用 render() 方法时，可以传入文件名，将图表保存为 HTML 文件。当然，在 pyecharts 中还有许多其他类型的图表和更多的配置选项，可以根据需要进行学习和使用。希望这个简单示例能帮助入门 pyecharts。

4.4.3.3 pyecharts 常用图表

除了折线图、柱状图、散点图、饼图、地图、热力图、关系图等常用图表类型，pyecharts 还支持许多其他类型的图表，例如漏斗图（Funnel plot）、雷达图（Radar chart）、桑基图（Sankey），等等。用户可以根据自己的数据类型和分析需求选择适合的图表类型进行可视化分析。下面给出一些常见图表类型和对应的完整案例代码供参考。

（1）柱状图。本案例使用 pyecharts 库创建一个简单的柱状图，其中 x 轴的数据为 ["Apple", "Banana", "Orange"]，y 轴的数据为 [30, 40, 25]。首先，通过 from pyecharts import options as opts 和 from pyecharts.charts import Bar 导入需要使用的模块和类。其次，定义两个列表 x_data 和 y_data，分别表示柱状图的 x 轴和 y 轴的数据。使用 Bar() 函数创建一个柱状图对象，并将其赋值给变量 bar_chart。使用 add_xaxis() 方法向柱状图对象添加 x 轴数据，该方法接受一个列表作为参数，其中包含了 x 轴的刻度值，即 ["Apple", "Banana", "Orange"]。使用 add_yaxis() 方法向柱状图对象添加 y 轴数据，该方法接受两个参数：第一个参数是系列的名称，即"Fruits"，第二个参数是 y 轴的数据，即 [30, 40, 25]。使用 set_global_opts() 方法设置柱状图对象的全局配置，这里传递了 title_opts 参数，用于设置标题样式。在这个例子中，我们将标题设置为"Fruit Sales"。最后，使用 render() 方法将柱状图渲染成 HTML 文件并保存到本地，文件名为"bar_chart.html"，效果如图 4-87 所示，具体实现代码如下。

```
from pyecharts import options as opts
from pyecharts.charts import Bar
```

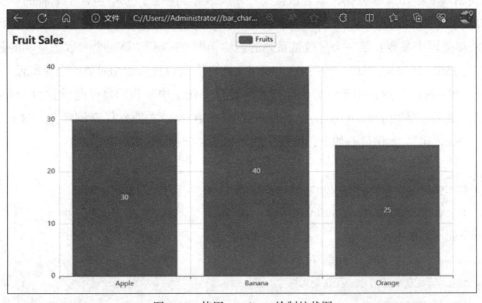

图 4-87　使用 pyecharts 绘制柱状图

```
# 创建示例数据
x_data = ["Apple", "Banana", "Orange"]
y_data = [30, 40, 25]
# 创建柱状图对象
bar_chart = Bar()
# 添加 x 轴和 y 轴数据
bar_chart.add_xaxis(x_data)
bar_chart.add_yaxis("Fruits", y_data)
# 设置标题和其他样式
bar_chart.set_global_opts(title_opts=opts.TitleOpts(title="Fruit Sales"))
# 显示图表
bar_chart.render("bar_chart.html")
```

该示例展示了某水果店销售的水果数量，包括苹果、香蕉和橙子。通过柱状图可以直观地比较各水果的销售情况。

（2）折线图。本案例使用 pyecharts 库创建一个简单的折线图，其中 x 轴的数据为 ["Jan", "Feb", "Mar", "Apr", "May"]，y 轴的数据为 [120, 150, 180, 160, 200]。首先，通过 from pyecharts import options as opts 和 from pyecharts.charts import Line 导入需要使用的模块和类。其次，定义两个列表 x_data 和 y_data，分别表示折线图的 x 轴和 y 轴的数据。使用 Line() 函数创建一个折线图对象，并将其赋值给变量 line_chart。使用 add_xaxis() 方法向折线图对象添加 x 轴数据，该方法接受一个列表作为参数，其中包含了 x 轴的刻度值，即 ["Jan", "Feb", "Mar", "Apr", "May"]。使用 add_yaxis() 方法向折线图对象添加 y 轴数据，该方法接受两个参数：第一个参数是系列的名称，即 "Sales"，第二个参数是 y 轴的数据，即 [120, 150, 180, 160, 200]。使用 set_global_opts() 方法设置折线图对象的全局配置，这里传递了 title_opts 参数，用于设置标题样式。在这个例子中，我们将标题设置为 "Monthly Sales"。最后，使用 render() 方法将折线图渲染成 HTML 文件并保存到本地，文件名为 "line_chart.html"，案例代码如下，可视化效果如图 4-88 所示。

```
from pyecharts import options as opts
from pyecharts.charts import Line
# 创建示例数据
x_data = ["Jan", "Feb", "Mar", "Apr", "May"]
y_data = [120, 150, 180, 160, 200]
# 创建折线图对象
```

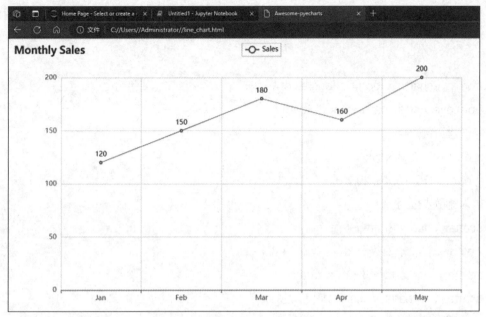

图 4-88　使用 pyecharts 绘制折线图

```
line_chart = Line（）
# 添加 x 轴和 y 轴数据
line_chart.add_xaxis（x_data）
line_chart.add_yaxis（"Sales", y_data）
# 设置标题和其他样式
line_chart.set_global_opts（title_opts=opts.TitleOpts（title="Monthly Sales"））
# 显示图表
line_chart.render（"line_chart.html"）
```

（3）散点图。本案例使用 pyecharts 库创建一个简单的散点图，其中 x 轴的数据为 [1, 2, 3, 4, 5]，y 轴的数据为 [10, 15, 13, 20, 18]。首先，通过 from pyecharts import options as opts 和 from pyecharts.charts import Scatter 导入需要使用的模块和类。其次，定义了两个列表 x_data 和 y_data，分别表示散点图的 x 轴和 y 轴的数据。使用 Scatter() 函数创建了一个散点图对象，并将其赋值给变量 scatter_chart。使用 add_xaxis() 方法向散点图对象添加 x 轴数据，该方法接受一个列表作为参数，其中包含了 x 轴的刻度值，即 [1, 2, 3, 4, 5]。使用 add_yaxis() 方法向散点图对象添加 y 轴数据，该方法接受两个参数：第一个参数是系列的名称，即 "Data"，第二个参数是 y 轴的数据，即 [10, 15, 13, 20, 18]。使用 set_global_opts() 方法设置散点图对象的全局配置，这里传递了 title_opts 参数，用于设置标题样式。在这个例子中，将标题设置为 "Scatter Plot"。最后，使用 render() 方法将散点图渲染成 HTML 文件并保存到本地,文件名为"scatter_chart.html",案例实现代码如下,可视化效果如图4-89所示。

```
from pyecharts import options as opts
from pyecharts.charts import Scatter
# 创建示例数据
x_data = [1, 2, 3, 4, 5]
y_data = [10, 15, 13, 20, 18]
# 创建散点图对象
scatter_chart = Scatter()
# 添加 x 轴和 y 轴数据
scatter_chart.add_xaxis(x_data)
scatter_chart.add_yaxis("Data", y_data)
# 设置标题和其他样式
scatter_chart.set_global_opts(title_opts=opts.TitleOpts(title="Scatter Plot"))
# 显示图表
scatter_chart.render("scatter_chart.html")
```

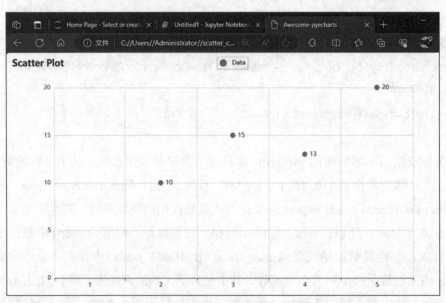

图 4-89 使用 pyecharts 绘制散点图

(4) 饼图。本案例使用 pyecharts 库创建一个简单的饼图,其中展示了水果的分布情况。首先,通过 from pyecharts import options as opts 和 from pyecharts.charts import Pie 导

入需要使用的模块和类。其次，定义一个列表 data，其中包含了三个元组，每个元组包含水果的名称和对应的数据，例如（"Apple", 30）表示苹果占比 30%。使用 Pie() 函数创建了一个饼图对象，并将其赋值给变量 pie_chart。使用 add() 方法向饼图对象添加数据和标签，第一个参数是系列的名称，这里传递了空字符串表示不显示系列名称，第二个参数是数据列表 data。使用 set_global_opts() 方法设置饼图对象的全局配置，这里传递了 title_opts 参数，用于设置标题样式。在这个例子中，我们将标题设置为"Fruit Distribution"。最后，使用 render() 方法将饼图渲染成 HTML 文件并保存到本地，文件名为"pie_chart.html"。本案例的实现代码如下，可视化效果如图 4-90 所示。

```
from pyecharts import options as opts
from pyecharts.charts import Pie
# 创建示例数据
data = [（"Apple", 30）,（"Banana", 40）,（"Orange", 25）]
# 创建饼图对象
pie_chart = Pie（）
# 添加数据和标签
pie_chart.add（"", data）
# 设置标题和其他样式
pie_chart.set_global_opts（title_opts=opts.TitleOpts（title="Fruit Distribution"））
# 显示图表
```

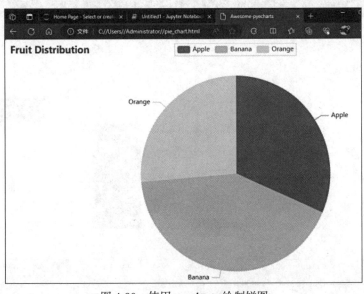

图 4-90　使用 pyecharts 绘制饼图

```
pie_chart.render("pie_chart.html")
```

（5）K线图。本案例使用 pyecharts 库创建一个简单的 K 线图，其中展示了股票价格的变化情况。首先，通过 from pyecharts import options as opts 和 from pyecharts.charts import Kline 导入需要使用的模块和类。其次，定义两个列表 x_data 和 y_data，分别表示 K 线图的 x 轴和 y 轴的数据。其中 x_data 是时间序列，y_data 是一个二维列表，表示每个时间点的四个价格值（开盘价、收盘价、最低价、最高价）。使用 Kline() 函数创建了一个 K 线图对象，并将其赋值给变量 kline_chart。使用 add_xaxis() 方法向 K 线图对象添加 x 轴数据，该方法接受一个列表作为参数，其中包含了时间序列的刻度值，即 ["2020-01-01", "2020-01-02", "2020-01-03", "2020-01-04"]。使用 add_yaxis() 方法向 K 线图对象添加 y 轴数据，该方法接受两个参数：第一个参数是系列的名称，即 "K line"，第二个参数是 y 轴的数据，即 [[2320.26, 2320.26, 2287.3, 2362.94], [2300, 2291.3, 2288.26, 2308.38], [2295.35, 2346.5, 2295.35, 2345.92], [2347.22, 2358.98, 2337.35, 2363.8]]。使用 set_global_opts() 方法设置 K 线图对象的全局配置，这里传递了 title_opts 参数，用于设置标题样式。在这个例子中，我们将标题设置为 "Stock Price"。最后，使用 render() 方法将 K 线图渲染成 HTML 文件并保存到本地，文件名为 "kline_chart.html"。本案例的实现代码如下，可视化效果如图 4-91 所示。

图 4-91　使用 pyecharts 绘制 K 线图

```
from pyecharts import options as opts
from pyecharts.charts import Kline
# 创建示例数据
x_data = ["2020-01-01", "2020-01-02", "2020-01-03", "2020-01-04"]
y_data = [[2320.26, 2320.26, 2287.3, 2362.94],
          [2300, 2291.3, 2288.26, 2308.38],
          [2295.35, 2346.5, 2295.35, 2345.92],
          [2347.22, 2358.98, 2337.35, 2363.8]]
# 创建 K 线图对象
kline_chart = Kline()
# 添加数据
kline_chart.add_xaxis(x_data)
kline_chart.add_yaxis("K line", y_data)
# 设置标题和其他样式
kline_chart.set_global_opts(title_opts=opts.TitleOpts(title="Stock Price"))
# 显示图表
kline_chart.render("kline_chart.html")
```

（6）地图。本案例使用 pyecharts 库创建了一个简单的中国地图图表，展示了销售分布情况。首先，通过 from pyecharts import options as opts 和 from pyecharts.charts import Map 导入需要使用的模块和类。其次，定义一个列表 data，其中包含了销售数据。每个元素是一个元组，表示一个城市和对应的销售数量。使用 Map() 函数创建了一个地图对象，并将其赋值给变量 map_chart。使用 add() 方法向地图对象添加数据，该方法接受三个参数：第一个参数是系列的名称，即 "Sales"；第二个参数是数据，即 data 列表；第三个参数是地图类型，这里设置为 "china"。使用 set_global_opts() 方法设置地图对象的全局配置，这里传递了 title_opts 参数，用于设置标题样式。在这个例子中，我们将标题设置为 "Sales Distribution"。最后，使用 render() 方法将地图渲染成 HTML 文件并保存到本地，文件名为 "map_chart.html"。

```
from pyecharts import options as opts
from pyecharts.charts import Map
# 创建示例数据
```

```
data = [（"Beijing", 100）,（"Shanghai", 80）,（"Guangzhou", 70）]
# 创建地图对象
map_chart = Map（）
# 添加数据和地图类型
map_chart.add（"Sales", data, maptype="china"）
# 设置标题和其他样式
map_chart.set_global_opts（title_opts=opts.TitleOpts（title="Sales Distribution"））
# 显示图表
map_chart.render（"map_chart.html"）
```

本章小结

本章详细介绍了数据可视化技术的基本概念，强调了数据可视化在信息传达和决策支持方面的重要性。通过阐述数据可视化设计的基本原则，使读者了解如何有效地设计和呈现数据图表，以及如何选择合适的图表类型来展示不同类型的数据。针对学生和初学者，本章特别着重介绍了如何使用 Python 库进行数据可视化。通过对 Python 中常用的数据可视化库（如 matplotlib、Seaborn 和 pyecharts）的简要介绍和示例演示，使读者可以快速上手并开始进行数据可视化工作。本章还通过数据可视化案例的展示，向读者展示了数据可视化在不同领域的应用，从而激发读者对数据可视化的兴趣和创造力。

1. 本章的主要内容是什么？（   ）
A. 数据分析技术　　B. 数据可视化技术　　C. 数据获取技术　　D. 数据库设计原则
2. 数据可视化在信息传达和决策支持方面的重要程度如何？（   ）
A. 不重要　　　　　B. 非常重要　　　　　C. 一般重要　　　　　D. 不确定
3. 在数据可视化设计中，下列哪项不是基本的设计原则？（   ）

A. 明确目的　　　　B. 简洁明了　　　　C. 可读性强　　　　D. 色彩丰富

4. 下列哪些是常用的数据可视化工具和技术？（　　）

A. 商业工具和开源库　　　　　　　B. 操作系统和编程语言

C. 原型设计工具和云服务平台　　　D. 数据库和数据挖掘工具

5. 使用哪个 Python 库可以进行数据可视化？（　　）

A. Anaconda　　　B. Jupyter Notebook　　　C. matplotlib　　　D. TensorFlow

6. 对于初学者，学习 Python 数据可视化，下列哪个库最适合？（　　）

A. matplotlib　　　B. TensorFlow　　　C. PyTorch　　　D. Caffe

7. 在数据可视化的未来发展趋势中，哪些新兴领域受到关注？（　　）

A. 人工智能、增强现实等　　　　　B. 云计算、虚拟化等

C. 区块链、物联网等　　　　　　　D. 机器学习、自然语言处理等

8. 在数据可视化的设计中，哪个方面最重要？（　　）

A. 色彩搭配　　　B. 图表类型选择　　　C. 数据解读　　　D. 目的明确

第 5 章 数据技术应用案例

数据技术的应用已经渗透到各个领域,为企业和组织提供了更多的机会。本章将介绍两个具体的数据技术应用案例,从数据获取、数据分析和数据可视化三个方面展示数据技术在具体方向上的应用价值。本章职业人群体检数据和红酒数据,使用 Python 进行数据分析与可视化描述。

1. 了解数据技术应用原则。
2. 知道数据可视化工具和 Python 库。
3. 掌握数据可视化的操作。
4. 熟悉 Python 数据分析和数据可视化,能根据需求使用各种库进行数据可视化。

1. 熟悉和运用数据分析和数据可视化工具。
2. 掌握数据可视化和数据分析工具、Python 库等。

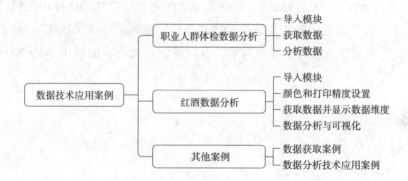

本章主要通过具体的案例来说明数据技术的使用，重点通过以下两个案例来进行说明。第一个案例是职业人群体检数据分析和可视化，第二个案例是红酒数据分析与可视化。

5.1 职业人群体检数据分析

不同的职业可能会因为工作环境的不同，而对人体血液等系统产生不同程度的影响。例如，一些职业需要长时间坐着或站立，导致血液循环受到影响，甚至会引起静脉曲张等疾病。而有些职业则需要进行大量的体力劳动，使得身体消耗过多的能量，从而影响到血液中含氧量的变化。本案例就是针对某个职业人群的体检数据进行分析，接下来对案例进行具体的讲解。

5.1.1 导入模块

用于设置 matplotlib 在 Jupyter Notebook 中正常显示中文标签和负号的配置，以便后续绘图时能够正确显示。首先，导入需要使用的库：pandas 用于数据处理；numpy 用于科学计算；matplotlib.pyplot 用于绘图。其次，通过 plt.rcParams 配置字典来设置 matplotlib 的参数。plt.rcParams['font.sans-serif']=['SimHei'] 用于设置中文字体，以确保中文标签能够正常显示。plt.rcParams['axes.unicode_minus']=False 用于关闭负号的自动转换功能，以确保负号能够正常显示。最后，%matplotlib inline 是 Jupyter Notebook 的魔法命令，用于在 Jupyter Notebook 中内嵌绘图，并自动显示图表。这段代码的作用是解决在 Jupyter Notebook 中绘图时可能出现的中文显示问题和负号显示问题。如果在使用 matplotlib 绘图时遇到了相关的中文显示或符号显示问题，可以将此段代码添加到 Jupyter Notebook 中进行配置。

```
import pandas as pd
import numpy as np
import matplotlib.pyplot as plt
plt.rcParams['font.sans-serif']=['SimHei']  # 用来正常显示中文标签
plt.rcParams['axes.unicode_minus']=False    # 用来正常显示符号
%matplotlib inline
```

5.1.2 获取数据

在这一步中，pd.read_Excel() 函数用于读取 Excel 文件。根据代码中的路径和文件名 "dataset//testdata.xls"，它将读取名为 "testdata.xls" 的 Excel 文件。sheet_name ='orignal_data' 参数指定要读取的表单名称为 "orignal_data"。然后，使用 df.head() 方法显示 DataFrame 的前 5 行数据，如图 5-1 所示。默认情况下，head() 方法会显示前 5 行的数据，可以通过传入参数指定要显示的行数。请注意，在代码中使用的变量名应该是 df，而不是 Df。正确的写法应该是 df.head()。如果想显示更多行的数据，可以将 head() 方法的参数值修改为所需的行数。导入待处理数据 testdata.xls，并显示前 5 行。

```
df = pd.read_Excel ( "dataset//testdata.xls",sheet_name ='orignal_data' )
# 会直接默认读取到这个 Excel 的第一个表单
df.head ( )              # 默认读取前 5 行的数据
```

序号	性别	身份证号	是否吸烟	是否饮酒	开始从事某工作年份	体检年份	淋巴细胞计数	白细胞计数	细胞其他值	血小板计数
0	1	女	****1982080000	否	否	2009年	2017	2.4	8.5	NaN	248.0
1	2	女	****1984110000	否	否	2015年	2017	1.8	5.8	NaN	300.0
2	3	男	****1983060000	否	否	2013年	2017	2.0	5.6	NaN	195.0
3	4	男	****1985040000	否	否	2014年	2017	2.5	6.6	NaN	252.0
4	5	男	****1986040000	否	否	2014年	2017	1.3	5.2	NaN	169.0

图 5-1 读取前 5 行数据

5.1.3 分析数据

（1）查看数据类型、表结构，并统计各字段空缺值的个数。查看数据类型的代码如下，得到的结果如图 5-2 所示。

```
df.dtypes
```

（2）查看表结构信息。如果需要查看数据表的结构，则可以使用以下代码，得到如图 5-3 所示的表结构信息。

```
df.info()
```

```
序号                int64
性别                object
身份证号              object
是否吸烟              object
是否饮酒              object
开始从事某工作年份         object
体检年份              object
淋巴细胞计数            float64
白细胞计数             float64
细胞其他值             float64
血小板计数             float64
dtype: object
```

图 5-2 数据类型

```
<class 'pandas.core.frame.DataFrame'>
RangeIndex: 1234 entries, 0 to 1233
Data columns (total 11 columns):
 #   Column          Non-Null Count   Dtype
---  ------          --------------   -----
 0   序号              1234 non-null    int64
 1   性别              1234 non-null    object
 2   身份证号            1162 non-null    object
 3   是否吸烟            1232 non-null    object
 4   是否饮酒            1232 non-null    object
 5   开始从事某工作年份       1231 non-null    object
 6   体检年份            1123 non-null    object
 7   淋巴细胞计数          1112 non-null    float64
 8   白细胞计数           1112 non-null    float64
 9   细胞其他值           0 non-null       float64
 10  血小板计数           1030 non-null    float64
dtypes: float64(4), int64(1), object(6)
memory usage: 106.2+ KB
```

图 5-3 表结构信息

（3）统计各字段空缺值。在进行数据分析时，有时需要统计各字段空缺值，则可以使用以下代码实现，得到如图 5-4 所示结果。

```
df.isnull().sum()                              # 统计各字段空缺的个数
```

（4）删除全为空的列的数据。查看全为空的列，则可以使用以下代码实现，得到如图 5-5 所示结果。

```
df.dropna(axis =1,how ='all',inplace =True)
Df.head()
```

序号	0
性别	0
身份证号	72
是否吸烟	2
是否饮酒	2
开始从事某工作年份	3
体检年份	111
淋巴细胞计数	122
白细胞计数	122
细胞其他值	1234
血小板计数	204
dtype: int64	

	序号	性别	身份证号	是否吸烟	是否饮酒	开始从事某工作年份	体检年份	淋巴细胞计数	白细胞计数	血小板计数
0	1	女	****1982080000	否	否	2009年	2017	2.4	8.5	248.0
1	2	女	****1984110000	否	否	2015年	2017	1.8	5.8	300.0
2	3	男	****1983060000	否	否	2013年	2017	2.0	5.6	195.0
3	4	男	****1985040000	否	否	2014年	2017	2.5	6.6	252.0
4	5	男	****1986040000	否	否	2014年	2017	1.3	5.2	169.0

图 5-4　统计各字段空缺值　　　　　　　　图 5-5　查看空列

（5）删除"身份证号"为空的数据，并查看结果。如果想要删除空值的列，则可以使用以下代码，效果如图 5-6 所示。

```
df.dropna(how ='any',subset=[' 身份证号 '],inplace =True)
df.isnull().sum()
```

（6）将"开始从事某工作年份"规范为 4 位数字年份，如"2018"，并将列名修改为"参加工作时间"，则可以使用以下代码，效果如图 5-7 所示。

序号	0
性别	0
身份证号	0
是否吸烟	2
是否饮酒	2
开始从事某工作年份	3
体检年份	93
淋巴细胞计数	105
白细胞计数	105
血小板计数	182
dtype: int64	

	序号	性别	身份证号	是否吸烟	是否饮酒	参加工作时间	体检年份	淋巴细胞计数	白细胞计数	血小板计数
0	1	女	****1982080000	否	否	2009	2017	2.4	8.5	248.0
1	2	女	****1984110000	否	否	2015	2017	1.8	5.8	300.0
2	3	男	****1983060000	否	否	2013	2017	2.0	5.6	195.0
3	4	男	****1985040000	否	否	2014	2017	2.5	6.6	252.0
4	5	男	****1986040000	否	否	2014	2017	1.3	5.2	169.0

图 5-6　删除空值列　　　　　　　　图 5-7　规范数字类型

```
df.开始从事某工作年份 =df.开始从事某工作年份.str[0:4]
df.rename（columns ={"开始从事某工作年份":"参加工作时间"},inplace =True）
df.head（）
```

（7）增加"工龄"（体检年份 – 参加工作时间）和"年龄"（体检年份 – 出生年份）两列，查看待处理是否有缺失值，则可以使用以下代码，并得到如图 5-8 所示效果。

```
df.isnull（）.sum（）
```

从图 5-8 可以知道，参加工作时间有 602 个缺失值。

（8）删除所有缺失值。在进行数据分析时，一般需要将所有的缺失值删除掉。如果要删除所有缺失值，则代码如下，得到的效果如图 5-9 所示。

```
df1 =df.dropna（subset =['参加工作时间'],how ='any'）
df1.isnull（）.sum（）
```

可以看到"参加工作时间"这一列的缺失值已经删除，同时，也看到"体检年份"还有 38 个缺失值，也进行删除。如果需要删除"体检年份"缺失的数据，则可以用以下代码实现，得到如图 5-10 所示结果。

```
df2 =df1.dropna（subset =['体检年份'],how ='any'）
```

序号	0	序号	int64	序号	0
性别	0	性别	object	性别	0
身份证号	0	身份证号	object	身份证号	0
是否吸烟	1	是否吸烟	object	是否吸烟	2
是否饮酒	1	是否饮酒	object	是否饮酒	2
参加工作时间	0	参加工作时间	object	参加工作时间	602
体检年份	0	体检年份	object	体检年份	93
淋巴细胞计数	5	淋巴细胞计数	float64	淋巴细胞计数	105
白细胞计数	5	白细胞计数	float64	白细胞计数	105
血小板计数	74	血小板计数	float64	血小板计数	182
dtype: int64		dtype: object		dtype: int64	
图 5-8 各列空值统计		图 5-9 删除缺失值		图 5-10 删除"体检年份"缺失值数据	

```
df2.isnull（）.sum（）
```

通过图 5-10 可以看到"体检年份"这一列的缺失值已经删除。

（9）查看待处理数据的类型。在本案例中有时需要查看待处理数据的类型，那么则可以使用以下代码来实现，查看结果如图 5-11 所示。

```
df2.dtypes
```

从图 5-11 可以知道"身份证号""参加工作时间""体检年份"的数据类型都是 object，需要进行类型转换，统一转换为 int64 类型。另外，"体检年份"这一列有异常数据，很多年份后都有"年"字。对"体检年份"列数据进行时间提取，代码如下，结果如图 5-12 所示。

序号	0
性别	0
身份证号	0
是否吸烟	2
是否饮酒	2
参加工作时间	0
体检年份	38
淋巴细胞计数	41
白细胞计数	41
血小板计数	112
dtype: int64	

图 5-11 查看待处理数据类型

序号	性别	身份证号	是否吸烟	是否饮酒	参加工作时间	体检年份	淋巴细胞计数	白细胞计数	血小板计数	出生年份
0	1	女	****1982080000	否	否	2009	2017	2.4	8.5	248.0	1982
1	2	女	****1984110000	否	否	2015	2017	1.8	5.8	300.0	1984
2	3	男	****1983060000	否	否	2013	2017	2.0	5.6	195.0	1983
3	4	男	****1985040000	否	否	2014	2017	2.5	6.6	252.0	1985
4	5	男	****1986040000	否	否	2014	2017	1.3	5.2	169.0	1986

图 5-12 去除"年"字以后的效果

```
data =df2.copy（）                              # 复制数据
# 参加工作时间转换为 int64 类型
data.参加工作时间 = data.参加工作时间 .astype（'int64'）
# 首先将体检年份转换为 str 类型
data[' 体检年份 '] = data.体检年份 .astype（'str'）
# 切片取前 4 位值之后再将体检年份转换为 int64 类型
data.体检年份 = data.体检年份 .str[0:4].astype（"int64"）
# 取身份证的第 4 位 - 第 7 位，并转换为 int64 类型
data[" 出生年份 "] = data.身份证号 .str[4:8].astype（'int64'）
data.head（）
```

（10）增加"工龄"和"年龄"这两列。为了更好进行计算，为数据表增加"工龄"和"年龄"两列，代码如下，代码执行完以后的效果如图 5-13 所示。

```
data = data.eval（'工龄 = 体检年份 – 参加工作时间'）
data = data.eval（"年龄 = 体检年份 – 出生年份"）
data.head（）
```

	序号	性别	身份证号	是否吸烟	是否饮酒	参加工作时间	体检年份	淋巴细胞计数	白细胞计数	血小板计数	出生年份	工龄	年龄
0	1	女	****1982080000	否	否	2009	2017	2.4	8.5	248.0	1982	8	35
1	2	女	****1984110000	否	否	2015	2017	1.8	5.8	300.0	1984	2	33
2	3	男	****1983060000	否	否	2013	2017	2.0	5.6	195.0	1983	4	34
3	4	男	****1985040000	否	否	2014	2017	2.5	6.6	252.0	1985	3	32
4	5	男	****1986040000	否	否	2014	2017	1.3	5.2	169.0	1986	3	31

图 5-13　增加"工龄"和"年龄"两列

（11）统计不同性别的白细胞计数均值，并画出柱状图，代码如下，效果如图 5-14 和图 5-15 所示。

```
性别
女    5.458866
男    7.486667
Name: 白细胞计数, dtype: float64
```

图 5-14　计算均值

```
mean = data.groupby（"性别"）["白细胞计数"].mean（）
mean
```

绘制不同性别的白细胞均值柱状图：

```
mean = data.groupby（"性别"）["白细胞计数"].mean（）
mean
```

（12）统计不同年龄段的白细胞计数，年龄段划分为：小于或等于 30 岁、31 ～ 40 岁、41 ～ 50 岁以及大于 50 岁，代码如下所示。

```
data['年龄段'] = pd.cut（data.年龄, bins=[0,30,40,50, 100]）
count = data.groupby（'年龄段'）['白细胞计数'].mean（）
count
```

结果如下：

```
（0, 30]      5.943176
（30, 40]     7.492611
（40, 50]     5.478235
（50, 100]    5.734107
Name: 白细胞计数 , dtype: float64
```

（13）绘制不同年龄段的白细胞计数均值。如果需要绘制不同年龄段的白细胞计数均值，则可以通过以下代码来实现，绘制的结果如图 5-16 所示。

```
count.plot（kind = "bar"）
plt.xticks（rotation=30）
plt.ylabel（"白细胞计数均值"）
Out[18]:           Text（0, 0.5, '白细胞计数均值'）
```

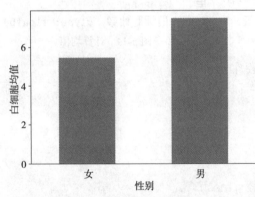

图 5-15 不同性别的白细胞均值柱状图

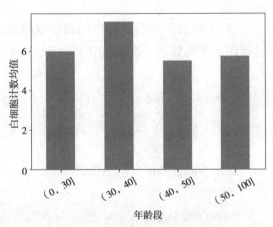

图 5-16 不同年龄段的白细胞计数均值

5.2 红酒数据分析

本案例对天池项目中的红酒数据集进行分析与挖掘。为了进行红酒数据集的分析与挖掘，可以使用 Python 中的数据分析和可视化工具，如 pandas、NumPy 和 matplotlib 等。下面是对该案例的扩展内容：首先，我们需要导入所需的库，并加载红酒数据集。使用 pandas 库可以方便地读取和处理数据。其次，我们可以对数据集进行初步的探索。使用

pandas 库的一些函数，如 .head()、.info() 和 .describe()，可以查看数据的前几行、数据类型和基本统计信息。在数据探索之后，我们可以进行更深入的分析和挖掘。下面是一些常见的分析方法。

（1）数据清洗。检查并处理缺失值、异常值或重复值。例如，使用 pandas 库的 .dropna() 函数删除缺失值，使用 .drop_duplicates() 函数删除重复值。

（2）特征工程。根据业务需求和数据特点，对特征进行选择、提取和转换，以提高模型的性能。例如，可以使用 pandas 库的 .get_dummies() 函数将分类变量转换为虚拟变量。

（3）可视化分析。使用 matplotlib 库创建各种图表，如直方图、散点图和箱线图，以便更好地理解数据。例如，我们可以使用红酒的质量评分和其他特征之间的散点图来探索它们之间的关系。

（4）数据建模。根据问题的需求，选择合适的机器学习算法，并使用训练集和测试集对模型进行训练和评估。例如，我们可以使用 scikit-learn 库中的分类算法，如决策树或随机森林，来预测红酒的质量。

通过以上步骤，我们可以对红酒数据集进行全面的分析和挖掘。从数据清洗到特征工程，再到数据可视化和建模，我们可以获得关于红酒质量和其他特征之间的深入理解，并使用机器学习算法预测红酒的质量。这些分析和挖掘结果可以帮助我们了解红酒市场和消费者偏好，为业务决策提供有价值的参考。本案例的具体步骤如下。

5.2.1 导入模块

可以通过以下命令导入模块，本案例中使用到了 numpy、pandas、matplotlib 和 seaborn 四个 Python 模块。

```
import numpy as np
import pandas as pd
import matplotlib.pyplot as plt
import seaborn as sns
```

5.2.2 颜色和打印精度设置

设置颜色和打印精度是数据可视化过程中的两个重要步骤。通过 Seaborn 库的 sns.color_palette() 函数可以设置颜色，通过 Pandas 库的 pd.set_option('precision',3) 函数可以设置打印精度。

```
color = sns.color_palette（）                    # 颜色
pd.set_option（'precision',3）                   # 数据打印精度
```

5.2.3 获取数据并显示数据维度

使用 Pandas 库读取名为 winequality-red.csv 的数据文件，并设置分隔符为分号。然后使用 display(df.head()) 来显示数据的前几行，并使用 print(' 数据的维度：', df.shape) 来打印数据的维度，得到如图 5-17 所示数据表。

```
df = pd.read_csv（'.\winequality-red.csv',sep = ';'）
display（df.head（））
print（' 数据的维度：',df.shape）
```

	fixed acidity	volatile acidity	citric acid	residual sugar	chlorides	free sulfur dioxide	total sulfur dioxide	density	pH	sulphates	alcohol	quality
0	7.4	0.70	0.00	1.9	0.076	11.0	34.0	0.998	3.51	0.56	9.4	5
1	7.8	0.88	0.00	2.6	0.098	25.0	67.0	0.997	3.20	0.68	9.8	5
2	7.8	0.76	0.04	2.3	0.092	15.0	54.0	0.997	3.26	0.65	9.8	5
3	11.2	0.28	0.56	1.9	0.075	17.0	60.0	0.998	3.16	0.58	9.8	6
4	7.4	0.70	0.00	1.9	0.076	11.0	34.0	0.998	3.51	0.56	9.4	5

数据的维度：(1599, 12)

图 5-17　数据表前 5 行

5.2.4 数据分析与可视化

（1）显示数值属性的统计描述值。要显示数据框中数值属性的统计描述值，可以使用 df.describe() 方法。这个方法将计算和显示每个数值列的基本统计信息，包括计数、均值、标准差、最小值、25% 分位数、50% 分位数（中位数）、75% 分位数和最大值，如图 5-18 所示。

	fixed acidity	volatile acidity	citric acid	residual sugar	chlorides	free sulfur dioxide	total sulfur dioxide	density	pH	sulphates	alcohol	quality
count	1599.000	1599.000	1599.000	1599.000	1599.000	1599.000	1599.000	1599.000	1599.000	1599.000	1599.000	1599.000
mean	8.320	0.528	0.271	2.539	0.087	15.875	46.468	0.997	3.311	0.658	10.423	5.636
std	1.741	0.179	0.195	1.410	0.047	10.460	32.895	0.002	0.154	0.170	1.066	0.808
min	4.600	0.120	0.000	0.900	0.012	1.000	6.000	0.990	2.740	0.330	8.400	3.000
25%	7.100	0.390	0.090	1.900	0.070	7.000	22.000	0.996	3.210	0.550	9.500	5.000
50%	7.900	0.520	0.260	2.200	0.079	14.000	38.000	0.997	3.310	0.620	10.200	6.000
75%	9.200	0.640	0.420	2.600	0.090	21.000	62.000	0.998	3.400	0.730	11.100	6.000
max	15.900	1.580	1.000	15.500	0.611	72.000	289.000	1.004	4.010	2.000	14.900	8.000

图 5-18　显示数值属性表

```
df.describe()
```

（2）显示 quality 列取值相关信息。可以使用以下代码实现，代码执行后得到的结果如图 5-19 所示。

```
print('quality 的取值：',df['quality'].unique())
print('quality 的取值个数：',df['quality'].nunique())
print(df.groupby('quality').mean())
```

```
quality的取值： [5 6 7 4 8 3]
quality的取值个数： 6
         fixed acidity  volatile acidity  citric acid  residual sugar  \
quality
3            8.360             0.885         0.171          2.635
4            7.779             0.694         0.174          2.694
5            8.167             0.577         0.244          2.529
6            8.347             0.497         0.274          2.477
7            8.872             0.404         0.375          2.721
8            8.567             0.423         0.391          2.578
```

图 5-19 显示 quality 列取值相关信息

第一行代码使用了 unique() 方法来获取 quality 列的所有不同取值，并使用 print() 函数将其打印出来。第二行代码使用了 nunique() 方法来计算 quality 列中不同取值的数量，并将其打印出来。第三行代码使用了 groupby() 方法将数据按照 quality 分组，并计算每个组的均值，并将结果打印出来。

（3）显示各个变量的直方图。使用 Seaborn 和 matplotlib 库来绘制各个变量的直方图，具体代码如下。执行完以下代码后，得到如图 5-20 所示结果。

```
color = sns.color_palette()
column= df.columns.tolist()
fig = plt.figure(figsize=(10,8))
for i in range(12):
    plt.subplot(4,3,i+1)
    df[column[i]].hist(bins = 100,color = color[3])
    plt.xlabel(column[i],fontsize = 12)
    plt.ylabel('Frequency',fontsize = 12)
plt.tight_layout()
```

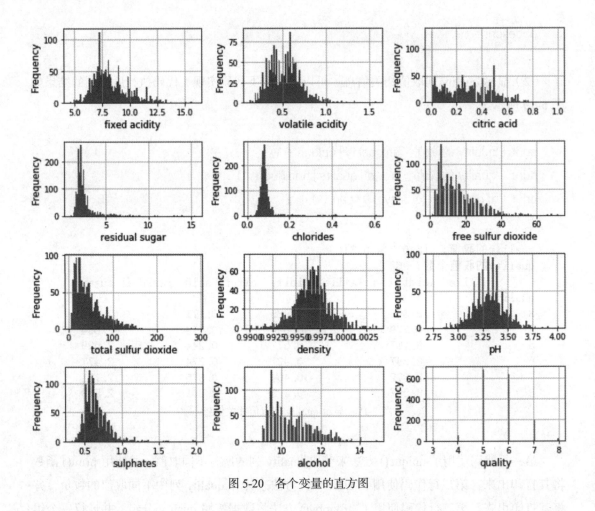

图 5-20　各个变量的直方图

这段代码会创建一个大小为 10×8 的画布，并使用 subplot() 方法在画布上创建 4 行 3 列的子图网格。然后，对于每个子图，使用 hist() 方法绘制对应列的直方图，并指定颜色和分箱数，如图 5-21 所示。最后，为每个子图添加 x 轴和 y 轴标签，并使用 tight_layout() 方法调整子图之间的间距。运行这段代码后，将会显示每个变量的直方图。每个直方图都表示了该变量的频率分布情况。请确保在运行这段代码之前已经成功加载了数据，并且数据框 df 中包含需要绘制直方图的变量。另外，需要确保已经正确导入了 seaborn 和 matplotlib.pyplot 模块。

（4）显示各个变量的盒图。当然也可以使用 Seaborn 和 matplotlib 库来绘制各个变量的盒图，以下代码的作用是生成一个包含 12 个子图的大图，每个子图展示一个变量的盒图。其中利用了 Seaborn 库中的 boxplot() 函数，对每个变量的数据进行可视化呈现。可以在运行这段代码后手动查看生成的图像。

```
fig = plt.figure ( figsize =( 10,8 ))
```

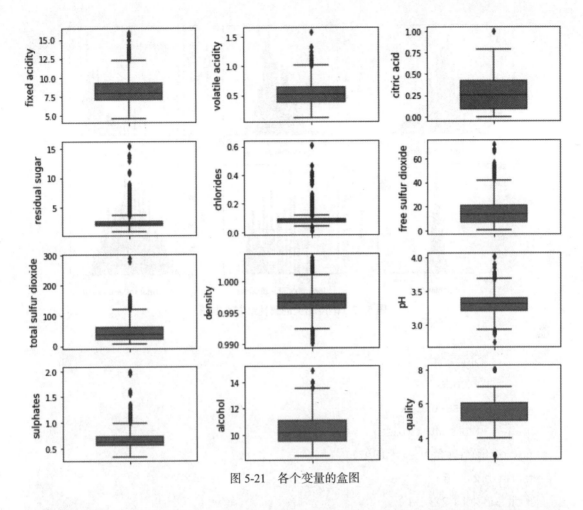

图 5-21　各个变量的盒图

```
for i in range（12）：
    plt.subplot（4,3,i+1）
    sns.boxplot（df[column[i]],orient = 'v',width = 0.5,color = color[4]）
    plt.ylabel（column[i],fontsize = 12）
plt.tight_layout（）
```

（5）酸度相关的特征分析。数据集中与酸度相关的特征有 fixed acidity、volatile acidity、citric acid、chlorides、free sulfur dioxide、total sulfur dioxide 和 pH。其中，前 6 个酸度特征都会对 pH 产生影响。因此在对数尺度中，对酸度相关的属性绘制直方图，实现代码如下，得到的结果如图 5-22 所示。

```
In[8]:acidityfeat = ['fixed acidity',
        'volatile acidity',
```

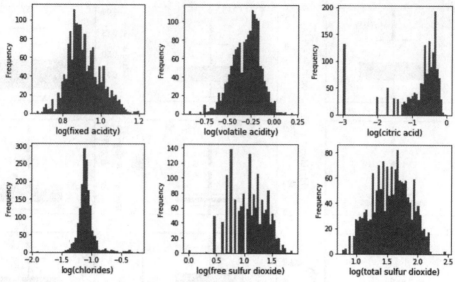

图 5-22 酸度相关的属性绘制直方图

```
            'citric acid',
            'chlorides',
            'free sulfur dioxide',
            'total sulfur dioxide']
fig = plt.figure ( figsize= ( 10, 6 ))
for i in range ( 6 ):
    plt.subplot ( 2, 3, i+1 )
    # 对数据取对数,并限制在一个合理范围内,避免出现负无穷大的情况
    v = np.log10 ( np.clip ( df[acidityfeat[i]].values, a_min=0.001, a_max=None ))
    # 绘制直方图
    plt.hist ( v, bins=50, color=color[0] )
    # 设置 x 轴标签
    plt.xlabel ( 'log ( ' + acidityfeat[i] + ' ) ', fontsize=12 )
    # 设置 y 轴标签
    plt.ylabel ( 'Frequency' )
# 调整子图的布局,使它们更紧凑
plt.tight_layout ( )
```

(6)甜度分析。residual sugar 与酒的甜度有关,因此根据 residual sugar 值生成甜度字段:干红(≤4g/L),半干(4～12g/L),半甜(12～45g/L),甜(≥45g/L),实现的代

码如下，得到如图 5-23 所示结果。

In[9]:df['sweetness'] = pd.cut（df['residual sugar'],bins = [0,4,12,45],labels = ['dry', 'semi-dry','semi-sweet']）

df.head（）

	fixed acidity	volatile acidity	citric acid	residual sugar	chlorides	free sulfur dioxide	total sulfur dioxide	density	pH	sulphates	alcohol	quality	sweetness
0	7.4	0.70	0.00	1.9	0.076	11.0	34.0	0.998	3.51	0.56	9.4	5	dry
1	7.8	0.88	0.00	2.6	0.098	25.0	67.0	0.997	3.20	0.68	9.8	5	dry
2	7.8	0.76	0.04	2.3	0.092	15.0	54.0	0.997	3.26	0.65	9.8	5	dry
3	11.2	0.28	0.56	1.9	0.075	17.0	60.0	0.998	3.16	0.58	9.8	6	dry
4	7.4	0.70	0.00	1.9	0.076	11.0	34.0	0.998	3.51	0.56	9.4	5	dry

图 5-23　增加甜度字段列

（7）绘制甜度值的直方图。在第（6）步中添加完甜度字段列以后就可以根据此列绘制甜度值的直方图了。具体代码如下，实现的效果如图 5-24 所示。

In[10]:plt.figure（figsize =（6,4））

df['sweetness'].value_counts（）.plot（kind = 'bar',color = color[0]）

plt.xticks（rotation = 0）

plt.xlabel（'sweetness'）

plt.ylabel（'frequency'）

plt.tight_layout（）

print（'Figure 5'）

该代码使用了 matplotlib 库的 figure() 函数创建了一个图形对象，并利用 pandas 库的 value_counts() 方法计算了每个甜度级别的红酒数量，并使用 kind='bar' 参数制作了一个柱状图。然后通过 xticks()、xlabel()、ylabel()、tight_layout() 等函数设置了一些图像属性，使其更易于阅读和理解。最后，使用 print() 函数输出了该图像的标题。

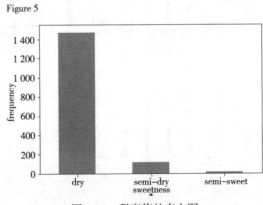

图 5-24　甜度值的直方图

(8) 绘制不同品质红酒的各个属性的箱线图。

可以通过绘制箱线图，展示红酒的物化性质与品质之间的关系。下面是具体的代码，效果如图 5-25 所示。

```
# 计算总酸度，即将三个酸度特征相加
df['total acid'] = df['fixed acidity'] + df['volatile acidity'] + df['citric acid']
# 获取数据框的列名，并移除 'sweetness' 列
columns = df.columns.tolist（）
columns.remove（'sweetness'）
# 设置 seaborn 的样式为 'ticks'
sns.set_style（'ticks'）
# 设置 seaborn 的上下文环境为 'notebook'，字体比例为 1.1
sns.set_context（'notebook', font_scale=1.1）
# 将前 11 列和 'total acid' 列赋值给变量 column
column = columns[0:11] + ['total acid']
# 创建一个图形对象，设置其大小为 10x8 英寸
plt.figure（figsize=（10,8））
# 循环绘制子图
for i in range（12）:
    plt.subplot（4,3,i+1）
    # 绘制箱线图，x 轴为品质，y 轴为当前变量，数据源为数据框 df
```

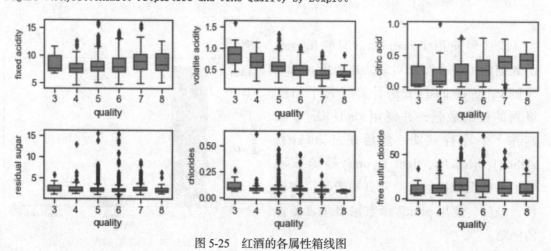

图 5-25　红酒的各属性箱线图

```
    sns.boxplot（x='quality', y=column[i], data=df, color=color[1], width=0.6）
    # 设置 y 轴标签
    plt.ylabel（column[i], fontsize=12）
# 调整子图的布局，使它们更紧凑
plt.tight_layout（）
# 输出图像标题
print（'Figure 7: PhysicoChemico Propertise and Wine Quality by Boxplot'）
```

该代码首先计算了总酸度，并将其添加为新的一列 "total acid" 到数据框 df 中。其次，通过调整 Seaborn 的样式和上下文环境，设置了画布的外观和字体大小。再次，循环绘制了 12 个子图，每个子图都是一个箱线图，展示了不同物化性质与红酒品质之间的关系，并且从中可以看出，红酒品质与柠檬酸、硫酸盐、酒精浓度呈正相关，与易挥发性酸、密度、pH 呈负相关，与残留糖分、氯离子、二氧化硫无关。。最后，使用 print() 函数输出了图像的标题。

（9）分析密度和酒精浓度的关系，代码如下，效果如图 5-26 所示。

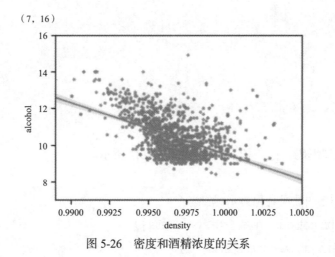

图 5-26　密度和酒精浓度的关系

```
sns.set_style（'ticks'）
sns.set_context（'notebook',font_scale = 1.4）
plt.figure（figsize =（6,4））
sns.regplot（x = 'density',y = 'alcohol',data = df,scatter_kws = {'s':10},color =　color[1]）
plt.xlabel（'density',fontsize = 12）
plt.ylabel（'alcohol',fontsize = 12）
```

```
plt.xlim(0.989,1.005)
plt.ylim(7,16)
```

(10)查看空缺数据,代码如下。

```
In[13]:Df.isnull().sum()
Out[13]:fixed acidity          0
        volatile acidity       0
        citric acid            0
        residual sugar         0
        chlorides              0
        free sulfur dioxide    0
        total sulfur dioxide   0
        density                0
        pH                     0
        sulphates              0
        alcohol                0
        quality                0
        sweetness              0
        total acid             0
        dtype: int64
```

(11)数据类型编码,代码如下,效果如图5-27所示。

```
# 将object类型的数据转化为int类型
sweetness = pd.get_dummies(df['sweetness'])
df = pd.concat([df,sweetness],axis = 1)
df.head()
```

	fixed acidity	volatile acidity	citric acid	residual sugar	chlorides	free sulfur dioxide	total sulfur dioxide	density	pH	sulphates	alcohol	quality	sweetness	total acid	dry	semi-dry	semi-sweet
0	7.4	0.70	0.00	1.9	0.076	11.0	34.0	0.998	3.51	0.56	9.4	5	dry	8.10	1	0	0
1	7.8	0.88	0.00	2.6	0.098	25.0	67.0	0.997	3.20	0.68	9.8	5	dry	8.68	1	0	0
2	7.8	0.76	0.04	2.3	0.092	15.0	54.0	0.997	3.26	0.65	9.8	5	dry	8.60	1	0	0
3	11.2	0.28	0.56	1.9	0.075	17.0	60.0	0.998	3.16	0.58	9.8	6	dry	12.04	1	0	0
4	7.4	0.70	0.00	1.9	0.076	11.0	34.0	0.998	3.51	0.56	9.4	5	dry	8.10	1	0	0

图5-27 数据类型编码

(12)将数据集划分为训练集和测试集,代码如下。

```
df = df.drop('sweetness',axis = 1)
labels = df['quality']
features = df.drop('quality',axis = 1)
# 对原始数据集进行切分
from sklearn.model_selection import train_test_split
train_features,test_features,train_labels,test_labels = train_test_split(features, labels,test_size = 0.3, random_state = 0)
print('训练特征的规模:',train_features.shape)
print('训练标签的规模:',train_labels.shape)
print('测试特征的规模:',test_features.shape)
print('测试标签的规模:',test_labels.shape)
```

输出结果如下。

```
训练特征的规模:(1119, 15)
训练标签的规模:(1119,)
测试特征的规模:(480, 15)
测试标签的规模:(480,)
```

(13)利用SVM对数据进行分类,代码如下。

```
from sklearn import svm
classifier=svm.SVC(kernel='linear',gamma=0.1)
classifier.fit(train_features,train_labels)
print('训练集的准确率 ',classifier.score(train_features,train_labels))
print('测试集的准确率 ',classifier.score(test_features,test_labels))
```

输出结果如下。

```
训练集的准确率 0.5924932975871313
测试集的准确率 0.6229166666666667
```

5.3 其他案例

5.3.1 数据获取案例

1. 文章信息的获取

接下来的案例是爬取一个名为 "renwen.sanyau.edu.cn" 的网站中的文章列表，并对每篇文章进行下载和保存。具体操作步骤如下。

```python
import requests
from bs4 import BeautifulSoup as bs
# 设置请求头，包含 User-Agent 字段
headers={"User-Agent":"Mozilla/5.0（Windows NT 10.0; Win64; x64）AppleWebKit/537.36（KHTML, like Gecko）Chrome/111.0.0.0 Safari/537.36 Edg/111.0.1661.44"}
# 向网站发送请求，获取响应对象
res=requests.get（"http://renwen.sanyau.edu.cn/?article/type/109/1.html",headers=headers）
# 将响应对象的编码方式设置为其"表面编码格式"，以确保正确解析中文字符
res.encoding=res.apparent_encoding
# 使用 BeautifulSoup 库解析 HTML 内容
html_data=bs（res.text,"html.parser"）
# 使用 select（）方法选取包含文章链接的 HTML 元素
a_list=html_data.select（'.title'）
# 循环遍历筛选出的 HTML 元素列表
for i in a_list:
    # 找到第一个 a 标签，并获取 href 属性值
    url_bf=（i.select（"a"）[0].get（"href"））

    # 拼接完整的文章链接
    html_url="http://renwen.sanyau.edu.cn/"+url_bf

    # 向文章链接发送请求，获取响应对象
    data=requests.get（html_url）
```

```
# 以当前元素的文本内容作为文件名，保存文章内容
with open（i.text+".txt","wb"）as f:
    f.write（data.content）
```

引入 requests 和 BeautifulSoup 库，requests 库用于向网站发送请求，BeautifulSoup 库用于解析网页内容。定义 headers 变量，其包含了 User-Agent 字段，用于模拟浏览器发送请求。使用 requests 库的 get() 方法，发送一个请求到目标网页，并将返回的响应对象存储在 res 变量中。将响应对象的编码方式设置为其"表面编码格式"，即从 HTTP 响应头部中获取的编码格式，以确保正确解析中文字符。使用 BeautifulSoup 库的 select() 方法，选取包含文章链接的 HTML 元素。在这里，使用一个 class 为 title 的 div 元素来筛选文章链接。遍历筛选出的 HTML 元素列表，对每个元素进行循环处理。在当前元素中，使用 select() 方法找到第一个 a 标签，并使用 get() 方法获取该标签的 href 属性值。将获取到的 href 属性值与网站的根 URL 拼接起来，得到完整的文章链接。使用 requests 库的 get() 方法，向文章链接发送请求，并将返回的响应对象存储在 data 变量中。打开一个文件，以当前元素的文本内容作为文件名，并将文章的内容（即 data 变量中的二进制数据）写入该文件中。

需要注意的是，这段代码可能存在一些问题：爬虫行为需要遵循相关法律法规及网站的使用协议，否则可能会引起法律问题。代码可能需要加入异常处理机制，以避免因网络连接、解析等问题而导致程序崩溃。保存文章时，文件名可能包含一些特殊字符，需要进行一定的处理，以避免在文件系统中出现问题。

2. 获取新闻图片

接下来的案例是从"www.sanyau.edu.cn"网站中获取新闻页面中的图片，并将图片保存到本地。

```
import requests
from lxml import etree
from PIL import Image
from io import BytesIO
# 遍历从 1 到 30 的数字（共有 30 页），作为新闻页面的页码
for j in range（1,31）:
    # 根据当前页码构建要访问的新闻页面的 URL
    url = "http://www.sanyau.edu.cn/news.asp?page=" + str（j）+ "&cid=124"
    # 发送 GET 请求，获取新闻页面的 HTML 内容，并将返回的响应对象转换为文本格式
    html = requests.get（url=url）.text
    # 将获取到的 HTML 文本转换为可解析的 HTML 对象
```

```
et = etree.HTML（html）
# 使用 XPath 表达式提取目标数据，获取新闻页面中的图片链接列表
a_list = et.xpath（'//div/div[@class="bd_row clearfix"]/img/@src'）
# 遍历图片链接列表，并逐个处理每个图片链接
for i in a_list:
    # 构建完整的图片链接
    img_url = "http://www.sanyau.edu.cn/" + i
    # 发送 GET 请求，获取图片的二进制数据
    response = requests.get（img_url）
    image_data = response.content
    # 使用 PIL 库的 Image.open（）方法将二进制数据转换为图片对象
    image = Image.open（BytesIO（image_data））
    # 使用 split（）方法将图片链接按照 "/" 分割，取最后一部分作为文件名
    file_name = img_url.split（"/"）[-1]
    # 使用 save（）方法将图片保存到本地，路径为 "./img/"，文件名为图片链接的最后一部分
    image.save（"./img/" + file_name）
```

具体操作步骤如下：导入 requests 库、lxml 库中的 etree 模块，以及 PIL 库中的 Image 类和 BytesIO 类。使用 for 循环，遍历从 1 到 30 的数字（共有 30 页），作为新闻页面的页码。根据当前页码构建要访问的新闻页面的 URL。发送 GET 请求，获取新闻页面的 HTML 内容，并将返回的响应对象转换为文本格式。将获取到的 HTML 文本转换为可解析的 HTML 对象。使用 XPath 表达式提取目标数据，获取新闻页面中的图片链接列表。遍历图片链接列表，并逐个处理每个图片链接。构建完整的图片链接。发送 GET 请求，获取图片的二进制数据。使用 PIL 库的 Image.open() 方法将二进制数据转换为图片对象。使用 split() 方法将图片链接按照 "/" 分割，取最后一部分作为文件名。使用 save() 方法将图片保存到本地，路径为 "./img/"，文件名为图片链接的最后一部分。

3. 影评信息获取

本案例是一个 Python 爬虫程序，用于爬取豆瓣电影 Top250 的电影名称、评分、评价人数和短评，并将结果保存到 Excel 文件中。下面分别对代码进行解释。

```
import requests
import re
import codecs
```

```
from bs4 import BeautifulSoup
from openpyxl import Workbook
wb = Workbook()
dest_filename = '电影.xlsx'
ws1 = wb.active
ws1.title = "电影top250"
```

导入所需的模块，并创建一个 Excel 工作簿及一个工作表对象。

```
DOWNLOAD_URL = 'http://movie.douban.com/top250/'
def download_page(url):
    """ 获取url地址页面内容 """
    headers = {
        'User-Agent': 'Mozilla/5.0 (Macintosh; Intel Mac OS X 10_11_2) AppleWebKit/537.36 (KHTML, like Gecko) Chrome/47.0.2526.80 Safari/537.36'
    }
    data = requests.get(url, headers=headers).content
    return data
```

定义一个函数 download_page()，用于获取指定 URL 地址的网页内容。在此函数中，设置了请求头信息，防止被服务器屏蔽，同时使用 requests.get() 方法发送 GET 请求，获取响应内容。

```
def get_li(doc):
    soup = BeautifulSoup(doc, 'html.parser')
    ol = soup.find('ol', class_='grid_view')
    name = []  # 名称
    star_con = []  # 评价人数
    score = []  # 评分
    info_list = []  # 短评
    for i in ol.find_all('li'):
        detail = i.find('div', attrs={'class': 'hd'})
        movie_name = detail.find(
            'span', attrs={'class': 'title'}).get_text()  # 电影名称
```

```
        level_star = i.find（
            'span', attrs={'class': 'rating_num'}）.get_text（）# 评分
        star = i.find（'div', attrs={'class': 'star'}）
        star_num = star.find（text=re.compile（' 评价 '））# 评价
        info = i.find（'span', attrs={'class': 'inq'}）# 短评
        if info: # 判断是否有短评
            info_list.append（info.get_text（））
        else:
            info_list.append（' 无 '）
        score.append（level_star）
        name.append（movie_name）
        star_con.append（star_num）
    page = soup.find（'span', attrs={'class': 'next'}）.find（'a'）# 获取下一页
    if page:
        return name, star_con, score, info_list, DOWNLOAD_URL + page['href']
    return name, star_con, score, info_list, None
```

定义一个函数 get_li()，用于从 HTML 文档中提取电影名称、评分、评价人数和短评。在此函数中，使用 BeautifulSoup 库解析 HTML 文档，并通过 ol.find_all('li') 提取出电影信息所在的标签列表。然后使用 i.find() 和 star.find(text=re.compile()) 分别提取出电影名称、评分、评价人数和短评。在提取时，需要注意部分电影没有短评，需要进行判断。

```
def main（）:
    url = DOWNLOAD_URL
    name = []
    star_con = []
    score = []
    info = []
    while url:
        doc = download_page（url）
        movie, star, level_num, info_list, url = get_li（doc）
        name = name + movie
        star_con = star_con + star
        score = score + level_num
```

```python
        info = info + info_list
    for ( i, m, o, p ) in zip ( name, star_con, score, info ) :
        col_A = 'A%s' % ( name.index ( i ) + 1 )
        col_B = 'B%s' % ( name.index ( i ) + 1 )
        col_C = 'C%s' % ( name.index ( i ) + 1 )
        col_D = 'D%s' % ( name.index ( i ) + 1 )
        ws1[col_A] = i
        ws1[col_B] = m
        ws1[col_C] = o
        ws1[col_D] = p
    wb.save ( filename=dest_filename )
if __name__ == '__main__':
    main ( )
```

定义一个主函数 main()，用于控制整个程序的流程。在主函数中，先指定要爬取的 URL 地址，并使用 while 循环不断获取下一页的电影信息，直到获取完所有电影信息为止。在循环中，使用 zip() 方法将电影名称、评分、评价人数和短评打包成元组，遍历这些元组，并将每个元组的四个值分别存储到 Excel 表格的四列中。最后，保存 Excel 文件。

以上就是该 Python 爬虫程序的详细解释。由于该代码使用了第三方库，需要在运行之前通过 pip 命令安装相关库。另外，爬取数据时需要注意网站的反爬措施，建议不要频繁发起请求。

4. 音乐信息获取

这段代码是一个音乐下载器的示例，具体功能包括根据歌曲名进行搜索并下载，以及通过歌曲 ID 进行下载。下面逐步解释代码。

```
def __init__ ( self, timeout, folder, quiet, cookie_path ) :
    self.crawler = Crawler ( timeout, cookie_path )
    self.folder = '.' if folder is None else folder
    self.quiet = quiet
```

这是类 Netease 的构造函数，初始化了爬虫对象 Crawler、文件夹路径、是否静默模式和 cookie 文件路径等属性。

```
python
```

```python
def download_song_by_search(self, song_name, song_num):
    """
    根据歌曲名进行搜索
    :params song_name: 歌曲名字
    :params song_num: 下载的歌曲数
    """
    try:
        song = self.crawler.search_song(song_name, song_num, self.quiet)
    except:
        click.echo('download_song_by_search error')
    # 如果找到了音乐,则下载
    if song != None:
        self.download_song_by_id(song.song_id, song.song_name, song.song_num, self.folder)
```

这是根据歌曲名进行搜索并下载的方法。首先调用爬虫对象的 search_song() 方法,根据给定的歌曲名字和下载数返回一个歌曲对象 song。如果成功找到歌曲,则调用 download_song_by_id() 方法,传入歌曲的 ID、歌曲名、下载数和文件夹路径进行下载。

```python
def download_song_by_id(self, song_id, song_name, song_num, folder='.'):
    """
    通过歌曲的 ID 下载
    :params song_id: 歌曲 ID
    :params song_name: 歌曲名
    :params song_num: 下载的歌曲数
    :params folder: 保存地址
    """
    try:
        url = self.crawler.get_song_url(song_id)
        # 去掉非法字符
        song_name = song_name.replace('/', '')
        song_name = song_name.replace('.', '')
        self.crawler.get_song_by_url(url, song_name, song_num, folder)
    except:
        click.echo('download_song_by_id error')
```

这是通过歌曲 ID 进行下载的方法。首先调用爬虫对象的 get_song_url() 方法，根据给定的歌曲 ID 获取歌曲的下载链接 url 。然后对歌曲名字进行处理，去掉非法字符。最后调用爬虫对象的 get_song_by_url() 方法，传入下载链接、歌曲名、下载数和文件夹路径进行下载。

```
if __name__ == '__main__':
    timeout = 60
    output = 'Musics'
    quiet = True
    cookie_path = 'Cookie'
    netease = Netease（timeout, output, quiet, cookie_path）
    music_list_name = 'music_list.txt'
    # 如果 music 列表存在 , 那么开始下载
    if os.path.exists（music_list_name）:
        with open（music_list_name, 'r',encoding="utf-8"）as f:
            music_list = list（map（lambda x: x.strip（）, f.readlines（）））
        for song_num, song_name in enumerate（music_list）:
            netease.download_song_by_search（song_name,song_num + 1）
    else:
        click.echo（'music_list.txt not exist.'）
```

这部分代码是程序的入口。首先根据需要设置超时时间、输出文件夹、是否静默模式和 cookie 文件路径等参数。然后创建一个 Netease 对象，传入相关参数。接着判断是否存在音乐列表文件 music_list.txt，如果存在，则读取文件内容到 music_list 列表中，并逐个调用 download_song_by_search() 方法进行搜索和下载。如果音乐列表文件不存在，则输出提示信息。

以上就是这段代码的解释。它展示了一个简单的音乐下载器的实现原理，通过封装爬虫对象和相关方法，可以方便地根据歌曲名或 ID 进行搜索和下载。

5.3.2 数据分析技术应用案例

1. 根据销售数据预测销售额

现在我们有了一个名为 sales_data.csv 的销售数据文件。接下来，我们可以进行数据清洗和预处理、探索性数据分析、特征选择和工程、建模和预测等步骤。

以下通过一些示例代码来展示如何完成这些操作。

```python
import pandas as pd
from sklearn.model_selection import train_test_split
from sklearn.linear_model import LinearRegression
from sklearn.metrics import mean_squared_error
# 读取 CSV 文件
df = pd.read_csv（'sales_data.csv'）
# 数据清洗和预处理
# 删除缺失值
df.dropna（inplace=True）
# 探索性数据分析（EDA）
# 统计摘要
summary = df.describe（）
print（summary）
# 相关系数矩阵
correlation_matrix = df.corr（）
print（correlation_matrix）
# 特征选择和工程
# 创建时间特征
df['Year'] = pd.to_datetime（df['Date']）.dt.year
df['Month'] = pd.to_datetime（df['Date']）.dt.month
# 将分类变量转换为哑变量
df = pd.get_dummies（df, columns=['Category']）
# 划分训练集和测试集
X = df.drop（['Sales'], axis=1）
y = df['Sales']
X_train, X_test, y_train, y_test = train_test_split（X, y, test_size=0.2, random_state=42）
# 建立线性回归模型
model = LinearRegression（）
model.fit（X_train, y_train）
# 预测销售额
y_pred = model.predict（X_test）
# 模型评估
```

```
mse = mean_squared_error（y_test, y_pred）
print（"均方误差（MSE）：", mse）
```

上述代码中，我们首先使用 pd.read_csv() 函数读取了 sales_data.csv 文件，并对数据进行了一些基本的清洗和预处理操作，如删除缺失值。其次，我们进行了探索性数据分析（EDA），例如计算描述统计摘要和相关系数矩阵。再次，我们进行了特征选择和工程，例如创建了时间特征和将分类变量转换为哑变量。最后，我们将数据划分为训练集和测试集，使用线性回归模型对销售额进行预测，并计算了均方误差（MSE）作为模型评估指标。

2. 餐厅顾客评论数据分析

假设已经有了一个餐厅顾客评论 CSV 文件的评论数据，包含每条评论的文本、评分和日期等信息。以下是一个完整的餐厅顾客评论数据分析的代码示例。

```
import pandas as pd
from textblob import TextBlob
import matplotlib.pyplot as plt
# 读取 CSV 文件
df = pd.read_csv（'reviews_data.csv'）
# 计算情感极性得分
def get_sentiment（text）：
    blob = TextBlob（text）
    return blob.sentiment.polarity
df['Sentiment'] = df['Review'].apply（get_sentiment）
# 统计正面和负面评论数量
positive_reviews = df[df['Sentiment'] > 0]
negative_reviews = df[df['Sentiment'] < 0]
num_positive = len（positive_reviews）
num_negative = len（negative_reviews）
# 可视化结果
plt.bar（['Positive', 'Negative'], [num_positive, num_negative]）
plt.title（'Sentiment Analysis of Restaurant Reviews'）
plt.xlabel（'Sentiment'）
plt.ylabel（'Number of Reviews'）
plt.show（）
```

上述代码中，我们首先使用 pandas 库读取了名为 reviews_data.csv 的 CSV 文件，并将数据加载到一个 DataFrame 对象中。其次，我们定义了一个名为 get_sentiment() 的函数，它使用 TextBlob 库计算给定文本的情感极性得分。我们使用 apply() 函数将这个函数应用于 DataFrame 中的每个评论，然后将计算结果存储在一个名为 Sentiment 的新列中。再次，我们使用布尔索引来筛选出正面评论和负面评论，并统计了它们的数量。最后，我们使用 matplotlib 库绘制了一个条形图，显示正面评论和负面评论的数量。

3. 电影评分数据分析

假设已经有一个名为 movie_ratings.csv 的 CSV 文件，并且该文件的格式包含了电影名称（Movie name）和评分（Rating）这两列。以下是一个电影评分数据分析的代码示例。

```python
import pandas as pd
import matplotlib.pyplot as plt
# 读取 CSV 文件
df = pd.read_csv（'movie_ratings.csv'）
# 计算平均评分和评分次数
mean_ratings = df.groupby（'Movie'）['Rating'].mean（）.sort_values（ascending=False）
num_ratings = df['Movie'].value_counts（）.sort_values（ascending=False）
# 绘制 Top 10 电影的平均评分柱状图
top_10_movies = mean_ratings.head（10）
plt.bar（top_10_movies.index, top_10_movies.values）
plt.title（'Top 10 Movies by Mean Rating'）
plt.xlabel（'Movie'）
plt.ylabel（'Mean Rating'）
plt.xticks（rotation=90）
plt.show（）
# 绘制评分次数最多的 10 部电影柱状图
top_10_popular_movies = num_ratings.head（10）
plt.bar（top_10_popular_movies.index, top_10_popular_movies.values）
plt.title（'Top 10 Most Rated Movies'）
plt.xlabel（'Movie'）
plt.ylabel（'Number of Ratings'）
plt.xticks（rotation=90）
plt.show（）
```

上述代码中，我们首先使用 pandas 库读取了名为 movie_ratings.csv 的 CSV 文件，并将数据加载到一个 DataFrame 对象中。然后，我们利用 groupby() 函数按电影分组，并计算每部电影的平均评分。其次，我们使用 sort_values 对结果进行降序排序，得到排名前列的电影及其对应的平均评分。再次，我们使用 value_counts() 函数统计每部电影的评分次数，并使用 sort_values 进行降序排序，得到评分次数最多的电影及其对应的次数。最后，我们利用 matplotlib 库绘制了两个柱状图。第一个柱状图展示了平均评分最高的 10 部电影，而第二个柱状图展示了评分次数最多的 10 部电影。为了避免横坐标标签过于拥挤，我们使用 rotation=90 将标签进行了旋转。

本章介绍了具体的数据技术应用案例，从数据获取、数据分析和数据可视化三个方面展示数据技术在具体方向上的应用价值。本章通过职业人群体检数据和红酒数据，使用 Python 进行数据分析与可视化描述，全面具体地阐述了数据技术应用案例。

要求另外提供（文件夹名称为"即测即练"；每章即测即练内容为一个 word 文档，文档名称为"第*章"）。

复习思考题

1. 在预测销售额时，除了线性回归模型外，哪种模型也常用于处理回归问题？（　　）
   A. 决策树　　　　　　　　　　B. 随机森林
   C. K-均值　　　　　　　　　　D. 支持向量机
2. 以下哪个不是常用的预测模型？（　　）
   A. 逻辑回归　　　　　　　　　B. 朴素贝叶斯
   C. 聚类分析　　　　　　　　　D. 决策树回归

3. 特征工程的主要目的是什么？（　　）
A. 减少数据维度 B. 提高模型复杂度
C. 增强模型泛化能力 D. 加快模型训练速度

4. 在处理文本数据时，TF-IDF 代表什么？（　　）
A. 文本频率－逆文档频率 B. 术语频率－逆文档频率
C. 文本特征－重要性得分 D. 术语特征－重要性得分

5. 处理缺失数据时，哪种方法不是常用的？（　　）
A. 删除含有缺失值的行 B. 使用 0 填充所有缺失值
C. 使用均值填充缺失值 D. 使用机器学习算法预测缺失值

6. 在时间序列分析中，ARIMA 模型代表什么？（　　）
A. 自回归积分滑动平均模型 B. 自适应积分回归模型
C. 自回归移动平均模型 D. 自适应积分移动平均模型

7. 均方误差（MSE）主要用于评估什么？（　　）
A. 分类模型的准确性 B. 回归模型的预测误差
C. 聚类模型的效果 D. 情感分析的极性

8. pd.get_dummies() 函数在数据处理中的主要作用是什么？（　　）
A. 对分类变量进行编码 B. 对缺失值进行填充
C. 对数据进行标准化 D. 对文本数据进行向量化

9. 在情感分析中，哪个工具可以提供情感极性和情感强度？（　　）
A. TextBlob　　　B. NLTK　　　C. VADER　　　D. Scikit-learn

10. 以下哪个库不是专门用于情感分析的？（　　）
A. TextBlob　　　B. NLTK　　　C. Scikit-learn　　　D. VADER

教师服务

感谢您选用清华大学出版社的教材！为了更好地服务教学，我们为授课教师提供本书的教学辅助资源，以及本学科重点教材信息。请您扫码获取。

▶ 教辅获取

本书教辅资源，授课教师扫码获取

▶ 样书赠送

管理科学与工程类重点教材，教师扫码获取样书

 清华大学出版社

E-mail: tupfuwu@163.com
电话：010-83470332 / 83470142
地址：北京市海淀区双清路学研大厦 B 座 509

网址：https://www.tup.com.cn/
传真：8610-83470107
邮编：100084

资源服务

本书配套资源，包括本书教学课件及书中部分代码等电子资源，欢迎读者下载使用。为方便加强读者与作者、读者与读者之间的交流，促进第一时间发现本书的疏漏及不足之处，以及本学科专业方向的讨论和交流，请扫描下方二维码加入。

教辅资源

本书教辅资源，请联系编辑获取：

作者圈

想和作者及更多同类读者、业内专家进一步交流的朋友